U0190207

大 学 问

始 于 问 而 终 于 明

文明的『双相』

灾害与历史的缠绕

夏明方 著

GUANGXI NORMAL UNIVERSITY PRESS
广西师范大学出版社
·桂林·

文明的"双相"：灾害与历史的缠绕
WENMING DE SHUANGXIANG ZAIHAI YU LISHI DE CHANRAO

图书在版编目（CIP）数据

文明的"双相"：灾害与历史的缠绕 / 夏明方
著. --桂林：广西师范大学出版社，2020.7
ISBN 978-7-5598-2842-2

Ⅰ. ①文… Ⅱ. ①夏… Ⅲ. ①自然灾害－关系－
中国历史－研究 Ⅳ. ①X432-09②K207

中国版本图书馆 CIP 数据核字（2020）第 087787 号

广西师范大学出版社出版发行

（广西桂林市五里店路 9 号　邮政编码：541004）
（网址：http://www.bbtpress.com）
出版人：黄轩庄
全国新华书店经销
广西民族印刷包装集团有限公司印刷
（南宁市高新区高新三路 1 号　邮政编码：530007）
开本：880 mm × 1 240 mm　1/32
印张：12.375　　字数：210 千
2020 年 7 月第 1 版　　2020 年 7 月第 1 次印刷
定价：68.00 元

如发现印装质量问题，影响阅读，请与出版社发行部门联系调换。

目　录

专题三　山水之间

专题四　救荒活民

专题五　现实的历史之境

专题六　与灾害同行

前言：文明的"双相"

一

2019年11月，在国内史学界一直倡导"生存史研究"的南开大学王利华教授，专门组织了一次题为"生命的意义：从历史到未来"的学术研讨会，希望我这个所谓的"灾害史专家"给大家谈一谈在诸如饥荒、瘟疫或其他重大灾难爆发的所谓"非正常状态"中人对于生命的特殊体验。这当然是一个极具学术价值和人文关怀的话题，也是灾害史研究者自始至终都必须直面的沉重而又严肃的话题。但那个时候我更愿意和大家分享近几年阅读马克思和恩格斯《德意志意识形态》的心得和体会，因为这部历史唯物主义的奠基之作，实实在在是以对人类生命的思考为中心，所谓的物质，所谓的意识，所谓的经济基础，所谓的上层建筑，无不依此而展开，后来者无论怎么咀嚼都不过分，故此也就把利华兄的嘱托抛诸脑后了。不过在离会告别之际，我还是应允在来年的会议上完成他交给我的作业，还以一种开玩笑的语气建议他把下一次会议的主题改为

"死亡的意义",窃以为人的生存固然以活着为主调,但离开了生命的终结,所谓的"活"也就无从谈起,也将变得神仙般的无聊,唯有海德格尔所说的"向死而生",死中求生,生生死死,纠缠不已,生命的伟岸方才得以凸显。

谁曾想到一语成谶!我们还没有来得及从浩瀚的历史文献中去爬梳,去呈现古人面对死亡的态度和行为,一场突如其来、波及全球的庚子大疫,就以极端惨烈之势,把我们这些灾难的旁观者直接带进了死亡的炼狱,变成了史无前例的全球大流行病的受害者,迄今未有已时。虽然我对于新世纪以降乃至未来相当长一段时期内中国以及全球正在而且即将面临的生存境况一直抱持比较悲观的态度,尽管我在不同的场合一直都在呼吁要把各种各样的灾害,不管是自然的、人为的,还是自然与人为交互作用的,以及这种灾害所体现的自然、社会的"不确定性"统统纳入历史研究的范畴中来,把它作为一种研究对象,作为一种研究视野,甚而作为我们观察这个由人与自然交织而成的世界(不论其过去、现在或未来)的方法论、认识论,乃至某种世界观、宇宙观。但毕竟还是没有意识到这一场生存危机来得如此迅猛,如此惨烈,持续时间如此之长,且最不能忍受的是,还没有人确切地知晓它究竟何时终了,而它对包括中国在内的整个世界秩序究竟会产生什么样的影响,我们同样难以逆料,我们唯一确知的就是这样的影响一定会让人惊心动魄。

疫病、灾害、不确定性,犹如挥之不去的巨灵,以其铁一般的无情逻辑和不可遏制的驱动力,把它自身深深地刻进了历史的进程之中,数百年来被刻意追求"更快、更高、更强"的现代性逻辑所重铸的社会秩序、自然秩序，在一个小而狡猾的病毒的肆虐之下乱象纷呈，此情此景，显然出乎所有地球人的预料。

以中国而论，危机爆发之际，正是国家预期的小康社会全面实现的决战之年，伟大的"中国梦"将从此进入新的境界，中华民族的伟大复兴也将由此迈上新的征程，然而残酷的现实却让这本应属于中华民族复兴元年的高光时刻蒙上了重重阴霾，虽则这次危机并不能阻止我们的成长之路，但两者之间如此强烈的反差，还是不期然而然地驱动着全国上下，以改革开放以来未曾有过的壮烈情怀，对自身、对家国、对全人类，以及对我们生活于其中的地球共同体的过去、现在和未来，展开了一场空前规模的深刻反思。不管这样的反思最终呈现出什么样的面貌，有一点应是确定无疑的，这就是对不确定之风险的考量和防护，从此深深地楔入了中华国人的认知系统之中，也必将大大地改变国人的价值观念和行为实践。只有自觉地学会与病毒共存，与不确定性共处，向灾害学习，才有可能摸索出一条人类可持续生存与发展的正道。我们终将明白，在这个世界上唯一能够确定的，就是不确定性，任何确定性的状态都将是人类适应不确定性而构造的结果，而且总是处在充满不确定性的变化过程之中。

或许是适应了长期以来凯歌行进的生活节奏，亦或是庚子大疫带来的急刹车打乱了原本的工作计划，仿佛觉得虚掷了原本大好的光阴，有不少朋友建议将 2020 年从日历中除去，作为 2019 年的延长时，标为 2019s，或当作 2019 的闰年。这当然是大家对当前时运和个体遭遇的一种揶揄和自嘲，但所有人都明白，2020，这鸦片战争以来近代中国第四个多灾多难的庚子年，对于个体，对于家庭,对于社区,对于国家,以及对于全球人类有可能蕴含的划时代意义,它犹如一道骤然突起的分水岭,把现在与过去截然两分,从根本上改变了无数个体、家庭、诸多民族乃至全人类的命运。我们当然可以充分发挥我们的想象力,努力地勾勒"后新冠时代"全球的新模样,但新冠疫情这一新世纪以来人类最大的"黑天鹅事件",终将成为未来时代抹不掉的象征和标志。

二

从这一意义上来讲,灾害、死亡、不确定性,与其说是历史的偶然,不如说就是历史的本身;与其说是历史大潮中的一朵朵浪花,还不如说是激荡历史大潮的伟力。它看起来是人类历史的非常态,实际则是自然或社会生态的常态化内在构造之特殊显现而已。今年大疫期间风靡中华的《瘟疫与人》,一部四十五年前问世的疾病社会史开山之作,其作者威廉·麦克尼尔在讨论疫病等不确定性事件与历史进程的相互关联时曾经有过如下的感慨,在他看来,那些受过严格训练的历史学家,因其作为现代人已对常见传染病拥有相当的免疫力,很难认识到同样的疾病,在熟悉它并具有免疫力的人群中流行,与在完全缺乏免疫力的人群中的爆发,其后果差别巨大,故而常常忽视疫病造成大规模死亡的记载,并以一种不经意的笔调处理它们;另一方面,一般人总是希望人类的历史合乎理性,有章可循,所以历史学家为了迎合这一普遍的愿望,也"会在历史中刻意突出那些可预测、可界定且经常也是可控制的因素",因此即便一些流行病在和平和战争中的确成为决定性的因素,它的不可预见性也会使这些历史学家深感不自在,故此有意予以低调处理,以免弱化以往的历史解释力。即便是那些对此有所关注的学者,也"仍将疫病的偶然爆发视为对历史常态突然而不可预测的扭曲,本质上已超过史学的诠释范围,因而也就很难吸引以诠释历史为本业的职业历史学家的视线"。(威廉·麦克尼尔:《瘟疫与人》,中国环境科学出版社,2010年,第3—4页。)

被麦克尼尔视为历史学家眼中"漏网之鱼"的不确定性事件,何止疫病而已。大约除了战争之外,凡是由所谓的自然力量引发的灾害,如干旱、洪水、寒流、台风、地震、蝗灾、火灾,以及其他形形色色的危害性事件,在由探讨历史必由之路的宏大话语中差不多都被置于极其边缘的地位。即便是把疫病从浩瀚的历史海洋中打捞出来的麦克尼尔,最初对于从反抗疫病中崛起的现代科学话语也怀有不可否认的坚定信念。然而也正是在他的疫病史杰作问世前后,欧美世界正在遭遇与二战之后经济大加速时代相伴而来的日趋严峻的环境危机,一种使西方社会从饥荒、瘟疫之中摆脱出来走上现代繁荣之路的技术装置,竟然一变而为威胁人类生存的环境危机的原动力;一种以"毁灭性创造"为特征的文明,最终也可能被这种看似不可阻挡的创造性所毁灭;一种被认为是"历史之终结"的自由主义梦幻社会,也以越来越大的可能性被其自身制造的危机所终结,至少也被弄得伤痕累累,而改变了模样。这不由得让人想起狄更斯在他的《双城记》开篇所说的一段话:

那是最美好的时代,那是最糟糕的时代;那是智慧的年头,那是愚昧的年头;那是信仰的时期,那是怀疑的时期;那是光明的季节,那是黑暗的季节;那是希望的春天,那是失望的冬天;那时我们拥有眼前的一切,我们前面又一无所有;我们全都在直奔天堂,我们全都在直奔相反的方向……

从 1960 年代的蕾切尔·卡逊"寂静的春天",到 1990 年代乌尔里希·贝克的"风险社会",再到 21 世纪以来广为流行的"人新世",这不同时代的概念或表述,在在昭示着现代社会的另一面,这一面是如此的阴森,如此的危险,如此的惨痛,处处弥散着所谓的"负能量",以致人们不愿意把它和理性而又美好的现代性勾连在一起,而只是把它看成现代性的外部效应,科技进步的副产品,充其量也只是在前进与发展道路上不可避免地要付出的一点点代价。然而狂傲的现代性终究还是按捺不住自身的魔性,以一次又一次自然的、人为的危机展示它的狰狞之相。或许这才是真正的现代社会,繁荣与风险并存,机遇与毁灭共生,两者相缠相斗,不可或缺。

中华文明的诞生与演进同样避不开如此这般的铁律。自古迄今中国从来都不曾摆脱各类灾害带来的巨大冲击和影响,近代以来更被冠以"饥荒之国""东亚病夫"之名,至今仍有余响,以致成为中华民族集体记忆之中不可触碰的痛点。可以毫不夸张地说,一部中华文明史,就是一部自然灾害连绵不断的历史,也是一部中华民族持续应对严重自然灾害频繁挑战的历史。中华文明就是在这样一种灾害与生存、挑战与应战的悖论式演化过程中创生、延续、繁荣和发展起来的。新中国成立以来,在中国共产党的领导之下,全体中国人民经过七十年艰苦卓绝的奋斗,百折不回,基本上解决了困扰中华文明数千年生存和发展的三大浩劫——饥荒、瘟疫和战乱,使国家和平,使社会稳定,使人民繁庶,实现并超越了先秦时代伟大思想家孟子提出的"黎民不饥不寒"的社会理想。

然而自然界并没有因为有了这样伟大的人间奇迹而着意停止其周期性变化的轨辙,中国在高速前进的现代化行程中也付出了沉重的环境、经济、政治、社会、伦理和文化等各方面的代价,各种各样传统的、非传统的灾害和风险,依然是中华民族复兴之路上始终面临的重大隐患。何况这样的复兴是在暴虐的西方殖民主义长达百余年的侵略和蹂躏之后,在经历了20世纪六七十年代社会主义建设的重大挫折之后,在短短四十余年的时间内,以超乎寻常的自我开发、自我剥削、自我耗竭的方式迅猛崛起的,迄今尚是一个处在剧烈转型期的超大规模社会,其内在的脆弱性显非欧美等相对成熟的发达社会所能相比。尽管在此次全球性大危机中,我们凭借"举国体制"这一制度优势,在一种特定的紧急状态下力挽狂澜,在气势汹涌的全球性新冠浪潮中暂时构筑了一片稍可喘息的安全之岛,但在未来的生存和发展之路上,我们显然要面临更大的风险和不确定性,要经受更加严峻的惊涛骇浪。

简而言之,不管是西方文明,还是东方文明,抑或其他文明,姑勿论这些文明之间长期存在的矛盾与渗透、冲突与包容等多重复杂关系,单就任一文明本身而言,无非都是一种充满张力的总体性构造。对这样的构造,学术界似乎还未能找到比较合适的术语来描述它。人们更多谈论的,是组合成这些总体性构造的各具体要素之悖论性存在现象,如生存悖论、自由悖论、发展悖论、道德悖论、管理悖论、生态悖论,以及全球化悖论,等等。

大约只有美籍华裔学者黄宗智先生在发现某一社会内部存在的种种出人意料的悖论现象之后,径直用"悖论社会(paradoxical

7

society）"一语概括之。在他看来，英文"paradox"一词，指的"不仅是个别违背理论预期的现象，更指一双双相互矛盾、有此无彼的现象的同时存在"。（黄宗智《悖论社会与现代传统》，《读书》2005 年第 2 期。）不过，黄先生的"悖论社会"主要指的是不符合西方资本主义逻辑的明清中国，如传统小农经济的"内卷型商品化"和"没有发展的增长"，以及他特别强调的近代以来在西方的侵略之下形成的西方影响与本土文明的长期并存。虽然他也承认西方社会不是那么简单，也有一定程度的悖论性，但并不像中国以及其他受过西方文化侵略的第三世界国家那样，存在如此突出的两种文明并存的现象，且渗透在政治、经济、法律、文化以及民族认同等各个方面。这一判断显然是以现代西方与传统中国的二元对立为前提的，黄先生也自知这一判断会给人一种以西方为中心的印象，因而反复声明他之目的恰恰在于质疑今天压倒世界的西方主流形式主义理论，进而超越中西之间非此即彼的二元对立的思维框架，正视中西并存的基本事实，并从中发掘近一个半世纪以来两者的协调、综合以及由此形成的新"传统"，亦即中国特色的"现代传统"。

但如果我们跳出这类东西方之间"文明冲突"以及与之相反的"文明融合"的话语，从不同文明共同面对的最基本的生存境遇出发，则所谓中西之间的对立或是并存，都不过是"悖论社会"的特殊表现形态而已，我们需要把这一概念的外延做更大的扩充，也就是从纯粹的人际间社会扩展到包括人与自然关系在内的生态社会。另一方面，使用"悖论"这一说法，总会让人把它和某种困境联系在一起，诸如逻辑困境、囚徒困境等，进而有一种解决难题、超越困境的冲动。

然而无论是在理论的创造还是现实的生活实践中，总有一些根本性的对立共存现象从未曾消失过。比如今日全球人类正在遭遇的"生"与"死"的较量，只是在不同的时代不同的地域不同的族群有不同的表现而已，何况对立共存的双方或两极，也不会因为我们自诩为超越二元对立的话语表达和理论追求就把它从现实中抹掉。即便两者相互渗透，相互融合，乃至形成某种新的事物，原本作为非此即彼之二元对立的两极也有可能随之获得新的表现形态，只是往往占据不同的位势而已。因此，两极之共存性对立既是一种结构，更是一种过程，是一种过程化的结构，也是一种结构化的过程；如果用一种动态的眼光来审视它，它实际上应是一种势态、一种事件、一种非平衡的平衡，貌似有形而实乃变动不居。

一个偶然的机会让我接触到当前精神心理学界常常挂在嘴边的一个词，亦即英文的"bipolar"，中文翻译则为"双相（的）"。虽然这是医学界针对人的精神疾病而发明的概念，但是思来想去，如果对它的内涵稍加改造，并赋予其新的含义，则相较于"悖论社会"，它对于表述在灾难与康乐、无序与有序、动荡与安宁、繁荣与危机、兴盛与衰亡之中穿梭变换的人间社会及其文化创造，或许更加恰当。据相关文献揭示，"双相"的全称是"双相情感障碍"，英文为"Bipolar Affective Disorder"，指的是人的心境，因生物、心理和社会环境诸方面未明因素的交互作用而导致的，在正常、高涨（躁狂）和低落（抑郁）之间往返摆动，其临床表现可分为抑郁发作、躁狂发作和混合发作。不管这样的疾病处在什么样的发作期，高低两极心境或心理倾向都内在于其中，只是在不同的相态中有着不同的症状而已，而所谓的正常同样是躁、郁两极在特定状态下的组合，是两者在一定程度上达至的某种平衡态。

从中得到的启示是,我们过去在谈论自然、社会或生态秩序时,总是把混沌与和谐,有序与无序,或者"治"与"乱"作为常态和非常态,作为截然相反的对立两极来看待,而往往忽略了对于人的生存而言,完美的"治"和极度的"乱"都可能是同样的病态表现。20世纪大跃进时期,当我们为"赶英超美"而跑步进入"共产主义"之时,同时也就是重大灾难酝酿之际。而在一个极度有序、极度安静的环境中生活得久了,有很大的可能会趋于精神错乱。适度的无序不仅不是破坏之源,在特定情况下反而是难得的建设性力量,所谓两极相通,意在于此。如果这样的理解可以成立的话,由包括疫病在内的各种灾害(不管是自然的,人为的,还是自然与人为混合而生的)所导致的不确定性以及人类社会为适应此类不确定性而努力构建的确定性秩序,正是人类文明内在的两种截然对立的相态。不同时代不同地域的人们,其所经历的悲剧、喜剧、悲喜剧、讽刺剧,都应是这孪生的"双相"不尽一致的组合而已,而其中的任一相,究其本质而言,都同样是一种确定性与不确定性并存共处的悖论性构造,概莫例外。

三

不确定性作为一种势态,或进而演化为灾害性事件,导源于人与人、自然与自然以及人与自然等三重关系相对独立或交互叠加而致的急剧变化,以及这种变化对人或人类社会这一特定主体的破坏性影响。通常而言,人们把人与人的关系性组合称为社会环境,自然与自然的关系组合称为自然环境,而人与自然的关系组合则被叫做自然与社会的复合体,或狭义的"生态环境"。所谓灾害就是这几类相对于特定个体或群体的人而言的环境之急剧变动对人或社会的伤害,因其成因不同,通常分为人祸、天灾或自然——人为灾害(亦称环境灾害或技术灾害)。而对这些灾害的认知和探索,相应地也分别属于人文社会科学、自然科学或环境科学的范畴。但是此种对于人与环境,易言之,即主客体之间紧张状况的理解,是以人与自然作为独立的实体为前提的,两者之间固然也会相互作用、相互影响,但作为孤立的、分离的原子式的封闭性实体,在这样的观察视野中,其性质并不会因之发生变化。

生态学的进展使我们对以上三重关系逐渐有了新的统合性的理解。最初的生态学关注的是人之外的生物或生命与其环境之间的关系,后来人们逐渐意识到人也是自然界的一部分,准确地说,是自然界中生物体的一部分,其与环境的关系也构成了一种生态系统,亦即人类生态系统,从而与自然生态系统和人类社会系统相区隔。也就是说,这样的人类生态系统是处于人与自然之间,由人与自然交互作用而构成的,是联结人与自然的中间地带或界面。

上述灾害的三分法主要就是基于这样的认识。从 20 世纪六七十年代以来,随着生态学从浅生态学向深生态学的转型,人与自然,或者确切地说,人与非人类自然共同构成生态复合体的认识逐渐流行开来,对于战争等人祸与自然环境或自然生态的关联也开始引起较广泛的关注,只是有可能因为某种思维惯性的制约,这样的深生态学意识并未在人们的学术探讨或生活实践中得到彻底的贯彻,以致在理论和实践中产生诸多困扰。

我们有必要将人与自然交互作用的过程作为一条贯穿一切的核心线索,将自然的、人为的以及人为——自然的诸种灾害统合在一个框架之中,也就是说对任何灾害,我们都需要从彻底的生态学的角度去把握它们。即便是包括战争在内的看似纯粹的人祸,也无非都是导源于人类对赖以生存和发展的资源、能量或空间的争夺,而这一争夺过程本身也将极大地改变自然与社会本身。反过来而言,那些自然界的巨大变化,如果与人类社会无所瓜葛,显然不能称其为灾害。而在某一特定时空环境中被视为自然的景观,从一个更长的历史时段来看却是人类活动的"鬼斧神工"。早在2300年前的孟子,即不同意把"未尝有材"视为"牛山"的自然本性,在他看来,此山之所以"若彼濯濯",主要源于其"郊于大国",以致"斧斤伐之",其后虽经"日夜之所息,雨露之所润,非无萌蘖之生焉",可"牛羊又从而牧之",岂能复美如故?(参见《孟子·告子上》。)孟子"童山"论,极其生动而又深刻地揭示了这种被遮盖、被消抹的人与自然之间的互动过程。

因此,我们既需要在所谓的社会关系的演化之中捕捉自然的影子,同样也要在所谓的自然关系的演化之中去捕捉社会的影子,两者既相互区分,又水乳交融,形成对立互补的统一体。这样的生态复合体,不仅适合于不同的地域,也适合于全球范围,当然也适合于我们能够观察的星球体系。人与非人类自然,也就是中华传统文明话语中的天人两相,实际上构成人类文明对立共存的两极,而上述三种关系也正是在两者的纠结、碰撞、冲突、渗透和转化的过程之中交错变动,进而反过来作用于每一种关系以及各种关系的组合,导致局部的或整体的变化,共同奏响人类历史的宏大交响乐章。

对于灾害过程的这种主客体关系的认识,需要我们打破长期以来占统治地位的机械还原论框架,而采用一种更具包容性和解释力的复杂性视野。在一个以征服自然、控制自然为主导的现代性话语中,似乎只有在谈及自然灾害的场合下,才有可能承认"人"这一绝对主体的受害者角色,承认自然力量的变化在特定的灾害形成过程中的主导性地位,也就是说,在人与自然的统一体中,人暂时性地由主体变成了客体,即承灾体,而自然则从客体变成了主体,即成灾体。但即便如此,人们常常还是以一种乐观的态度把灾害过程的暂时结束渲染为人类的胜利,而且这种对施害与受害的单向度理解,也是以人与自然绝对的二元对立为前提的。

今日欧美学界流行的"人新世"(Anthropocene)概念,对人类活动加诸于自然界的影响,尤其是对全球气候变化的影响,给予前所未有的关注,人不再只是单纯的受害者,在很大程度上也扮演着施害者的角色。不过正如不少学者所批评的,这一概念及其对全球环境变化的理解本身,往往给人一种人类已然彻底改变大自然运行轨迹的印象,总是脱不了现代人骨子里的那种极端人类中心主义的傲慢。我们无意于超越人与自然的所谓二元对立,我们也没有必要将人与自然完全合而为一,自"人猿相揖别"的人类诞生之日起,人与自然就是在相生相克之中协同演化的,自然的人化与人的自然化相交互织,相反相成。历史地讲,自然非人,亦非自然;人非自然,人亦非人。两者既对立又共生,既区别于对方,又包含着对方。而在共同出演灾害之类的生态戏剧时,两者就如同世界著名悬疑大师希区柯克巅峰期作品《迷梦记》中的男女主角一样,其各自的角色和相互间的身份,在侦探与嫌犯、爱人与敌人、受害者与施害者之间,随着故事的展开,迷雾般地纠缠反转,难解难分。

即以当前横扫全球的新冠病毒而言,其与人的关系,姑且排除"人造论""阴谋论",一般都会作为人与自然的关系来处理。从人的立场来说,这是病毒对人类社会的侵害,是生物入侵。但是病毒之所以入侵,则是因为人有意无意地侵犯了它们的生境,与其寄宿的动物发生接触,导致病毒的异化,进而反过来危害人类。这时候的病毒依然是病毒,但其形成灾害性事件,则与人的行为息息相关,人本身已经成为此类病毒演化过程的一部分,而病毒本身也因其在人类群体中的传播、蔓延而衍生了不同于其在非人类动物世界传播的特色,也就是说病毒自身也人化或社会化了。这也是这一病毒与过去的同类既基本相似又有所不同的原因之一,它实际上是在人与病毒交互作用的过程中涌现而出的新病毒。你当然也可以辩称这是人之作为生物体的一部分与病毒互动的结果,依然没有跳出自然力的范围,但是人之接触病毒的过程,却非纯自然的生物行为就能解释得了的。

另一方面,纵然前面提及的所谓"阴谋论"属实,亦即这样的病毒是经过人类基因技术的改造而产生的人工品,但从当前它的不分种族、不分国家、不分政治制度而在全球范围内无差别地扩散这一情形(此一事实本身即是对"阴谋论"的最有力的颠覆)来看,显然已完全超乎所谓"制造者"的操控,不以人的意志为转移而自行其是,一展其非人类所能及时探悉的狡智而任性肆虐,所谓道高一尺魔高一丈,这大约也称得上是自然力的反扑吧。

中国政府在武汉疫情爆发期采取的封城行为,在海外诸多自由主义者看来似乎是典型的"国家专制主义"行为,是对人类自由天性的束缚。事实上,在历经这场灾难的局中人看来,这样的"专制",应该叫做"病毒专制主义"(或者广义而言属于"灾害专制主义")更为恰当;从当时的情形来看,如果中央政府不果断采取自上而下的雷霆般的封禁措施,而是像早期湖北和武汉地方当局那样颟顸、迟顿,则必定受到来自全国绝大多数人民的强烈批评和质疑。西方世界后来对封禁之举的局部仿效,在很大程度上也显现了疫情之超越意识形态的破坏力。在此类特定的情势之下,极端的自由放任,反而可能与人们普遍接受的人道主义渐行渐远。

不过,要是我们把今日病毒的全球大流行都看成是病毒自身的特性所致,则肯定大谬不然。毕竟在传染源、传染路径以及传染群体之间,在疫情的起源、爆发、传播和扩散的链式过程中,这一病毒,像历史时期的其他任何病毒一样,还是给人类留下了可以隔断的缝隙。而中国在武汉疫情爆发后举国抗疫的成功,足以说明人类在逆转自然进程的方面还大有用武之地,哪怕采用的主要是古老而机械的物理隔绝法。相比于欧美等国后来的表现,这一办法是如此的简捷,如此的有效,以致不少海外政客对中国的抗疫成果抱持极大的怀疑态度。

相反,就如同孟子眼中的"牛山",经过时间的洗礼、记忆的衰退之后,当后人在中华人民共和国的"自然灾害志"上赫然看到这样的实录——"2020年4月22日16时31分,新冠大流行,全国确诊84289例,疑似35例,死亡4642例",而其对于灾害的认识假如还停留在当前的水平,则又很很容易把这一冰冷的数据当作纯自然力作用的结果,进而从后现代建构主义的角度质疑今天的政府作为和民众的反应是不是某种对莫须有疫情的过度恐慌。之后在严格的防范之下形成的无疫之局,更可能被视为作为自然力的病毒自行消失的结果。

海外怀疑者的目的，旨在夸大各所在国新冠疫情的不可抗力以及中国政府对疫情扩散的责任，从而为各自国家的抗疫不力寻找"背锅侠"（这大约是今年最流行的一个词之一）。而长期以来中国救灾部门对灾害事件的自然归类传统，固然是某种思维惰性所致，但也不能否认其中隐含的诿过、卸责之嫌，甚或明确地指人祸为天灾，有意识地规避相关组织和人员理应承担的责任。殊不知此类对于灾害的"自然化"话语，反而可能使后来者大大地低估自然界本有的破坏力，同时也消解了在这一过程中国家和民众为遏制所谓的自然灾害付出的巨大努力和代价，曾经激荡人心的天人交战过程被单一的"天灾"记录遮蔽掉了，这如何有利于弘扬此一话语意欲维护的制度优越性？这样一种非预期效应，大约也可以算作现代中国灾害话语的内在悖论之一吧。

人与病毒之间加害与受害角色的变换与反转，并不仅仅局限于上述人与病毒的"共谋"而对人类自身带来的非预期危害，它至少还应包括人与人之间的互害以及人之作为地球的生物体之一而对其他生物体的侵害。对于前者，威廉·麦克尼尔发明了"巨寄生"这一概念，以与细菌、病毒等微生物与其包括人类在内的宿主之间的"微寄生"相区别。这一概念揭示出，当我们把人作为与自然相对的抽象的总体，具体化为族群、阶层、文化等各种等级化群体时，整体人类的一部分，往往是极少数的统治者和财富占有者，就会如同病毒一样，通过非和平的掠夺性战争或和平的合法性财税征收等手段，寄生在绝大部多数弱势群体、边缘群体之上，而成为人类社会自身的病毒；另一方面，当我们把病毒等非人类的自然生物体也视之为塑造人类历史进程的主体之一时,或者超越人类中心主义,改从生物中心主义的立场出发,则人类自身在同一生态系统中的扩张和对其他生物体生存空间的占有和挤压,同样也是一种生物入侵,确切地说来,是真正意义上的生物入侵,与人类之间非正义的殖民主义暴行没有什么两样,究其对于生存资源或生存空间的掠夺这一共性而言,理应属于生态殖民主义的行径。

长期以来,人们在讨论瘟疫与人的关系时,绝大多数都聚焦于疫病如何改变人类的历史,而往往忽略了人类反过来怎样改变疾病的历史,以及两种历史在相互之间互动反馈的过程中又是如何共同塑造新的历史,而后者恰恰是麦克尼尔之突出人类"巨寄生"特性的理据之一。在他看来,人才是这个生态系统里面最大的病毒。这与地球盖亚理论的创建者詹姆斯·拉伍洛克把不断扩张的人类视为地球上最大的污染物,如出一辙。此次新冠疫情爆发之后,有识之士把生物病毒之外,因生物病毒而蜂起的各类霸权主义、种族主义、民粹主义、官僚主义、地方主义,以及极端自由主义、专制主义等形形色色的不利于全社会、全人类团结合作、共同抗疫的主张和行为,都归之为政治或文化病毒,与麦克尼尔的"巨寄生"理论,倒有异曲同工之妙。

这样的病毒,当然源于根深蒂固的文化偏见,但在大多数情况下也可以理解为不同政治力量对空间、资源和能量的争夺和博弈,所以它们不止是隐喻意义上的病毒,也是实实在在的对非人类自然产生破坏的真正意义上的病毒。不过在全人类共同的敌人面前,不管在全球化网络中的国家与国家之间,以及在民族国家范围内的人与人之间,如何因为对疫病和应疫的不同认知而导致巨大的政治分裂,毕竟有一点还是比较明显,而且越来越清晰,那就是在这些不同的或对立的群体之间还是能够在抽象的人与自然关系方面达成最低限度的普遍共识,亦即认识到此一时代的人类对地球母亲犯下的现代性原罪。一旦有了这样的共识,我们对这一场未知何时结束的人与病毒之间的较量,就有理由保持谨慎的乐观。

人类,桀骜不驯的现代人类,似乎还没有在哪个时期能够像今天这样,在小小的病毒面前低下高昂的头颅,向自我本身的"生态法西斯"行为进行如此痛切、广泛和深刻的反思,并从中领悟生命的真谛,或许这才是新冠或后新冠时期新启蒙思潮最核心的内容,人类文明有望从此进入真正自觉的生态革命时代。

需要补充的是,这里使用的"生态法西斯",与其通常的用法恰好相反,它一般是指那些奉行"生物中心主义"或"生态中心主义"的极端环保主义者,为保护生物和环境而对环境破坏者或野生动物非法掠取者采取的非人性的极端惩罚行为。我更愿意采用多元主体对立互补的关系论,把偏向非人类生物和环境的"生态中心主义",改造为以人与自然的相互关系为中心的"生态中心主义",也就是把生态从作为人之环境的自然生态,转换为包容人与自然为一体的全生态、大生态。以此作为出发点,则人对于非人类环境或其他生物体的超出人类正常需求之外的过度索取,无不违背了基本的"环境正义"原则,而带上了生态帝国主义的特色。被全球化的资本大潮驱迫得无处容生的冠状病毒,其有可能通过蝙蝠、穿山甲或其他动物而向侵犯他们的人类展开的反攻,并以人类的肉体为中介获取新的生存空间,从某种意义上来说,亦可理解为现代世界我们这个星球上发生的一场前所未有的生物大起义。

如果说 1960 年代蕾切尔·卡逊眼中的"寂静的春天",是人类对自然的一场屠杀,那么在今日这另一个"寂静的春天"(唐纳德·沃斯特语),一个因人类禁足、生产停顿而天高云淡、姹紫嫣红、百鸟争鸣、万类自由的美丽之春,则是以新冠病毒为代表的非人类生物群体,向无止境扩张的人类殖民地发起的"自然解放"战争,这同样也是一种总体战、阻击战。我们或许可以指望通过疫苗的创造和大量生产来彻底地战胜它,但是恐怕谁也不能肯定这一狡黠的病毒不会再次因应人类的反馈而发生新的变异。

四

作为一本读史札记的前言,拉拉杂杂,已经占用了太多的篇幅,但还是希望再花一点笔墨,简单交代一下本书编撰的缘起,以及一些必须说明的问题。

去年 11 初,我在人民大学社会与人口学院召开的第十七届开放时代论坛暨"实践社会科学与中国研究"国际学术研讨会上,有幸认识了广西师范大学出版社一位年轻有为的编辑刘隆进先生,他希望重版 20 年前我在中华书局付印的《民国时期自然灾害与乡村社会》,同时对我意欲编辑的这本小册子也表示了一定的兴趣。经过他的努力,出版计划很快通过,我便于庚子年初把稿子交出了。按当今高校的学科评价体系,收在集子里的这些文章、书序,包括部分媒体做的一些访谈、笔谈和报道,并不是什么正式的学术论文,算不得成果,有的只是会议发言,从未发表。但我个人还是敝帚自珍,自认为这么多年来,我从生态史的角度对中国灾害与历史问题所做的思考,至少在灾害史专业范围内还是有一定的新意的。

没承想新冠疫情随即由隐而显，爆发，大爆发，人类对新冠疫情及其与人类命运之关联的观察与思考，也随即爆发，大爆发。这样的思考，不但覆盖人文、自然这两大学科的绝大多数领域，还溢出学者、专家的象牙之塔，扩散到社会各界的非学者圈，其探讨的内容也以当前疫情为中心，延伸到整个人类历史时期的疫病、灾害与社会、文化的相互关系，以及人类灾害响应的经验和教训。最重要的是，借助于覆盖全球的互联网，来自全球各地的不同观念几乎在同一时间交流、碰撞和对话，形成人类思想史上千古未见的共时性震荡。人类史上一切与疫病及灾害有关或无关的概念、范畴、理论和思想，大约都在新冠疫情的"炼丹炉"里经受着种种考验，同时也生发出催人深省的新见。而此前被所谓常态化的生活所掩盖的各种所谓非常态的问题，包括自然的，人文的，也都在疫情的"照妖镜"下几乎一览无余，为人类的反躬自省提供了百年不遇甚至千载难逢的历史契机。

人类因禁足而放飞的思绪，势必荡开一切物质或制度之界而汇聚为一场新的全球化思想盛宴。它必将推进中国乃至全球的灾害研究以及灾害治理的水平进入新的历史阶段，也给传统的灾害史研究带来了巨大的挑战。大潮之下，岂有余沙！即便是在中国灾害史这一学术生态位中，曾经的思考化为陈迹，随流而散，同样也在情理之中；如果偏要说有什么价值的话，那就是用来印证其与现实带来的启示到底还存有多大的差距，以便在未来的新征程中迈出更稳健的步伐。

不过，在这样一场始料未及的全球大危机中，作为一个灾害史学者的失败并不代表历史学研究的失败，而作为历史学研究的失败,同样也不代表历史学的失败。疫情初起之时,某些学者对历史学的所谓现实借鉴作用,提出了相当刺耳的批评。以我个人的感受而言,这样的批评如果指的是过去的灾害史研究,尤其是中国的灾害史研究,并非毫无道理。我本人和我的同行近年来在许多场合也对当前的研究进展跟不上国家战略转型和社会变化的时代需求而深感焦虑,也越来越深切地感受到对新世纪以来尤其是17年前非典之后历史学之外的灾害自然科学和灾害社会科学的勃兴与发展,对国内灾害学领域曾经一枝独秀的灾害史研究所带来的巨大挑战。但是我们这些灾害史学者面对当下而生发的"百无一用是书生"的无助感,却不应让整个历史学来背这个"锅",这种无助只能说明我们的灾害史研究还有许许多多亟需改进和完善的地方,我们还需要更深地领会历史学或历史思维的真正底蕴。

事实上,在这样一场刚刚开启的全球灾害反思的大潮之中,我们恰恰能够感受到历史逻辑在自然与人文社会学科的广泛渗透,更能够体验到对历史的真实记录,在当前波谲云诡的国际秩序重建、国内政治博弈,以及正确认识新冠病毒特性及其应对之道的过程中天然具有的巨大威力。新冠疫情对过去的清洗非但没有消解历史,而是创造了新的历史,更把历史的求真本性从一切传统的、现代的或后现代花招的束缚中解放出来。谁扭曲了历史谁就会被历史所唾弃,这或许就是灾害历史给予人类的最大的教训。何况互联网、大数据和区块链,固然可以为形形色色的政治力量进行大规模信息生产和传播提供极为广阔的舞台,但同时也为这样的信息制作过程提供了最忠实的,且与传统纸媒相比更难以抹除的历史记录,因为借助于互联网档案馆的"时光倒流机"(the way back machine），几乎可以原原本本地修复被删除的信息及其制作痕迹，故此所谓的"后真相"在网络化时代不过是任性一时的游戏而已。

也正是出于对历史的尊重，这本小册子在编辑过程中，除了个别的文字叙述和一部分注释之外，概以尊重历史原貌为前提。其中有的概念和表述，今天看起来不见得特别合适，但如果用今天的话语进行改造，反而可能造成不必要的误解；有些论述，在不同的文章中多有重复，但是考虑到语境问题，同样的文字在不同主题的叙述中往往有不同的意义，如果予以删除，反而不利于对各所在篇章整体的理解，故在我的坚持之下尽量予以保留。有兴趣的读者如果觉得有什么不适，责任在我，特此说明。也请各位多多批评指正。古人往往把出书叫做"灾梨祸枣"，我只希望这本讨论灾害与历史的小书，不至于变成双重的灾难。

2020 年 4 月 22 日世界地球日
于北京世纪城春荫园

专题一

把不确定性带入历史

自然灾害与近代中国[①]

以近代中国为中心的灾害演变大势

记得 1991 年,我到南方一所著名高校拜访一位著名的中国近代史研究大家。他对我说的一番话可以说是当头一棒。我当时请教的问题主要是洋务运动时期的灾荒和上海绅商的义赈,结果他很坚定地说道:"我让我的学生有两个问题不要碰,一个是灾荒,一个是义和团。因为灾荒的发生没什么规律,你从中得不到什么有价值的理论提升,而义和团嘛,则是对近代化的顽固抵制。"他这样说并非没有道理,在那个时代,灾荒史的研究少之又少,国图里就找不到几本这样的著作。但我还是受到很大刺激,暗暗下定决心,一定要把灾害弄出个规律来。

---

① 原载《文汇报》2017 年 1 月 13 日第 A08 版《文汇学人》。

今日回想起来,我可以毫不夸张地说,这样的规律已经找到了,当然它的发明者不是我,而是新中国成立以来从事这方面研究的来自自然科学领域的众多学者。他们借助于现代科学方法,依靠中华民族几千年流传下来的丰富史料,给我们大体上描绘了中国自然灾害的变动趋势和演化规律,进而以此为基础,对未来的灾害情势进行预测。

我自己半个世纪的亲身经历,也能感受到其间气候和灾害的变化,从中大约辨别出比较明显的阶段性特征,真所谓"三十年河东,三十年河西"。此种周期性变动,很可能与美国海洋科学家斯蒂文·黑尔发现的拉马德雷现象有关。据研究,作为太平洋上空高压气流的一种变动过程,它包含两个交替出现的阶段,即"暖位相"和"冷位相",这两个阶段与厄尔尼诺及其反面拉尼娜现象又有着非常密切的联系,相随而来的往往是台风、地震、瘟疫、大规模的流行病等一系列巨灾。

比如 20 世纪以来的 100 多年,大致可以分为四个阶段,即1889 年到 1924 年,1925 年到 1946 年,1947 年到 1976 年,以及 1977 年到 2000 年左右。不同的阶段,气候的冷暖变动不一。其中 1889 年到 1924 年是比较寒冷的时期,1925 年到 1946 年则相对温暖。尤其是抗日战争时期,从气象学和气候史的角度来看,是近代中国一段非常难得的好时期。从 1947 年到 1976 年,气温又趋于下降。这里所说的气温变化,不是我们在每一个白天黑夜具体感觉到的冷暖温差,而是一种统计学意义上的年平均气温。这种气温如果提高或降低两度或以上,往往意味着气候类型发生了变化。

如果我们将视野拉长,也就是从一个更长的历史时期来考察气候和灾害的变动,又会出现什么样的情况呢? 对 1800 年以来全球气温变化的统计显示:从 1900 年,也就是义和团运动爆发的那一年,年平均气温开始较大幅度的下降,到 1910 年达到最低谷,此时正值辛亥革命时期,不久清朝灭亡,民国建立。之后,虽稍有波动,却稳步上升,故此整个 20 世纪,完全可以看做是一个气温上升的阶段。由此反观 19 世纪,同样也有小幅的波动,但总体上显然处于气候相对寒冷的时期。这就是我们通常所说的"清末自然灾害群发期",或者气候学界所说的明清小冰期的第二个阶段。因为从这一时刻一直往前追溯,比如明中叶,你就会发现有一个更大的气候变化周期在发挥作用。这就是明清小冰期的第一阶段,大体上始于 1620 年,结束于 1720 年左右,此乃明代灭亡、清朝入关以及康熙统治初期。大约从康熙二十九年(1690)开始,气候逐渐变暖,雍正朝更是风调雨顺,一直到乾隆前中期,气候都非常好。当然,这并不意味着如此康乾盛世就没有饥荒,没有灾害,只是其发生的比例相对较小而已。一直到乾隆末年,接近 18 世纪末期、19 世纪初期,如前所述,中国的气温又开始出现波动,大水、大旱、大震相继出现。所以从距今 400 多年的时间来看,我们就会发现这样一个更大规模的周期性变动:明末清初,气候变冷;从康熙的后半期到雍正朝,以及差不多整个乾隆朝,气候相对温暖;然后从乾隆末年到嘉庆、道光、咸丰、同治和光绪,又是一个气候寒冷的阶段。如果再放长一点,也就是从中国五千年文明的历史来看,我们同样会找到另一种更长的气候变化周期或灾害周期,这就是"夏禹宇宙期","两汉宇宙期"(确切地说,应是"东汉魏晋南北朝宇宙期"),以及"明清宇宙期"。也有学者把"清末灾害群发期"与明末清初区分开来,称之为"清末宇宙期",也有一定的道理。

毫无疑问,自然灾害的发生,的确有它的随机性、偶然性和突发性,迄今为止,还没有哪一个国家对其进行极为准确的预测,但这种周期性变化的本身即说明其背后还是存在着一种规律性的特点,有一定的脉络可循;换句话说,自然灾害并不是某种外在于我们这个世界的偶发性力量,实际上是这个世界自然变动的一部分。我们需要把不确定性重新带入历史中来,把灾害当作历史的一部分,当作历史演进不可或缺的基本动力之一。

当然,自然变异的周期性与自然灾害的趋势性上升并不是互不相容的。在这一问题上,我和复旦大学的葛剑雄先生以及他的弟子有过一场争论。他并不否认灾害的周期性变化,但对灾害次数日渐频繁、灾害区域不断扩大这一学术界通行的观点提出挑战。他认为,有关中国灾害发生的历史记载相隔时间很长,从春秋到现在已经好几千年了,而历史记载的特点是"详今略古""详近略远",即时代越往前记载越少,越往后记载越多;在空间上,距离政治中心越近,记载越多,反之越少,甚至没有留下任何记录。所以我们从历史记录中看到的灾害次数的增多,灾害区域的扩大,是由文献记载的特点造成的,并不代表历史事实就是如此。我前面也多是从自然界的周期性变化来分析灾害的演变大势,但并不否认,除了周期性震荡之外,也应看到另外一种变化,即趋势性的变化,两者纠合在一起,呈现的就是周期性上升趋势,其间并无矛盾之处。

理由何在? 首先,凡是记载于中国历史文献的,绝大部分都是对国计民生有重大影响的灾害,而非随时随地发生的各类灾害,故而遗漏的可能性相对较少。第二,以往对中国历史自然灾害的判断都是以官书、正史为主要依据,其间不能排除葛先生所指的问题,但必须搞清楚的是,这样的官书、正史,基本上是当时人和时隔不久的学者撰写的,其落笔时间并不像我们今人与之相隔的那样长,我们不能把古人著史与今人阅史的时间混为一谈。事实上,早期的很多历史著作,如孔子作《春秋》,司马迁撰《史记》,都是当代人写当代史,其书写时间与实际史实发生的时间,并不像我们想象的那样长。第三,除了正史之外,历朝历代多多少少还是有其他文献可以作为旁证,尤其是明清以后,各地的方志多得是,档案和文献浩如烟海,从中可以相互印证,尽可能得出符合实际的结论。即便是方志多了,文献多了,也不代表所记录的灾害就越多。因为我们通过这些档案和文献的记载可以发现,其中对灾害的记载,有的时候多了,有的时候少了。所以用文献来解释灾害分布的时空差异有它一定的道理,但绝对不是否定中国灾害逐步增长的理由。

这里面还涉及一个人与自然关系的问题。就灾害的影响而言,不同历史时期人口规模不一,其活动范围大小不一,因而同等程度的灾害,其所造成的影响,不可同日而语。先秦时代灾害少,但由于人口总体规模小,活动范围有限,故而对当时的人类而言,其危害程度相对而言,要比今天大得多。死亡一千万人的大饥荒,在先秦时代可以消灭中国文明好几次,而在光绪年间,则只能延缓人口增长的态势。这是其一。其二,就灾害的成因而论,早在 1920年代,竺可桢先生就以其对直隶永定河水灾的讨论,非常圆满地解答了葛教授的疑问。他说:直隶水灾为什么在 16、17、18 世纪以后越来越多?不是因为它靠近都城,也不是文献记载有问题,毕竟三个世纪的记录都是同一处,而且始终处于天子脚下,而是因为人口越来越多。宋元时期,永定河周边的人口很少,即使河水很丰沛,也不见得形成洪水,更不见得对人造成危害,因为那里根本就没有人去住。但是后来这个地方人口越来越多,同时不停地开垦沿河的土地,离永定河越来越近,而且为防止水患,又不断地筑堤建坝,将河水束缚在狭窄的河道之中。灾害自然越来越多。故此,灾害的形成有两个原因,一方面是自然界的力量,另一方面则是人对自然界的改造带来的后果。它是人和自然的相互纠结的产物。1950年代谭其骧先生对王景治河之后黄河的所谓"八百年安澜"给出的解释,遵循的实乃同一逻辑。

重大自然灾害对近代社会的影响

自然灾害对社会的影响是一个非常复杂的过程,涉及环境、人口、经济、社会、政治,乃至心理、文化或民族素质等方方面面。

我曾经在著名灾害学家高建国等人的研究基础上,对近代110余年造成万人以上人口死亡的灾害进行重新统计,结果发现,这样的灾害,包括水、旱、震、疫、风、寒、饥等,共发生了119次,平均每年在1次以上,死亡总数为3836万人,年均35万人。这在当时的总人口中所占比重或许不算太大,但对受灾严重的地区,所造成的损失实在不可低估。尤其是不少特大灾害,更是惨绝人寰。

比如"丁戊奇荒"之后,就是1888年河南郑州黄河决口,整个河道又向南方摆动。铜瓦厢决口后,黄河在南北之间如此来回摆动,多达四五次,每一次都是巨大的灾难。1892年到1893年,山西北部地区又发生了一场持续两年的旱灾,大约又饿死100万到200

万人。山西省曾经是中国历史上人口比较密集的地方之一,明代曾有大量的人口输出,故而在华北各地至今仍流传"洪洞大槐树"的传说。但是经过晚清光绪年间的两场大饥荒,其人口规模在很长一段时间内就都未曾恢复过来。今日山西省人口的数量还是要比其他各个省要少得多,可见其影响之深且远。

到了民国时期,这样的特大灾害更是接连不断。1920 年,华北大旱灾,大约有 50 多万人因饿而亡。1925 年,四川、湖北、江西等地,大约死了 100 多万人。1928 年到 1930 年,华北、西北又是大旱灾,适逢蒋介石、阎锡山、冯玉祥中原大战,又造成将近 1000 多万人的死亡。紧接着就是 1931 年,长江大水灾,死了将近 40 多万人。1936 年到 1937 年,日本发动全面侵华战争的前夕,四川省发生了一次少为人知的大旱灾,死亡人口 100 多万。接下来是众所周知的 1942 年到 1943 年河南大旱,也就是所谓的中原大饥荒,仅河南国统区就死了大概 300 万人;如果将日本占领区和抗日边区包括在内,死亡人数显然要大得多。与此同时,在华南的广东,也发生了旱灾,估计死亡人数 50 多万,也有人估计是 200 多万人。在中国历史上,由饥荒所导致的人口的大规模死亡,简直是司空见惯。

对生命的戕害是与对精神的撞击联系在一起的,这无论如何也会给民族心理、民族文化打下深深烙印。对于这个问题,早就有人关注过,而且做了非常有意思的讨论。清末在华活动的美国传教士明恩溥,写了《中国人的特性》;著名的地理学家亨廷顿,出了一本书叫《种族的特性》,其中有专章探究灾荒对中国人特性的影响。从美国留学归来的社会学家潘光旦,先是将亨廷顿书中有关中国的内容摘出来翻译,名为《自然淘汰与中华民族性》,然后又将这部分内容与明恩溥的著作合并在一起，再加上自己提出的解救之道，编成《民族特性与民族卫生》。在他看来，中国人最大的特性当然就是自私，把生命看得比什么都重要，"只要能不死，什么都可以牺牲、什么都可以迁就"。之所以如此，就是因为中国人经历了太多的饥荒历练，很多的优秀品质被丢掉了，剩下的就是哪都无所谓、什么都可以的这种民族特性。所以最后，他提出一个别具特色的解决之道，就是通过优生学的途径，对中华民族心理和民族素质进行改造，来提升中国人对于灾害的防御能力，所以他叫"民族卫生"。

每当看到潘先生的这种论述，我总是生发一种联想，这就是，中国的传统文化，尤其是儒家文化，与频繁发生的灾荒到底有没有关联？又在多大程度上关联在一起？我在阅读四书五经中的《孟子》时，有一个非常强烈的感觉，其通书所谈，很大一部分内容都与防灾救荒相关，尤其是开篇第一章"孟子见梁惠王"，更是把"黎民不饥不寒"作为王权合法性建构的重要内容之一。但是，我们也必须看到，这样的儒家文化，它的最根本目标还是要确立以统治者为核心的等级秩序。对此种等级秩序进行文化上的论证，在某种意义上来说，也就是对有限资源非平等分配体系的合法化过程。所谓资源有限或资源短缺，不光指的是日常生活下的常态，更指资源极度稀缺的饥荒时期。我们在相关的史料中经常会看到正常状况下的社会伦理秩序如何被日益严重的饥荒逐步瓦解，但是另一方面，即便是这样的瓦解过程，也是遵循着日常生活中的道德逻辑。我们在《万国公报》上面发现一则打油诗，从中可以看到饥荒打击之下一个家庭的度荒之举：在饥荒开始之际，先是千方百计卖东西,卖光了一切就想着卖人了。卖谁啊?首先是媳妇,因为她是外姓人。接下来是女儿,长大了就得嫁出去。然后才是卖儿子。这样一种以尊老为中心的家庭决策过程,充分体现了儒家文化在应对饥荒过程中的残酷。

我曾从首都图书馆找到一份文献,是唱戏的脚本,题名《买卖儿子》,实则反映的是人吃人的故事。故事的主人公为一对夫妇,上有老母,下有儿子。饥荒之中,母亲又饿又病,眼看快要断气。这对夫妇不忍老母离去,就和老母亲商量杀掉孩子,让老母充饥。老母当然不答应,但这对夫妇还是坚持己见,偷偷杀掉亲生儿子,救活了老母亲。这位老母亲活过来之后见不着小孙子,便到处打听,从邻居那里得到真相之后,一怒之下,将自己的儿、媳告上了县衙。但是在审判过程中,所有的邻居都替这对夫妇说情,说他们是为了尽孝,这对夫妇在回答县官审问时则给出了这样的理由:母亲只有一个,死了就永远不再有;可儿子呢?就像韭菜一样,割了一茬又一茬。所以在民间,多生孩子往往是一个家庭防备饥荒的手段。所以才有"添粮不敌减口""卖一口,救十口"的说法。

有关灾荒与儒家文化的关联,新一代杰出的美国中国史家艾志端在她对光绪初年华北大饥荒的个案研究中有过非常精彩的论述(见氏著《铁泪图》),这里就不多说了。就灾荒与社会政治秩序或王朝兴衰之间的关系,可以从地方和国家两个层面来展开:

从地方的层面来讲,灾害对社会秩序的冲击往往呈现出错综复杂的局面:一方面,普遍而严重的自然灾害,在很大程度上会抹平某一特定地域中社会各阶层的差别,形成一种相互扶助、共渡难关的"天涯沦落人"效应,有人称之为"灾害共产主义"。但是另一方面,灾害打击的不均匀分布,又会导致不同阶层、不同行业、不同社区、不同族群、不同区域之间利害分布格局发生急剧的变动,又会导致相互之间的对立、矛盾和冲突,造成社会的分裂和对抗。前一种情况,借助于灾害社会学的理论,可以叫做"共识性灾害";后一种情况,则属于"分裂型灾害"。旧中国横行各地的"土匪"就是一个最典型的例子。他们平时为农,灾时掳掠,而且总是"兔子不吃窝边草",把抢劫的矛头对准邻近或更远的社区。

从国家的层面来说,饥荒,起义,王朝更替,几乎已经成了中国历史上的一条铁的规律。就像邓拓所说的,"我国历史上累次发生的农民起义,无论其范围的大小,或时间的久暂,实无一不以荒年为背景,这实已成为历史的公例"(《邓拓文集》第二卷,第106—107页)。从秦朝的陈胜吴广起义,到明末李自成起义,无不造成旧王朝的崩溃。有清一代,特别是嘉道以来的特大灾荒,也曾引发多次大规模的农民运动或农民起义,如白莲教起义,太平天国运动,义和团运动,等等;民国时期,大规模的农民起义已经少之又少,但是灾荒期间规模不等、形式多样的饥民暴动仍起伏不断。这些或大或小的农民反抗运动,虽然没有像先前那样直接颠覆清朝或民国的统治,但对它们的统治造成巨大的威胁,无论如何也是不能否认的。有学者往往列举历史上,特别是清朝、民国期间一些看起来与饥荒无关的农民起义的例子来否定两者之间的关联,但他们往往又忽视了长久以来根深蒂固的灾害政治文化在其中所起的媒介作用。实际上,问题的关键不在于质疑是不是所有的农民起义都与灾荒有关联,而在于为什么有的大灾荒并没有引起大规模的农民起义?为什么即便出现这样的起义或反抗运动,最后也没有导致清朝或者民国政权的覆亡或倒台？或者进一步追问：历经两千多年的王朝兴衰率为什么在此时被打破？

另一方面，即便这样的饥荒，这样的起义，未曾导致王朝崩溃，但它们对于近代历史上历次重大战争或政治革命到底产生了什么样的影响，也是一个值得深入讨论的课题。我的导师李文海先生在1980年代中叶倡导灾荒史研究时，他和他的研究团队投入较多的问题就是这个，并且撰写了一系列文章，为我们对近代中国政治变迁的研究提供了全新的思路。我们除了从民族矛盾、阶级矛盾的角度来理解中国近代历史之外，还需要从人与自然的关系，或者天人关系、人地关系来透视人类的活动。这实际上也就是当前新兴的环境史、生态史的做法了。

人与自然的纠结：灾害成因一瞥

各种各样的自然灾害，按其不同的物理动力及其来源，可以分为水旱等气象灾害，地震、海啸等地质灾害，蝗灾、鼠疫以及其他传染性疾病等生物灾害，还有天外飞来的横祸，如陨石撞击等天文灾害，它们分别源于组成地球大系统的大气圈、水圈、岩石圈、生物圈以及环绕地球的宇宙圈等。地球上的各大圈层，并不总是单独发生作用，而是作为一个整体，相互之间有密切的联系，一个圈层出了问题，就会引发其他圈层相应的变动，导致一系列链锁式的灾害反应。

比如旱灾与地震，亦即气象灾害与地质灾害有没有什么关联？1993年，我在李文海先生指导下撰写《中国近代十大灾荒》的一部分内容,隐隐约约地感觉到华北的大旱灾总是伴随着大地震。例如光绪初年大饥荒,从 1876 年到 1879 年,持续四年,但就在即将结束之时,亦即 1879 年,甘肃发生八级大地震,地震造成今天所谓的堰塞湖,一共死亡了 4 万余人。1920 年华北大旱,是年 12 月,甘肃海原又发生了一次八级以上的地震,按我们的考证,总共死亡 30 万人左右,比唐山大地震官方公布的数据还要多;1928 年华北、西北大旱,同样也有大地震出现。当时很困惑,但也把它写在文字之中。其后,随着自己对自然科学领域的相关研究了解得越来越多,居然发现,早在 1972 年,国家地震局的耿庆国先生就已经发现两种灾害之间的联系,并撰写大作《中国旱震关系研究》。他把华北、渤海地区发生的六级以上的地震和这个地区两千多年来发生的旱灾罗列在一起,结果发现,地震之前相近地区几乎总是出现大规模的旱灾,而且地震的震级越高,旱灾的面积越大,持续的时间就越长。从公元前 231 年到公元 1971 年的 2200 多年时间里,只有两次地震没有找到对应的旱灾。由于旱灾在前,震灾在后,人们往往很难理解两者之间到底存在什么样的物理机制,但在耿先生看来,地震的爆发需要一个长期的能量蓄积过程,可能导致地球表面的"红肿效应",从而引发局部地区小气候的异常变化。

火山爆发与气候的冷暖波动也有很重要的联系。因为从火山中喷发出来的大量火山灰以及火山气体,往往随着喷发柱进入大气圈的平流层,形成随风漂移的气溶胶。这种气溶胶,相当于给全球罩了一把伞,阻挡太阳的辐射,降低地球表面的温度,人称"阳伞效应"。研究表明,每次大规模的火山喷发,都会在二到三年之内造成地表温度的降低。

更重要的动力还是来自太阳的变化。经过数百年的观察，尤其是对太阳黑子活动的研究，人们发现，太阳活动不仅存在着 11 年、22 年的活动周期，还存在 80 年、200 年等更长的周期。太阳活动长时段的强弱变化，在很大程度上制约了地球表层气候的冷暖波动。比如明清小冰期的第一个寒冷阶段，实际上就对应着太阳黑子数一个长时间的衰减时期，即"蒙德尔极小期"（1645—1715），那时太阳黑子几乎消失。晚清第二个寒冷阶段，同样也对应着一个较小的太阳活动减弱期，即"道尔顿极小期"（1790—1830）。1880 年代中期以来，太阳黑子又从低谷开始不断增长，总体上处于不断增强的阶段，故全球气候又开始变暖了。大致从上一世纪 90 年代开始，太阳常量开始减少，21 世纪以来，进一步加速，据美国科学家预测，太阳将从此进入一个相当长时间的"超级安静模式"，或许会进入冬眠状态。所以未来气候到底是变冷，还是趋暖，国内外学术界对此还在争论之中，不可一概而论。按照以往的经验，应该对应的是相对寒冷的一个阶段。而且我们已经感觉到，这几年火山的爆发非常频繁，大地震同样很频繁，所以未来到底怎么样，是人类活动释放的二氧化碳在起作用，还是自然界的变动在起作用？真的很难确定。但是至少有一点，在未来相当长的时间里，我们面临的自然环境肯定不会像我们改革开放初期那么好。现在，我们的改革正在进入攻坚阶段，各种各样的社会问题也层出不穷，与此同时，老天也不作美，不配合，把我们带进了一个相当严重的灾害周期，再加上大规模经济增长对环境造成的破坏，当前的我们实处在一种不容回避的生态危机之中，无法掉以轻心。

此处我们强调自然界的力量，并不等于无视人类活动在灾害形成中的作用。在很大程度上,人不仅仅是一个简单的接受灾害打击的对象,在很多时候他还扮演着灾害制造者的角色,而且是非常重要的角色。

从人与自然相互作用的角度来理解,就可以对中国近代史的开端有更深刻的认识。三代之时,中国的人口规模在数百万左右,春秋战国之时突破千万大关;汉代增至 6000 多万,宋代突破 1 亿,明末约为1.6亿(或 2 亿)。按我国著名人口史学者姜涛先生的估计,经过明末清初的大动荡,包括战争和饥荒,人口跌到 9000 万左右,然后到康熙十九年(1680)涨到 1 亿左右。到 1740 年前后,亦即乾隆初期,中国总人口上升到 2 亿。此后连续突破 3 亿(1790年)、4 亿(1830 年)大关,至 1850 年,就是太平天国运动的前一年,已经高达 4.5 亿,或者 5 亿。所谓中华四万万五千万人口,差不多就是在嘉道时期形成的。这样一种爆炸性的人口增长,不能不给中国整个自然生态系统和中国社会带来巨大的灾难性破坏。

更重要的是,人口增长与自然变异之间并非界限分明,往往互为因果。面对不断增长的巨大人口压力,时人并没有束手待毙,而是千方百计寻求解救之策。其中最引人注目的,就是从 18 世纪开始,大规模地种植从美洲引进的甘薯、玉米之类的农作物,导致粮食产量出现较大幅度提高,有人称之为 18 世纪中国的"生物革命"。这种发生在康乾盛世的"革命"支撑了人口增长带来的粮食需求,同时也导致人口增长的速度变得更快。而尤为关键的问题是,这类农作物一般都是在丘陵、山地种植,这些地区并不适合进行农耕作业,结果带来了环境的巨大破坏。乾隆后期,嘉庆、道光时期,大范围的农业扩张带来了全国范围的环境破坏——森林大规模缩减、土壤流失严重,黄河、长江以及其他大江大河,水患日趋严重。中国社会陷入前所未有的生态危机之中。正是在这样一个动荡不宁的脆弱时期,大英帝国以其区区几千人的海军舰队,就把偌大的中国打得一败涂地,迫使中国从此开始社会转型,进而被迫走上现代化的道路。很显然,鸦片战争的失利,固然与英国的船坚炮利有关,但与同一时期中国所处的生态危机,也有脱不了的干系。

明末清初到晚清民国救灾机制的嬗变

从国家角度来说,中国的救灾体制大体上经历了三个阶段:首先是以康乾盛世作为代表的传统救灾模式,宽严相济。不管是救灾、防灾,如荒政、仓储,还是相关的公共工程建设,如水利建设,几乎都是同一时期其他国家难以望其项背的,以致有的西方学者把18世纪中国称之为"福利国家"。

但是到了嘉庆、道光时期,再到光绪年间,尽管清政府在这方面还是做了很多工作,但更多时候基本处在一个相对来说有心无力的阶段,所谓"竭天下之力,而所救不过十之一二"。到了北洋军阀时期,情况变得更糟。后来的蒋介石只顾打内战,虽然对救灾事业不是没有一点贡献,但确是没有放在心上,有时甚至将天灾的发生诿诸老天爷,指其"非人力所能抗御"。1931年长江大水灾,他正在江西忙着围剿中国工农红军。有人在《申报》上批评他,蒋于是乘军舰从江西到武汉转了一圈。武汉瘟疫丛生,蒋介石不敢上岸,湖北省政府的几位大员只好坐小船,跑到军舰上去汇报。1942年至1943年河南中原大饥荒,地方政府早就向蒋介石汇报了灾情,可是他置之不理。《大公报》的记者跑到前线,写了一篇《豫灾实录》的灾情报道,该报主编王芸生又加了一篇社论《看重庆,念中原》,对中央政府提出批评,蒋介石勃然大怒,把《大公报》停刊三天。此时宋美龄恰好在美国,一方面宣传她的新著,名叫《中国之崛起》,一方面忙着为同时期的印度大饥荒募捐筹款。有一个美国记者,把他在河南看到的情况通过《时代周刊》向全世界公布,等于给宋美龄一个响亮的耳光,宋于是恼羞成怒,要求杂志老板将这位作者解雇掉,当然是遭到拒绝。但就是这一件事,标志着国民政府的政治合法性开始走向动摇。作为一个政府,救灾济民,是一种最低限度政权合法性根基。如果连这一点都做不到,那就只能丧失人心了。

也就是在同一时期,一种新的救灾模式开始出现在中国大地上,这就是中国共产党在长期革命过程中,在对敌武装斗争的同时,在抵抗自然灾害侵袭方面逐步探索出来的新型救灾体制。它成型于1942—1943年的晋冀鲁豫抗日边区,解放以后又以此为基础,推向全国,中国的救灾历史从此进入一个新的阶段。我称之为"太行模式"。实际上,2008年显现的汶川救灾模式,就是在新的历史时期对太行救灾传统的继承与弘扬。

国家救灾的强度在变动,民间救灾行为也随之而变。总体上来看,政府救灾比较成功,民间救灾基本上是依附在政府的体制之中。但政府的救灾功能一旦削弱或丧失,民间的力量就会迸发出来。比如明末清初,明王朝在内地要忙着镇压李自成等农民军,在边疆则要对付满人的侵犯,哪里还顾得上救济千百万饥民?于是,江南的一大批地方绅士自己组织起来,配合官府进行救灾。其中一个非常重要的人物,叫祁彪佳,绍兴人,白天乘船,赴各地动员,晚上就在家里面翻阅各种各样的文献,把有关救灾的资料都摘录出来,几乎天天如此,所以当救灾工作快要结束的时候,他也编成了中国历史上规模最大的救荒书,叫《救荒全书》。他在书中主张从政治、经济、社会、文化等各个方面加强防灾救灾建设,实际上提出了一个综合性的系统工程,可以称之为"大荒政计划"。

入清之后,特别是康熙、乾隆时期,国家救灾占据主导地位,民间力量基本上被官府所吸纳,很少见到较大规模的民间独立的救灾行动。乾隆帝甚至下令不许地方绅士自行救灾,以免引发社会治安问题。直至乾隆后期,尤其是嘉庆道光年间,政府力量趋于衰弱,民间力量不断增强,而且还频繁出现一个新词叫"义赈",表明民间的力量开始在救灾当中发挥重要的作用。到了光绪初年,来自江浙等东南沿海的地方绅士,开始跨越江南,进入华北地区去救灾。他们在江南募捐,就像今日的志愿者,坐着船,坐着马车,到山东,到直隶(河北),到河南,到山西,凡是灾情最重的地方,往往就有他们的身影。可以说,这是中国历史上第一次大规模、有组织的跨地域志愿救灾行为。他们将所募的每一笔款项,一文钱、一千两、一万两,不管多少,都会列一个清单,在当时的报纸上公布,每天都有。他们还会随着救灾进程编纂《征信录》,将捐款人的姓名、捐数,经手人,用途,甚至银钱兑换标准,一一注明,以供公众查询。如有人曾经允诺捐钱,后来没有兑现,《征信录》也会写上。这似乎是预防诈捐的好办法。除此之外,还要城隍庙举行仪式,将征信录在神前焚烧,以表明办赈人员的公心。如此一来,自然会赢得公众的信任。

这样的救灾体制,经过多年的发展,到北洋军阀时期,居然演变成一个具有全国影响力的、国际性的非官方救灾组织,即中国华洋义赈救灾总会。它脱胎于1920年华北大旱灾期间成立的"北京国际统一救灾总会",在随后的历次重大灾害救济活动中,基本上取代了政府的力量,而发挥主导性的作用。而且,它不仅仅从事应急式的救灾,它还把灾害防范作为头等重要的目标,提出"建设救灾"的口号,就是通过乡村合作体制的建立、大型水利工程或乡村公路的建设,用以工代赈的形式,一方面是救灾,一方面提高灾区的生产水平,从根本上提高其应对灾害的能力。总的来讲,在明末清初和晚清民国这样一种特定的历史时期,国家的统治力大为削弱,民间救灾的力量因之非常活跃。

荆棘中的穿行：现代进程的生态视角①

　　中国的现代化属后发型，其开端始于非常严峻的生态危机。遗憾的是，因为对环境代价论的错误认识等原因，现代化道路反而带来了更为严峻的环境问题，并有着向生态危机演化的趋势。为此，我们需要纠正错误的环境代价论，以开放的心态向发达国家和传统智慧学习，探寻中国特色的生态保护之路。

生态变迁与现代化选择

　　问：作为历史学家，您如何看待中国的现代化进程？

　　答：学术界一般认为，中国的现代化属后发型，是受外源影响的现代化。也就是说，在西方资本主义列强对中国不断侵略的过程中，我们选择了现代化道路，所以这条道路更多是迫于外在的压

---

① 原载《绿叶》2013 年第 3 期，第 6—14 页。

力,有人把它叫做冲击—反应式的道路。当然,也有一种理论认为,中国的现代化是内生的,早在鸦片战争之前,甚至是唐宋时期,中国就已经进入到一个具备现代性的时代,存在市场经济、资本主义等各种类似于现代社会的要素。但是在我看来,这些观点,不管合理与否,主要考虑的都是人与人之间的关系,以及这种关系对社会的影响,而没有考虑人与自然之间的关系。事实上,当人与人之间的关系发生变迁时,通常也意味着一个更大的背景,它就是,人与自然之间的关系也发生了转变。因此,我对中国现代化的认识,更多是从人与自然之间以及在此基础上而确立的人与人之间这两种关系的协同演变,即生态变迁的角度来考察的。

从生态变迁的视角看,中国现代史的开端始于非常严峻的生态危机。时值清代嘉道之际,中国社会出现了爆发性的人口的增长。明末清初的大饥荒和战争后,中国人口曾经迅速下降,而后开始缓慢的恢复和增长,进而连续突破1亿、2亿、3亿大关,到鸦片战争前,至少已经到了通常所说的四万万五千万,有人则估计多达五个亿。这一段时间,又恰好处于明清小冰期的最后一个寒冷阶段,也是重大自然灾害集中爆发的一个时期,学界有人称之为"清末宇宙期"。在这段周期里,各种重大自然灾害——水灾、旱灾、瘟疫——发生非常频繁,对中国社会造成了巨大的影响。

自然天气恶劣、人口迅速增长带来了粮食供给的压力,但因为中国的技术知识始终没有重大进展,所以中国没有发生西方国家的工业革命,所采取的方案是从明代开始,从美洲引进了甘薯、玉米之类的农作物,导致粮食产量较大幅度的提高,有人称之为十八世纪中国的"生物革命"。这种发生在康乾盛世的"革命"支撑了人口增长带来的粮食需求,同时也导致人口增长的速度变得更快。而尤为关键的问题是,这类农作物一般都是在丘陵、山地种植,这些地区并不适合进行农耕作业,结果带来了环境的巨大破坏。乾隆后期,嘉庆、道光时期,大范围的农业扩张带来了全国范围的环境破坏——森林大规模缩减、土壤流失严重。很多湿地、滩涂被老百姓开垦作了农田,长江蓄泄洪水的能力被破坏,只要下雨,长江就开始到处泛滥成灾。中国社会陷入到了非常严重的生态危机之中。

生态危机直接导致了当时的社会处在一个极度脆弱的状态。在这样的时候,一方面,清政府未能及时开展政治变革,如龚自珍呼吁的"自改革";另一方面,西方的资本主义迫切地需要市场和殖民地。由此,一个事实上并不大的鸦片战争将一个泱泱大国给打败了,中国由此开始社会转型,并且在外界的冲击下,转向了现代化。

因此,可以说,中国的现代化转型之路,一方面是追赶之路,落后了挨打了,要追赶上其他国家的发展水平;另一方面是为了缓解生态危机所选择的道路,我们看到现代化的科技、商业可以缓解人口带来的环境压力。所以,在我看来,中国的现代化进程完全可以放在一个生态变迁的视角里去认识。这样的视角不见得会解释所有的问题,但至少可以增加一个维度去重新理解中国的历史进程。

问:生态变迁视角可以为我们认识当前的环境问题提供怎样的警示呢?

答:当我们将中国的现代化进程放在生态变迁的背景里,就会发现,现代化一开始就是为了解决生态困境,或者说是因应特定的生态危机而形成的一种社会发展模式。但是,演变到目前的结果,却是我们面临的生态危机更加严峻了。当然,这里有特定的时代背景。中国的工业化进程是转接了发达国家的道路。发达国家将制造业转移到中国境内,中国成为世界工厂,满足全球市场的消费需求,实现了 GDP 增长,在这一过程中,制造业的环境污染全部由中国自己承担了。虽然,我们自身的财富在增长,但相比环境危机而言,这份增长的效应是正还是负,并非定数。

但是,时代背景并不能成为推脱当前环境危机发生的理由。既然我们选择现代化是为了缓解生态困境,我们就更应该意识到忽略生态困境的结局是什么。我们需要去反思当前所走的道路。我们曾经对这样的道路有一个非常强烈的批判态度,我们意识到了资本主义道路对人与人之间关系所带来的问题,选择了社会主义。然后,在社会主义的建设中,我们又曾一度冒进,出现了问题而选择了当前的经济增长之路。现在,再度出现的生态危机是在告诫我们需要考虑新的发展之路。

环境代价论之谬误

问:人们常常论及环境危机是现代化的生态代价,您如何看?

答:我不太赞同所谓"环境危机是现代化发展的代价"这种说法。代价的一般含意是,在追求某种进步事业的过程里,我们必须付出的一种成本。这样的一个概念意味着,无论我们为进步事业付出什么样的损失——环境的、文化的、社会的,甚至是生命的,都可能叫做一种代价。很显然,这背离了社会发展之公平和正义需求。事实上,如果追溯代价论的发展,当前社会对代价的主流认识,可以说是一种误解。

一般来说,最早讨论社会经济发展与环境代价关系的,比较典型的表述源自恩格斯。在《自然辩证法》一书中,恩格斯讨论了美索不达米亚、希腊、小亚细亚以及欧洲阿尔卑斯山等地区的农牧文明,并指出这些地区的农牧文明如何在盲目扩张过程中招致环境的衰败和文明的退化。对此,恩格斯认为,人类社会在利用自然的过程中可能会发生环境或文明方面的损失,而为了避免或者尽可能降低这种损失,人们需要去汲取前人的经验教训,进行审慎决策。但是,当前人们拿着恩格斯的这段讨论作为一个理论上的依据,来阐述代价问题,却恰恰忽略了恩格斯谈及代价的根本目的是为了避免或降低代价的支付。未曾预料的坏结果,我们可以称之为代价;这样的结局已经了然于胸,却又飞蛾扑火般地追逐之,无论如何也不能称之为代价,而只能说是一种预谋或者说愚昧了。

如果从恩格斯讨论代价的目的来看,我们今天谈中国现代化发展的代价其思路无疑是存在问题的。中国的现代化是"后发式发展",是在追赶发达国家的现代化道路。这条道路,发达国家已经走了两百余年。在这一过程中,发达国家曾经支付了比较沉重环境代价,对其进行了非常深刻的反思,并通过环保运动和相应的制度建设、科技进步等各种方式来积极修正这条道路。既然其他国家已经认识到了不应该为了发展支付高昂的环境代价,并且也积累了纠正此一偏向的经验,我们为什么还要用所谓的代价论来重复一遍别人的错误,然后再来改正错误,而不是一开始就去学习其他国家的经验来避免错误的发生？或者,至少是最大限度的降低一些环境损失？就拿雾霾来说,伦敦在上世纪 50 年代也发生过严重的空气污染,对此英国采取了很多措施。我们完全可以借鉴其经验来避免今天中国的雾霾,结果却是我们一直等到雾霾发生了并且非常严重了,才去认真对待伦敦的经验,这难道不是很可悲吗？

造成这种可悲局面的原因很多。我考虑很大程度上可以归结到对代价论的误解。不可否认,作为发展中国家,我们需要向发达国家学习,实现国富民强的中国梦。但是,在这个学习的过程中,除了发达国家的先进经验外,发达国家所经历过的教训、所做出的反思,我们同样也需要拿过来,尽可能好地设计我们自己的道路,而不是认为发达国家所经历的教训是不可避免的代价。特别是,有些问题,发达国家已经在技术、体制、观念方面做出了深入的思考,形成了一套行之有效的制度性的东西,那么为什么不可以借鉴过来以避免重蹈覆辙呢。

但是,在现实中,我们恰恰做出了这种错误的判断,认为发展中的环境问题是不可避免的代价,结果给决策者、管理者提供了某种借口以规避其应尽的政治责任和道德义务——认为为了社会进步、国家的富强和人民福祉,造成一些环境污染、生态破坏是正常的、可以接受的。这样,决策者和管理者就不大可能去想方设法地减轻或消除一些所谓的代价。遗憾的是,我们很难纠正这种对代价论的误解。

问:您认为很难纠正误解代价论的主要因素是什么？

答:这与那些阻碍人们去保护环境的主要因素往往是一致的。纵观人类的发展历史,社会转型似乎总是依赖于危机的发生。就像欧美国家之所以转变过去的发展道路,与上个世纪五六十年代所经历的环境危机密切相关。中国社会也是如此,清华大学的孙立平教授曾经写过一篇名为《与灾难同行》的文章,他以非典时期的医疗卫生制度改革为例,说明社会的制度改革似乎始终是被灾难所推动的。危机造成了灾难,又成为缓解或消除危机的动力,这大约就是历史的辩证法。挪用吴思"血酬定律"的说法,我们可以把它叫做"灾难定律"。古人所谓"不见棺材不掉泪",也就是这个意思了。遗憾的是,往往一副棺材还不足以触动人的灵魂;客观上往往需要成千上万副棺材,竟而直接威胁到当事人自身的生存,才有可能撬动历史的旧轨,引起某种变动。这不能不说是一种悲剧,却又难以改变。我们总是看不到那么长远,即或看到了,也总有一种侥幸的心理。

不过,再难纠正的误解也会在危机面前发生改变,不管这种危机是大是小。从危机推动制度变革来看,中国目前的环境危机已经到了非常严峻的地步,到了必须变革的时候。因为,我们所有的基本生存条件——空气、水、土壤——都存在着严重污染问题,它直接影响了人们的生活安全,如果再不采取相应的措施进行改变,势必影响社会和谐。这两年,很多地方发生了公共环境事件,其实就是一个制度需要变更的危机讯号。也就是说,目前环境的问题已经绝不只是一个如何改善生活质量的问题,而是一个重大的政治问题了,我们必须采取措施了,而采取措施的观念前提是,必须改变以往的代价论的观点。

慎对科技风险与人口压力

问:现代化进程里,很多环境问题都与科技风险有关,对此,您如何看呢?

答:科技问题与代价论是连在一起的。总体来说,科技进步对人类自由是一个支撑,它帮助人类摆脱了各种各样的束缚,这是科技进步不可否认的巨大成果。但是,另一方面,科技进步所蕴含的风险也是不容忽视的,我们可以设想,如果没有农药、添加剂、各类农药生物制剂,我们的粮食就不会出现如此严重的安全问题;如果没有核技术,也不会有核武器和核电站泄露的问题;等等。因此对于科技的发展,需要一个审慎的态度。其中,我们至少需要关注两个问题:一是科技发展的程度;二是科技的运用。

首先,就科技发展的程度而言,我们习惯于追逐更方便、更省力、更高效的技术,而一个时常被遗忘的问题是,越发达的科技其所需要的自然支持就会越大。如果我们将一个高科技产品作为终端产品,随着这个产品性能的提高,产品的生产链条也会随之延长,每个链条所消耗的资源也随之上涨,环境风险相应增大。因而,我们在追逐科技进步的同时,也在追逐科技风险的提升。为了降低后者,我们需要问问自己,我们对科技的需求是否应该存在一个度。是不是唯有高性能才是我们孜孜以求的最终目标?

其次,科技进步必然存在风险,对于风险的防范取决于我们如何运用科技。就像核武器,中国承诺决不会首先使用核技术,这就是对科技运用的一种态度。也就是说,我们在研发和运用科技时,需要考虑研发和运用它的目的是什么。科技服务的对象始终是人,人才是目的,社会发展、经济增长、科技进步都是为了人的福祉,而不是单纯为了社会、经济和科技自身的发展。当我们考虑到"人才是目的",我们在科技的运用中就会非常审慎,科技风险才能被降低。

问:在环境污染问题上,人口是怎样的因素呢?

答:人口问题势必要追溯到马尔萨斯,而因为马尔萨斯没有考虑技术进步的因素,所以有段时间,很多人都批评马尔萨斯的人口论。但是,在欧美国家出现比较严重的环境危机之后,马尔萨斯的理论又重新被提起,罗马俱乐部1972年出版的《增长的极限》就是一个典型的马尔萨斯理论在新时代的运用。这本书主要针对欧美发达国家的人口规模、经济状况和技术水平,做了一个预测,它认为按照当时的速率和规模增长下去,到2006年左右,整个自然、社会体系就会发生崩溃。当然,结果并未如其所言。所以,很多人认为环境危机与人口没有关系,另一些人则认为虽然存在关系,但人总是可以推动技术进步来解决问题。换言之,在部分人看来,人口压力对环境破坏影响不大。

但是,换一个角度来看,我们是否可以这样想:之所以没有发生崩溃,恰恰是因为我们有了那样一种看起来极度悲观的预测,这一预测是如此的振聋发聩,引起了全社会的广泛关注和自我反思,进而主动地进行调整,从而带来了现代化路径的转型。事实上,历史也确实是如此。上个世纪七八十年代,欧美开始反思其工业化进程,而发展中国家和地区则开始追求现代化道路,很多污染产业都转移到了发展中国家,尤其是中国。于是,欧美各国的环境危机得到了缓解,《增长的极限》所预言的问题自然也就不会发生。

但是,随着现代道路的全球化扩张,随着越来越多的发展中国家经济发展程度和生活水平的提高,人类需要消耗的资源规模越来越大,人口对于环境的影响不仅不会因为技术的进步而逐步消解,事实上反而因此进一步增大。因此,人口问题仍然是我们需要关注的问题,时刻不能掉以轻心。

问:面对环境危机,很多人开始重提古代的生态思想,您如何看?

答:从生态思想的发展看,发达国家对工业文明自身的反思,尤其是对工业化和现代化对环境破坏的反思,其很多的思想是源自东方的。他们从中国、印度、日本等国家的文明里寻找一些生态思想启示。所以,古代生态思想肯定是有价值的。但是,我们可以反过来提一个问题:如果说中国古代,有非常源远流长、系统丰富的生态思想,为什么中国古代的环境危机那么严重,以至于,我们被称为"灾荒之国"?因而,在面对现代社会的生态危机时,不能将古代的生态思想绝对化。古代生态思想确实有价值,但是,从古代到现代,社会环境已经发生了很大的变迁,昔日的思想未必能为当今的社会指路。我们可以从中汲取营养,但应该保持辩证的态度,不能盲目地把古代生态思想抬到一个很高的位置,作为行为实践的指南,现代社会的问题还是需要针对性地去考虑。

并且,从文明发展的历程看,一个文明的生机来源于对它的反思。不可否认的是,源自西方的现代化道路存在很多问题。但是,这并不意味着要如何去强调所谓中华本位,对西方社会的思想和道路采取拒斥的态度。这样去做,事实上很不利于中华文明的发展。我们之前的历史已经证实了,文明的生机来自开放的态度和自我反思,唯有如此才能让文明获得创造力。

所以,在反思现代化进程所带来的环境问题的过程中,我们需要借鉴中国古代的生态思想,需要反思西方文明存在的问题,但不需要唯我独尊和闭关自守,还是应该有一个开放的心态,采取鲁迅的拿来主义态度来应对问题。环境危机的困难在于,一方面,我们要改善维护生存条件,另一方面,我们必须保持社会发展,如何兼顾这二者是对社会的考验。欧美的发达国家,在这方面有很多值得我们学习的地方,关键是我们需要一个开放的心态,去学习他们这方面的经验。当然,考虑到各国情况的差异,他国的经验主要是借鉴,具体行动仍旧是需要审慎、协商和因地制宜的。

构建中国特色的生态保护之路

问:您如何看待目前的生态危机对中国社会的影响?

答:近两年,因为环境问题频发,对目前的发展方式,社会存在比较普遍的失望情绪。因此,会有一些人希望能有比较快速的转变,而另一些人则可能倾向于渐进式的转变。作为研究近现代史的学者,目前这种渐进式的道路,在我看来可能是中国历史上最伟大的革命性道路。中国历史有太多的朝代更迭,实际上就意味着有太多的快速转变,而这些快速转变并没有给中国社会带来实质性变化,并且快速转变的社会代价非常巨大。所以,循序渐进的道路值得尝试和坚守。

但是,渐进式道路的核心问题是它比较缓慢,而公众对自身利益的改变总是急迫的,因此渐进式道路需要社会能够对一些重大问题作出灵敏的制度调整,以此来确保渐进式道路的延续和前进。目前,我们所面临的环境危机正是需要这样的制度调整。当然,这样的时候,也是调整的困难时期,各种问题频发,增加了解决问题的难度,但同时它也是一个契机。生态危机比较严峻的时候,社会容易达成制度变迁的共识,制度调整其实就是顺势而为,会比较容易。

问:对如何进行生态保护,您有什么样的思考和建议?

答:关键是观念的变革。之前谈到过,我们需要一个开放的学习心态,向已然积累了丰富经验的发达国家学习环境治理的经验,从传统智慧里去寻找思想的灵感。近代以来,在与西方文化的碰撞和接触过程中,我们积极地利用、借鉴和吸收了很多国外先进的发展和增长经验,唯独忽视了他们对现代化道路的反思,这是非常遗憾的。在今后,显然我们需要弥补这方面的缺失。同时,中国古代积累了丰富的生态思想,这些生态思想曾经为西方国家提供了生态保护的灵感,我们自然更不应该忽视它们。而无论是向西方或者是向传统学习,我们都应秉持因地、因时制宜原则,避免教条主义。

其次,我们需要正视当前的环境问题,特别是各级政府需厘清环境危机里的政府责任。各种环境问题都有其不可否认的自然因素,但同样也有不容否认的人为因素,这样的人为因素包括各个方面,而政府行为的缺失和不当,往往是其中不容忽视的重要方面。虽然环境危机是灾难性事件,但在危机爆发之际,客观上也给我们更全面、更深刻地研究和认识自然与社会提供了契机,也为国家和各级政府针对特定问题进行适当的改革减轻了阻力,而改革的前提无疑是政府需厘清自身责任,在社会发展和经济增长的过程中,承担对环境的保护。

再者,积极发展非政府组织,在环境保护中实现政府主导与非政府组织的协调相结合。从发达国家的环境治理经验看,非政府组织对于环境问题的解决有着不容小觑的作用。有效地鼓励、扶植和培育独立自主的非政府环境组织,不仅可以减轻政府负担,也有助于缓和公众与政府之间的矛盾,对于环境保护事业无疑是百利而无一害。

总体而言,环境危机并不是新生事物,在人类历史的发展中,环境危机始终存在,它伴随着人类的历史进程。对于历史中的环境危机及其根源所在,我们需要去挖掘;对于正在发生的环境危机,我们需要去认识,并发挥创造力去应对,以此来构建中国特色的生态保护之路,实现人与自然的和谐发展。这是一条充满荆棘的道路,我们需要心怀对自然和人类社会的敬意,在荆棘中穿行。

"旱魃为虐"：中国历史上的旱灾及其成因[①]

　　人类赖以生存的自然环境是一个由岩石圈、生物圈、大气圈、水圈四大圈层相互依存、相互制约而组成的巨系统，即地球生态系统。但是作为地球的一个薄薄的圈层，它不仅与岩石圈的深层、大气圈的高层紧密相连，也与之外的天文宇宙系统息息相关。故而该系统内部各圈层或其外部环境的任何变化与异动，一旦超过特定的阈值，都会对人类与人类社会带来严重的损害（参见宋正海、高建国等著《中国古代自然灾异动态分析》第 1 页，安徽教育出版社 2002 年版）。在历史时期的自然灾害中，诸如地震、山崩、台风、海啸、火山喷发、洪水以及急性传染病等爆发性的灾害，更容易引起人们的关注，而类似于旱灾这样的渐进性灾害，则往往被人们所忽视。但是纵观中国历史，旱灾给中国人民带来的灾难，给中华文明造成的破坏，要远比其他灾害严重得多。美籍华裔学者何炳棣

---

① 原载《光明日报》2010 年 12 月 15 日第 12 版《理论周刊》。

在其关于中国人口历史的研究中即曾断言:"旱灾是最厉害的天灾。"

旱灾是危害最严重的天灾

我国历史上最早的旱灾记载,应是距今 3800 多年前(公元前 1809 年)伊洛河流域的大旱,即所谓"伊洛竭而夏亡"。民国时期国内外学者如何西(A.Hosie)、竺可桢、陈达、邓拓等,都曾利用《古今图书集成》《东华录》以及其他文献记载对中国历史时期的水旱灾害进行统计,其结果均无一例外地显示旱灾发生的次数多于水灾。据邓拓《中国救荒史》的统计结果,自公元前 1766 年至公元 1937 年,旱灾共 1074 次,平均约每 3 年 4 个月便有 1 次;水灾共 1058 次,平均 3 年 5 个月 1 次(《邓拓文集》第二卷第 41 页,北京出版社 1986 年版)。新中国成立后,旱灾发生的频率总体上小于水灾,但自 20 世纪 20 年代初期华北、西北大部分地区开始出现的干旱化(并非单指降雨量的减少)趋势,从生态系统变化的角度来看,也是不容忽视的问题。

就灾害的后果而言,旱灾引发重大饥荒的频次以及由此导致的人口死亡规模,更非其他灾害所可比拟。据美国学者郑麒来对历代正史资料的统计,自汉代以来,因各类自然灾害导致的求生性食人事件经常周期性发生,而其中有百分之五十以上是由干旱引起的。近代以来特别是民国时期,此类求生性食人事件显然进入新一轮周期,且有愈演愈烈之势。据不完全统计,从 1840 年到 1949 年这 110 余年间,全国各地共出现此类食人事件 50 年次,平均 2 年左右即发生 1 次。其中缘于旱灾的共 30 年次,缘于水灾的 10 年次,其他的则为旱水、旱蝗、旱雪、霜灾以及不明原因的大饥、春荒、冬荒,旱灾依然是求生性食人的主要原因。在灾害造成的人口损失方面也同样如此。明清至民国时期,全国共发生死亡万人以上的重大灾害 221 次,其中水灾 65 次,台风 53 次,疾疫 46 次,旱灾 22 次,地震 21 次,但各灾型的死亡人数并不与其发生的次数成正比,尤其是旱灾,为数仅居第四,死亡人数却处于诸灾之首,共计 30 393 186 人,约占全部死亡人数(42 737 008)的 71%。而且明代如此,清代如此,民国时期更是如此,可谓愈演愈烈。其中 1876—1879 年的华北大旱灾,山西、河南、陕西、直隶等受灾各省共饿死病死人口 950 万至 1300 万,最高估计多达 2000 余万人;1892—1894 年晋北大旱,死亡 100 万人;1942—1943 年中原大饥荒,河南 1 省死亡人口约 300 万人;1943 年广东大饥荒,死亡 50 万人(一说 300 万人)。自 1949 年新中国成立至今,由旱而荒并因之导致大规模人口死亡的事件,除 1959—1961 年三年困难时期之外,殊属罕见,但仅此一次,据国家统计局和民政部《中国灾情报告:1949—1995》公布的数字,即已造成千万人以上的人口损失,可见旱灾危害之巨大。

明清以来特大旱荒的惨烈灾情

罗列这些数字,或许显得过于抽象。不妨撷取明清以来一些特大干旱的灾情片断,以透视旱灾对中国社会究竟有过什么样的惨烈影响。明万历四十三至四十四年,山东全省连续两年遭遇大旱,饥民"咽糠粃,咽树皮,咽草束、豆萁",可大多数人最终仍难免一死,"或僵而置之路隅,或委而掷之沟壑,鸥鸟啄之,狼犬饲之,而饥民亦且操刀执筐以随其后,携归烹饪,视为故常"。众多家庭纷纷卖妻鬻女,以求渡过难关,故而各地广泛流传"添粮不敌减口","卖一口,救十口"等民谣(明毕自严撰《蒟祾窾议》)。崇祯后期持续七年之久的全国性大旱,更是我国历史上有文字记载以来最严重的灾难,南北各地普遍出现人吃人的惨剧。纪晓岚《阅微草堂笔记》之《滦阳消夏录》中有一段记述,读来令人怵目惊心:

前明崇祯末,河南、山东大旱蝗,草根树皮皆尽,乃以人为粮,官吏弗能禁。妇女幼孩,反接鬻于市,谓之菜人。屠者买去,如刲羊豕。周氏之祖,自东昌商贩归,至肆午餐。屠者曰:肉尽,请少待。俄见曳二女子入厨下,呼曰:客待久,可先取一蹄来。急出止之,闻长号一声,则一女已生断右臂,宛转地上。一女战栗无人色。见周,并哀号,一求速死,一求救。

事实上,饥荒极重之时,备受煎熬的饥民连这样的痛苦感觉都已经不存在了。清光绪十七、十八年山西大旱,前往赈灾的江南义绅如此描绘当地的荒象:

山西此次奇灾,各村妇女卖出者不计其数,价亦甚廉。且妇人卖出,不能带其年幼子女同去,贩子立将其子女摔在山洞之中,生生碰死。其夫既将其妻卖出,仅得数串铜钱,稍迟数日,即已净尽,便甘心填沟壑矣。灾民一见查赈人至,环跪求食,涕泣不已。许已早晚放赈,而彼皆苦苦哀告云:但求先舍些微,稍迟便不能待矣。往往查赈之时有此人,放赈之时即无此人。更可惨者,各人皆如醉如痴。询以苦况,伊便详述,或父死,或夫死,或妻女已卖出,家室无存而毫无悲痛之状,惟互相叹息云:死去是有福也。盖彼既无生人之乐,亦自知其不能久存矣。嘻嘻!田园既荒,房屋又毁,器具尽卖,妻子无存,纵有赈济,而一两银仅买米二斗,但敷一月之食,一月之外,仍归一死,况放赈并不及一两乎!

严酷的饥荒不仅制造了无数个人或家庭的悲剧,也给整个社会秩序带来巨大的冲击,进而导致王朝的崩溃。正如邓拓指出:"我国历史上累次发生的农民起义,无论其范围的大小,或时间的久暂,实无一不以荒年为背景,这实已成为历史的公例。"(《邓拓文集》第二卷第 106—107 页)而这样的动荡,多数是由旱灾引发的。如果说中国最早的王朝——夏王朝是在疏治洪水的过程中形成的,那么其灭亡却是导因于上文提及的"河洛竭"了;随后又有"河竭而商亡,三川竭而周亡"的说法。在秦汉以来导致历次王朝衰亡的农民起义中,除陈胜吴广起义、元末农民起义与水灾或治黄有关外,其他大都发生在长期旱荒的过程之中。清代以来的大旱荒虽然没有促使清王朝或民国政府的垮台,但旱荒期间规模不等、形式多样的饥民暴动仍起伏不断,土匪活动也极为猖獗,以致统治者在救荒的过程中,往往要一手拿粮,一手拿刀,软硬兼施,才有可能保持灾区社会的稳定。

旱灾的特点

旱灾之所以造成如此惨烈的破坏,在很大程度上是由其自身的特点所决定的。

首先,从空间上来说,旱灾波及的范围远大于其他各类呈点线状散布的灾害,如地震、火山爆发、洪水等。不过这里有两种比较流行的说法需要做进一步的解释。一是通常所谓"水灾一条线,旱灾一大片"。应该说,对于以丘陵为主的长江流域等地,这样的说法自然比较适用,但是对于华北黄淮海平原地区,无论水灾、旱灾,都会造成大面积的危害。二是所谓的"南涝北旱"。其实从历史上看,北部有大旱,也有大涝,旱涝并存;南部大涝居多,但重大旱灾也时有发生,而且一旦发生,同样会造成严重的后果。民国年间,西南如四川,华南如广东,均曾发生死亡数十万人的大旱灾。

其次,从时间上来说,瞬时性爆发式灾害,总是在极短或较短的时间内,或几分钟,或几小时,或几天,释放出巨大的破坏能量,造成大量的人口伤亡,惊天动地,骇人心魄,可是相对而言,也正因为它们成灾时间短,涉及范围有限,纵然次数频频,人口损失反而不是十分突出。而旱灾则是一个长期的过程,持续时间往往长达数月乃至数年。从表面来看,旱灾形成的这种渐进性特征似乎给人们抗灾救灾提供了喘息之机,而事实上却因其隐蔽性、潜伏性和不确定性而使人们麻痹大意,常存侥幸心理,以致消极等待,无所作为,而一旦酿成重患,则已是措手不及,难以挽回了。

第三,正是因为旱灾持续时间长,成灾面积广,故其虽不构成对人类生命的直接威胁,但对农作物造成的破坏却远比其他灾害来得更加严重和彻底。也就是说,它更主要的是通过切断维持人类生命的能源补给线从而造成饥馑以及由饥馑引发的瘟疫来摧残人类生命。在粮食奇缺、粮价飞涨的情形下,无以为食的饥民们总是不惜一切代价变卖那些不能直接满足口腹之需的土地、耕畜、生产工具甚至劳动力自身,也就是卖田、卖屋、卖牛马、卖车辆、卖农具、卖衣服器具,直至卖妻、卖女、卖儿、卖自身,诸凡衣、住、行及其他一切物品,无不竞相拿到市场上进行廉价拍卖,以致在生产资料市场、劳动力市场以及其他类型的生活资料市场上出现严重的供过于求现象,导致价格的大幅度下跌,甚至一幅刘墉的字画也不够一斤馒头钱。结果,由这种"粮贵物贱"的价格结构对灾区社会所造成的破坏,往往并不亚于一场战争,所谓"到处被毁,有如兵剿"。干旱引起饥饿,饥饿吞噬了植被,植被的丧失又招致更大的灾害,于是人类便在一轮又一轮因果循环的旱荒冲击波中加速了自然资源的耗竭。

深化对旱灾的科学认识极有必要

需要指出的是,旱灾,尤其是周期性爆发的特大旱灾,往往并不是一种孤立的现象,而是和其他各类重大灾害一样,一方面会引发蝗灾、瘟疫等各种次生灾害,形成灾害链条;另一方面也与其他灾害如地震、洪水、寒潮、台风等同时或相继出现,形成大水、大旱、大寒、大风、大震、大疫交织群发的现象,结果进一步加重了对人类社会的祸害。这种祸不单行的局面,国内灾害学界称之为"灾害群

发期"。前述明崇祯末年大旱、清光绪初年华北大饥荒等,即分别
处在我国当代自然科学工作者所发现的两大灾害群发期——"明
清宇宙期"和"清末灾害群发期"的巅峰阶段。

灾害爆发的这种周期性特点,当然表明自然界异常变动的力
量在灾害形成过程中的重要作用,但这并不意味着灾害的形成纯
粹源于自然界,也不意味着仅仅改变人类生存的物质条件就可以
减轻乃至消除灾害。对于某一特定的国家或地区来说,自然变异
对人类社会影响和破坏的程度,既取决于各种自然系统变异的性
质和强度,又取决于人类系统内部的条件和变动状况;既是自然变
异过程和社会变动过程彼此之间共同作用的产物,又是该地区自
然环境和人类社会对自然变异的承受能力的综合反映。因此,在
自然变异和灾害形成之间有一个错综复杂的演变过程。在这一过
程中,自然变异的强度与灾害的大小并不存在某种恒定的由此及
彼的直接因果关系。也就是说,自然变异(干旱)并不等于灾害(旱
灾),灾害也并不一定导致饥荒(旱荒),而饥荒同样未必会导致整
个社会的动荡。这之间一个非常重要的调节因素,就是人类生态
系统的脆弱性或社会的反应能力。一般而言,自然变异的强度越
大,范围越广,持续的时间越长,它对社会的影响和破坏的程度也
越大,影响的范围也越广,影响的层次也越高。但反过来则未必如
此,有时候自然变异的强度并不大,其直接影响也不严重,可是因
为遇到了不利的生态基础和社会条件,反而产生了类似于蝴蝶效
应的放大作用,结果对人类社会造成巨大的破坏甚至毁灭性的灾
害;有时候自然变异的强度很大,直接影响也很严重,可是因为有
了良好的生态基础和社会制度,也有可能切断由"异"而"灾",由

"灾"而"荒",由"荒"而"乱"的链条。遗憾的是,这种今日看起来似乎极为简单明了的道理,不仅在古代争论不休,即便到了今天也时或被人忽视或"误解"。

在几千年的中国古代社会中,占主导地位的一直是先秦时期萌芽生成、两汉时期基本定型的以阴阳五行学说为基础的"灾异谴告论"或"灾异论",邓拓称之为"天命主义的禳弭论"。尽管自先秦以迄明清,从荀子、王充,到王安石或其他学者,历代并不缺乏从自然变动的角度来解释灾害成因的思想家,但他们的观点没有对前者形成根本上的撼动。晚清以来,在与西方近代文明的碰撞过程中,越来越多的学者开始运用现代科学知识来解释灾害的成因,至民国时期逐步形成以竺可桢气候变迁理论为代表的新"灾害观"。毫无疑问,此种"灾害观"赖以凭借的与"天命主义禳弭论"进行斗争的思想武器,是现代科学。

然而必须强调的是,这样一种史诗般的凯歌行进式的科学发展历程,用马克斯·韦伯的话来说,就是一种将人类从自然中解放出来的"脱魅"的过程,只是为我们减少灾害的发生、切断由灾而荒的链条提供了必要的前提和可能的条件,如何将这种条件转化成直接的抗灾救灾能力还是一个值得思考的问题;我们还必须正视的是,此种辉煌的科学发展道路以及由此推动的经济发展过程,其自身也孕育着另一种逆向变动的潜能与效应,以致在自然灾害之上叠加以环境破坏的危机,并使自然灾害更多地掺杂进人为的因素;我们还必须警惕一种"唯科学论"或"唯科学主义",这种取向把自然科学抬到了无以复加的地位,因而忽视了人在环境变化中所起的重要作用。

早在 20 世纪 30 年代，邓拓就对当时已经萌生的"唯科学论"倾向提出疑问，指出"纯粹拿自然条件来解释灾荒发生的原因，实在是很肤浅的"。在他看来，"我国历史上每一次灾荒的爆发，若仔细研究它的根源，几乎很少不是由于前资本主义的剥削，尤其是封建剥削的加强所致。假如没有剥削制度的存在，或者剥削的程度较轻，农民生产能够保持小康状态，有余力去从事防止天然灾害的设备，那么，'天'必难于'降灾'，凶荒也可能避免。尤其像水旱等灾，更可能减少，甚至可以完全消弭。纵或偶然爆发，也不会形成奇灾大祸"（《邓拓文集》第二卷，第 64—65 页）。抛开其中过于乐观主义的表述，这样的认识大体上还是符合中国的历史实际的。此后的中国历史也给这样的思考交出了比较确定的答案，即新民主主义制度和社会主义制度，不仅在当时的革命时期为抗日边区或解放区战胜特大灾荒提供了根本的保障，也为革命胜利之后促进生产力发展和生产关系的调整，乃至形成新的救荒制度或减灾体系奠定了基础。时至今日，如何进一步完善社会保障制度，完善包含针对旱灾在内的灾害应急体系，依然是当代社会建设极其重要而又非常艰巨的任务之一。

"卖一口，救十口"：关于妇女买卖的比较研究①

　　根据 20 世纪英国最著名的历史学家之一 E.P.汤普森的《买卖妻子》一文，从 1760 年到 1880 年，英格兰这个第一次工业革命的发源地，其大部分地区都曾盛行一种"有仪式的买卖妻子"行为。其主要特征是：其一，买卖必须在公认的市场或类似的交易关系中进行。其二，这种买卖举行前往往有某种公告或广告进行宣传，作宣传的或者是城镇的传呼员或打钟人，也可能是妻子的丈夫本人拿着一张打算出卖妻子的布告穿过市场。其三，即仪式的最核心的部分是使用缰绳。那些可怜的妻子是在脖子或腰间套着缰绳被带到市场上来的，所用缰绳有比较普通的，也有丝绳、缎带、草帽缠和仅仅是"便宜的拉狗的绳"。第四，必须对妻子进行公开拍卖，大多数情况下是由丈夫亲自充当拍卖人。第五，买卖过程中要花费一

---

① 原载《学习时报》2004 年 12 月 20 日。

些金钱,通常是一个先令左右。此外,购妻者一般都同意在买价外再加一定量的饮料,或者为缰绳另付一笔,而卖主就像牛马市上归还"运气钱"那样,通常也会向买主归还一部分购妻费。第六,在缰绳转手时,有时还要经过一种类似于婚姻仪式的互相发誓的环节,以示妻子对买卖行为的公开同意。有时,被卖的妻子则把她的旧戒指还给丈夫,并从买者手中接受一个新戒指。最后,买卖结束后,当事三方或迅速离开买卖现场,或与证人、朋友一起转移到附近的小酒店签署文件以确认这桩买卖。

从表面上看来,这种交易是两个男人对一个女人所进行的一场公开羞辱,这位女人在他们眼中不过是牲畜而已。它反映的是这样一种社会,其中的法律、宗教、经济和习惯使妇女处于一种悲惨低下的无权地位。然而对这一现象的更细致的探究,使汤普森得出了一个异乎寻常的结论:"我们不应该把妻子买卖归入不人道的动产交易的范畴,而应把它放在离婚和再结婚的范畴内来看待。"因为这些交易要最终成交的话,妻子的同意是一个必要的条件,而她的同意往往也不是在某种暴力强迫下获得的。甚至在许多买卖中,看起来是在公开拍卖和公开叫价,而事实上其买主是经事先安排好的,通常是该妻子的情人。所以买卖一结束,这些妻子与其买主往往"欢天喜地地""非常幸福地""非常中意地"或"渴望地"离开了。她们之所以选择这样的仪式,不过是因为她们原来的婚姻生活已然破裂,而当时的婚姻制度和民间习俗又不允许她们自由地改变婚姻伴侣,于是只好以牺牲自己的名望为代价来维护个人的权益和社会空间,尽管"她们的权益可能还不是今天的权利,但她们不是历史的消极臣民"。

无独有偶。上一世纪二三十年代流传于河北定县的秧歌戏《耳环记》,则以戏剧的形式再现了历史上中国农民家庭买卖妻子的社会现实。故事说的是一个叫王景川的农民如何"卖了媳妇度荒年",而其媳妇贾金莲又是如何历尽艰难重返故乡的。在许多方面,剧中描写的买卖过程与上述仪式性买卖具有明显的共同之处。首先,要有一个公认的"卖人市",买卖双方及当地人都知道它的位置所在。第二,卖妻之前虽然没有公告之类的做法,但是卖主往往主动地大声吆喝:"你们谁买媳妇来!"第三,被出卖者身上要插上一根"黄白草棍"或类似物品,作为待售的标记。第四,这里虽不曾出现公开拍卖,但却经过一番激烈的讨价还价,被卖者的身价从买主开出的一吊钱涨到最后成交时的三吊钱。

不过,这些形式上的共同点无法遮蔽其实质上的差异。其中最为关键的是这两个男人都不曾考虑其买卖对象贾金莲的意愿。在交易过程中,王景川的媳妇当时并未到场,他是直接"拿着黄白草棍就当做我媳妇"的。当从丈夫口中得知被卖的确切消息后,贾金莲先是愤怒:"越说越恼心生火,要打你这人面兽心的秀才郎。"继而悲痛:"贾金莲哭到伤心处,一心碰死在地平川!"这时,买主起了同情之意,丈夫却大为不满:"我本是顶着天,立着地,当着家,主着事,男子大汉","为何你啼啼哭哭你闹了半天?""痛哭一场不要紧,叫人家把我斜着眼看。去也在你,不去也在你!"因此,尽管买者是一个拥有万贯家财的大地主,嫁过去肯定有享不尽的荣华富贵,但是对于贾金莲似的妇女来说,这无疑是一场灾难。何况买者之购买贾金莲,不过是把她当作一个可以传宗接代的"二奶奶",而非所谓的"情人"。

另一个不同之处是卖妻的动因。汤普森笔下的交易是夫妻双方感情破裂的产物,而王、贾两人总算是一对恩爱夫妻,贾更是一个"戚属六亲谁不夸"的好媳妇。他之所以卖了她,是因为遭到了"三年寸草不收"这"世上稀罕"的"人吃人的年头",因而也是一种迫不得已的行为:"有心卖了丫头小贵姐,未成年的冤家不值个大钱;有心卖了小子宝安,恐怕我们父子不得团圆。今天就把媳妇卖,卖了媳妇过荒年。"而一旦熬过荒年,就"再娶一个好的"。可见,面临极其严峻的粮食危机,人们似乎只有通过卖儿卖女、卖妻鬻子才能换取家族的绵延,即民谣所云"添粮不敌减口",又叫"卖一口,救十口"。潘光旦先生颇为激愤地写过这样一段话:"荒年来了,家里的老辈便向全家打量一过,最后便决定说,要是媳妇中间最年轻貌美的一个和聪明伶俐的十一岁的小姑娘肯出卖的话,得来的代价就可以养活其余的大小口子,可以敷衍过灾荒的时期。"结果往往是,"牺牲了一家的如花美眷,居然把其余的人保全了"。

在许多场合下,做出这样一种度荒的决策并不一定要像王景川那样"不理会女儿和媳妇们的哀求的",而往往是在家庭成员集体讨论后决定的,被卖者一般也是自愿选择的,因而每每充满着十分悲壮的家庭伦理色彩。但是透过这种似乎温情脉脉的家庭伦理,我们感受到的只能是更加残酷的性别不平等,因为这种自愿并非是要冲破旧制度的束缚,更不是去争取妇女个人的权利,而恰恰是对旧制度的最彻底地服膺和回归。

贾金莲就是一个最典型的例子。因为她之不满被出卖,"好像一把钢刀把心剜",还有一个重要的原因倒不是自己被丈夫当作财产去出卖,而是被贱卖:"未曾卖人你看上一看,看一看你为妻我,只值三吊钱?"正因为如此,她对既成事实也就只有无奈而没有反抗,"你卖了我了我跟人家走","待说不跟人家走,为什么白花人家

三吊钱?"好一个公平的市场交易！更有甚者,当她的丈夫盘算着
"再娶一个好的"时,她却摘掉耳环,和丈夫偷偷"定下耳环计":
"你日后要有耳环在,咱夫妻见面却不难。"这与英格兰被卖妇女退
还前夫旧戒指的寓意截然相反。所以,尽管贾氏到买主家后,吃的
是山珍海味,穿的是绫罗绸缎,相比以前的日子不啻天壤之别,但
还是设法回到了前夫身边,所谓"望空一拜大团圆"。在她看来,她
就像被出卖的田地一样,"地归本主常常有,妻归本夫理自然"。她
在反抗买主时争得的自由,反而成了她再次沦为夫权奴役的前提。
与贾氏相比,那些同样被饥荒从日常婚姻习俗的禁锢中"解脱"出
来的姐妹们,其绝大多数所遭遇的却是更加悲惨的命运。她们终
于可以"自由"地进入婚姻市场,又因"自由"得一无所有而重新堕
入牢笼般的社会,而且从此陷入一劫不复的境地。一通关于光绪
初年华北大饥荒的碑文可以为证:

> 妇女们在大街东游西转,插草标卖本身珠泪不干。
> 顾不得满面羞开口呼唤,叫一声老爷们细听奴言:
> 是那位行善人把我怜念,奴情愿跟随你并不要钱;
> 只要你收留奴做妻情愿,哪怕系当使女作了丫鬟,
> 白昼间俺与你捧茶端饭,到晚来俺与你扫床铺毡;
> 你就是收妾房我也心愿,或三房或四房我都不嫌;
> 每一天奴只用面汤两碗,不吃馍尽喝汤都也喜欢。
> 大清晨直叫到天色黑晚,满街上并无有一人应言。
> ……

"水旱蝗汤，河南四荒"：历史上农民反抗行为的饥荒动力学分析①

过去，每当我们要来形容旧社会中原人民在自然灾害与阶级压迫双重荼毒下苦苦煎熬的悲惨生活时，总是免不了会引用当地流传的"水旱蝗汤，河南四荒"这八字民谣。而其中之一的"汤"，当代治史者往往不假思索地把它与抗战期间驻扎此地的国民党军队的首领汤恩伯直接划上等号。这一充满阶级分析色彩的理解固然非常正确，也是不可否认的事实，却也掩盖了民谣本身所反映的另一种恰恰与其寓意相反的同样值得重视的社会现象，即自然灾害与农民反抗行为之间的紧密联系。透过这种联系，我们或许可以对中国历史上的农民反抗和农民起义有着不同于以往的新认识。

这样说并非言而无据。上个世纪三十年代，马克思主义经济学者朱新繁先生在其所著《中国农村经济关系及其特质》一书中曾

---

① 原载《学习时报》2004 年 12 月 6 日第 3 版。

经提及："河南人民叫土匪为'老汤',不知是什么意思,他们提起了'老汤',就谈虎色变。"由此看来,上述民谣中的"汤"字,其实很可能就是"老汤",原意指的是土匪,而且早在抗战以前,这一民谣大概就已经广泛流传,它所揭示的本是水、旱、蝗等自然灾害与土匪活动之间的关联。

有人可能认为,即使民谣中的"汤"字意指土匪,也不能说明自然灾害就是土匪滋生的主要动力之一,它充其量不过是表明水、旱、蝗与土匪之间的一种并列关系,而非因果关系。为了说明这一问题,我们首先必须搞清楚土匪的身份来源。从语源学的角度来考察,河南人之所以把土匪叫做"老汤",也是有蛛丝马迹可寻的。因为晚清民国年间,在土匪活动最频繁的豫西南山区,常年流动着一支数量相当庞大的青年农民打工队伍,每到冬日的农闲季节则应募从事梯田、沟渠等农田灌溉工程的修理和养护工作。这些人在当地被称做"蹚匠"。一旦工作减少,无所事事,成队的蹚匠极易变成杆匪,以致两者之间的界限变得越来越模糊,所以在鲁山的方言里,土匪统称"蹚将"。同音谐转,也就变成了"汤"字。从蹚匠,到蹚将,再到老汤,无疑显示了农民与土匪之间不言而喻的关系。

从农民变为土匪通常是要经过饥民或灾民这一过渡环节的。著名的法律社会学家严景耀先生于1920年代末30年代初所做的一系列犯罪问题的调查,生动具体地说明了这一演变过程。在河南某县,该县县长向他倾诉了两年任期内对于灾荒事件穷于应付的窘况。先是在头一年,别处的灾民成群结队地前来抢夺粮物,当地老百姓频频告状,可是由于警力不足,牢房容量有限,而且这些土匪又都是饥饿的农民,弄得县长无能为力,以致老百姓指责他

"包庇匪类",或"贪赃纳贿"。到了第二年,这位县长更没有办法行使他的职能了,因为该县也是"到处灾情严重,全县老百姓都去当了土匪",在他看来,"这些土匪都是不能抓的"。在另一个著名的匪区山东曹州,当地一名土匪给出的答案如出一辙:"曹州和别的地方没有什么不同。我们这些人当土匪都是因为连年灾荒。"范长江先生在他关于 1937 年四川大旱灾的著名报道中,也叙述了同一类型的故事:"有一匪抢人被捕,官问以为匪之由,答谓:'不必多说,请于我死后,剖腹一见,一切自可明白。'殆如言视之,则肠胃中尽属不能消化之杂草!"

至于那些生态环境恶劣、自然灾害频繁的经济落后或经济衰败地区,土匪活动则成为当地社区生活不可分割的组成部分。在这些地区,灾害不仅周期性地带来饥饿,而且还给土匪活动营造了一个极其有利的环境。山东曹州之所以成为近代史上著名的匪区,其奥秘之一就是此处在黄河改道之后形成了一个港汊分歧,沙道纵横的大面积沼泽地带(即所谓"水套区");横行于洞庭湖区的湖匪,往往也是依赖此处涨落不定、淤徙无常、芦柳深密的湖上淤州为根据地而拦劫过往商旅行贾的;华北平原上用来抵御天灾的抗旱作物高粱,每到 6 月底至 8 月中旬,宛如广袤的绿色森林,成为土匪向市镇和富乡以及迷路的行人发动袭击的天然屏障。生活在这些地区的农民,丰年则为农,歉年则为匪,如洞庭湖区的湖匪,大多数是力耕于此的佃农,其"化零为整,化整为零,一系乎年岁之丰歉"。在淮北,一旦土地没有指望,其主人即摇身一变,化作匪徒,并选择某一安全地方作巢,一年到头四出劫掠,直至农事可为时为止。

　　即便是在丰平之年，此类地区由于土地沙化、盐碱化、地质瘠薄，地力下降，出产不丰，并不足以支持一个完整的年度生命周期，于是每至冬季农闲，伴随着回环式的人口流动，又会形成一年一度的季节性匪潮。北平近郊离村出外的农民，做工之外，便是乞讨、偷窃乃至于"结伙打劫"。江苏滨海盐碱区之阜宁、盐城农民，每至冬季，"狡黠者，则盗卖私盐以为生，甚至铤而走险，流为盗匪，打家劫舍，扰害四民"。

　　总而言之，这些在自然灾害中出现的暴徒，与其说是土匪，莫如说是农民，是变成灾民的农民。作为土匪，他们的确是以集团的暴力掠夺作为生存的职业或副业；作为农民，他们毕竟来源于农村社会，而且绝大多数来源于农村社会的最底层，因而正如日本学者长野朗所说的，"掠夺是他们底生活手段，但是另一方面还有阶级斗争底意义"。这些做土匪的人，"对于榨取阶级，是抱有非常的反感的"，所以他们"主要底袭击官吏，专门掠夺绞取人民底血膏的官金。一般地，他们底目标是乡绅"。同样，在严景耀先生看来，这些来自下层社会的"职业土匪结成大帮，从许多方面可以看出他们专门与上层社会、为富不仁者和政府为敌。他们从来不想剥削和坑害穷苦的老百姓。相反的，他们还为老百姓作好事，老百姓一般对他们并无恶感"。

　　然而这里所谓的"阶级斗争"，至多也只是一种原始意义上的反抗，因为这种反抗是普遍建立在地域差别的基础上，其活动范围和攻击目标基本上都是他们所依托的村庄聚落以外的遥远的世界。"兔子不吃窝边草"，这是旧中国大多数土匪集团默默恪守的行动准则。在农作物歉收或饥荒年月里，以及那些生态环境严重失衡地区涌现的土匪,则尤其是如此。一来是因为这些地区在突发性灾害或周期性的饥馑的打击之下过于贫穷,只有在周边受灾较轻或富庶地区才能搜寻到延续其生命的生活资料或物质财富;二来是因为这些土匪在包括富人在内的本村村民中还有不少带有血缘关系的亲属,有些匪酋往往也是村中主要家族的代表或者村长,他们与所在乡村之间总是保持着良好的关系。即使是积匪和惯匪,要想站稳脚跟,也只有赢得当地老百姓的支持或容忍,不在万不得已的情况下,他们是不会洗劫附近村庄的。于是,他们对外地剥削者的掠夺只不过是维持和巩固本地阶级关系的一种迫不得已的手段而已。在河南被看成是"匪薮"的鲁山等县,竟因此同邻境形成了长期的地区冲突,以至该地灾民外出逃荒时,也多遭惨杀,只好困守饿乡,坐以待毙。

纵然这些灾民把斗争的矛头指向所有的为富不仁者和高高在上的统治者,实行抗租抗赋,他们也不会把后者赖以寄生的社会制度当作改造的目标。因为这些斗争都是围绕着求生这一主题而展开的,其最初的也是最终的目标无非都可以归结为一个东西,即食物,抽象一点来说,即是生存的条件和机会。除此之外,任何要求对现存社会制度和政治制度进行变革和改造的政治口号和理论和信仰,都将与之无缘。而且由于他们所要争取或抢夺的,至多也只是他们在平常年景曾经拥有的而在灾时又被骤然剥夺了的东西,一旦他们在斗争中得到了或者有望得到他们曾经丢失了的东西,反抗的动力就会顿然衰竭,而斗争的过程也戛然而止,再也不会前进一步。甚至于在他们为之奋斗的目标并没有实现,而充当剥夺者的天灾又骤然消失的时候,他们就连当时正在进行的为着那么一点可怜的要求而愤然抗争的行动也会放弃。1929 年 9 月,一位在河南渑池灾区进行调查的学者这样写道:"有乡人言:'日前下一场大雨,土匪减少大半',其意盖谓下雨后,匪之有田者多回家种田。"一番风狂雨骤之后,又都复归于平静。这大约也可以作为中国历史上绝大多数大规模农民起义的绝好写照,而这些起义一如邓拓所言,几乎没有不是以饥荒为背景的。

家庭的解体与重生：历史视野下的唐山大地震

我们来自中国人民大学清史研究所，原本从事明清至民国时期中国灾害史研究。去年受澳洲国立大学 Helen James 教授的委托，我们试图从历史的角度对唐山大地震引发的人口、婚姻与家庭问题进行解释，但是由于对档案资料的利用还相当有限，对当事人的访谈有待进一步展开，故而本文暂时未能对上述问题作出更加深入的分析，目前所能做的主要是对现有研究的综述或拓展，在此谨表歉意。本文主要思路和基本构架由夏明方教授提出，资料收集与论文初稿由王瓒玮独立完成，最后由夏明方对全稿略作修改或补充。在文献搜集、实地访谈过程中，得到唐山市委办公室的大力支持，在此一并致谢。

1976 年 7 月 28 日发生的唐山大地震，无疑是中国乃至人类历史上最严重的地震灾害之一，其对于震区社会的影响直到今天仍未消除。但是，与建国以来的所谓"三年自然灾害"和 2008 年汶川地震相比,其在国内外学术界,尤其是人文社会科学领域,并没有引起足够的重视。究其因,一方面是地震发生后相当长时间内的对灾情信息的封锁以及意识形态的抑制,使得正常的学术研究难以产生;一方面则是因为对此次灾难的救援及灾后重建更多地被当成弘扬社会主义优越性的典范,使很多持自由主义立场的学者特别是海外学者不愿意接触这一事件,而更多地去讨论"三年自然灾害"以突出对中共意识形态和政治体制的批判。汶川地震爆发后,唐山地震及其救灾过程在很大程度上又变成了印证中国社会进步的反例,但却少有人对此进行认真细致的调查与探研。

这样说,并不意味着学术界对唐山地震没有任何的研究。事实上,就在地震爆发之后,中国科学界就已经对唐山地震的发生原因感到迷惑不解,进而开展了大量的调查研究,广泛研究与唐山地震有关的一系列自然现象,并在理论上形成一定的突破。主要成果有《唐山地震考察与研究》《一九七六年唐山地震》《唐山大地震震害》《唐山地震孕育模式研究》《唐山强震区地震工程地质研究》等。

与此同时,一批从唐山地震中幸存下来的人文社会科学学者,他们在唐山地震十余年之后,主动运用其时复兴于中国的社会学的理论与方法,结合自己的亲身经历以及大量社会调查,对唐山地震的社会经济影响以及灾区社会恢复和社会问题展开全面深入的研究,揭示了地震前后唐山地区人口、家庭、婚姻、生育以及社会心理、社会习俗方面的巨大变动及其重新整合的历程,具有重要的学术价值。以此为契机,地震社会学在中国应运而生,成为中国灾害学领域的重要生力军。其代表作品有:《瞬间与十年——唐山地震始末》(1986年)、《地震社会学研究》(1988年)、《地震社会学初探》(1989年)、《唐山地震的社会经济影响》(1990年)、《河北省震灾社会调查》(1994年)、《地震文化与社会发展——新唐山崛起与人们的启示》(1996年)以及《唐山地震灾区社会恢复与社会问题的研究与对策》(1997年)。

一部分来自医学界的相关学者,也以大量临床实践作为案例,侧重探讨地震对不同个体的心理、精神所造成的短期及中长期影响,将人文关怀渗透到医学研究之中,是为中国灾害心理学的先声。

另一方面,唐山地震亦成为文学创作的重要素材。曾参与地震救灾的钱钢,以十年时间坚持不懈地追踪访谈,全景式地记录了地震当时唐山人民的种种表现。其作品《唐山大地震》被认为"在一定意义上结束了中国当代报告文学没有灾难书写的历史"。经过几十年的不断积累,以唐山作家为创作主体,带有强烈地域特色的"唐山大地震文学"已在中国文坛中占据一席之地。他们运用不同的文学体裁,真情地再现了地震对人们日常生活的强大冲击,以及灾后社会重构与整合的各个层面,为深化唐山地震的研究提供了丰富的感性材料。

但是上述研究与反思,也存在诸多不足之处。大体说来,这些研究仅仅局限于唐山地区和此次唐山地震,很少与此前中国历史上发生的重大地震或其他灾害事件联接起来,进而从一个更长的时段来探讨唐山地震对于人口变迁和人口行为的影响;另一方面,随着时间的迁移,中国社会又发生了一系列极其重要的变化,此种变化是如何与唐山地震纠结在一起共同影响着曾经是灾区的社会,影响着灾区的社会恢复和重生的进程,更是少有人问津。因此,在前人研究的基础上,如何发挥历史学家的优势,充分发掘和利用迄今尚未受到重视的官方档案、新编方志以及文学作品、口述史料等,以中国社会最重要的社会单位——家庭作为考察对象,从人口的迁徙、婚姻、生育、抚养、丧葬等诸多方面,对家庭在灾前、灾时、灾后以至今天等不同时期的形态及其变化进行系统的考察,以期从一个更长的时段探讨地震灾害的社会影响及其漫长的修复过程,将是一个很有意义的话题。

首先需要探讨的问题是,到底有多少人在这次震害中被夺走了生命?尽管这场地震距今已近 40 年,但对这一问题始终没有一个确切的答案。由于唐山地震伤亡人数是在地震三年后方才得以公布,此后官方陆续公布的数据多有歧异,致使国内外学者与社会舆论对此长期抱持怀疑的态度,而且众说纷纭,唐山当地民众也有不同的说法。

事实上,从目前掌握的档案与数据来看,官方之"死亡二十四万二千多人,重伤十六万四千多人"的结论虽然不尽可信,但显然并不像三年困难时期那样与事实相距甚远。因震后各个时期所做统计数据的不完善性,以及调查地域的不一致性,目前已很难对地震当时的伤亡做出极为准确的数字重建。但是通过各类文献的比对,较为明确的答案可能是,地震中至少应有近 26 万人死亡、50 余万人受伤;唐山市区 7218 个家庭灭门绝户,出现 12869 名丧偶者、2652 名孤儿、895 名孤老、1814 名截瘫者。如加上天津、北京等地的统计数字,则死亡人数当在 30 万人左右。2008 年,随着唐山市内地震纪念墙的落建,多达 24 万余名死难者的信息也逐渐清晰。

从某种意义上来说,这应可视为一种旁证。至于 1976 年 8 月唐山地委会的人口死亡调查,则是目前最可信赖的统计数据。从当时的文件来看,地震发生后不久,中国政府已经进行了系统、全面的调查,基本上掌握了死亡人口总数,只是受当时政治形势的影响,不愿意对外公布而已。这真是一种莫大的讽刺。这一原本及时发布的数据,直至几十年之后才大体上被公众接受,其对于政府公信力所造成的损害无可估量,也给人们对此次地震进行客观公正的学术研究人为设置了诸多障碍,可谓适得其反。2005 年之后,中国政府颁布条例,决定及时公布灾害死亡信息,这无疑是一大进步。

第二个问题是,如此巨大的人口损失对唐山震区的人口增长究竟产生了什么样的影响?

邹其嘉、王子平等学者在探讨唐山市地震前后人口变动过程时指出,人口生育补偿规律是唐山市震后人口自然变动发展的一个必经阶段,大体上经历了负向增长期、生育补偿期、向常态自然人口规律复归期等三个阶段;其中的 1978 年和 1982 年是人口生育补偿期的两个生育高峰,主要原因在于震后唐山年轻人口比重增加,并迅速进入初婚年龄,大量破损家庭短期内完成重组。但是作者并没有考虑到震后国家计划生育政策对人口生育的影响,也没有与此前的"三年自然灾害"对人口的影响进行比较,以致对灾后人口增长机制的描述未尽准确,尚有诸多进一步商榷之处。

对于第一个阶段,当然没有疑问,而且需要补充的是,仅仅计入人口的绝对损失,并不足以说明问题,还应将由此造成的相对损失包括在内,如此,其造成的破坏性更为突出。但是到了第二个阶段,则因计划生育政策的影响,使此前中国历史时期常见的灾后人口反馈机制发生明显的变动。1959—1962 年三年困难时期,唐山市区人口出生率下降,并达到该时段的最低值,仅为 13.8‰。此后,1962 年到 1967 年间,人口开始出现补偿性增长高峰,其中 1963年,出生率达到 50.2‰。然而,值得注意的是,唐山大地震虽然使唐山市区的死亡率达到前所未有的 134.7‰,但此后人口并未出现更大的补偿性增长高峰,仅在 1981—1983 年间略有回升。这说明计划生育政策对唐山市区人口的增长形态起到了非常明显的调解作用。除此之外,1981 年国家新颁布的《婚姻法》将结婚年龄由原来的"男二十、女十八"提高至"男不得早于二十二周岁,女不得早于二十周岁",结果使河北省当年结婚人数激增。这也很可能是1981—1983 年唐山市区出生人口小高峰出现的影响因素之一,但却不是地震人口损失引发的。

即便如此,马尔萨斯揭示的灾后人口补偿机制仍然以其顽强的力量发挥作用。震后一段时期,在不影响计划生育的大前提下,国家对地震重组家庭夫妇的生育给予了政策上的特别调整。所谓的"地震孩""团结孩"就是这一政策的结晶。① 此举反映了政府在

---

① 1977—1982 年间的具体措施是:震后初期,重组家庭中,夫妇一方不足两个孩子,均可再生育一个;1978 年间,生育政策宽松到,不论一方有几个孩子,只要一方没有孩子,都让生一个"团结孩"。但时间不长,这种政策就停止了。为了控制人口增长,保证城市一对夫妻只生一个孩子,1983 年到 1984 年,重组家庭只要一方有一个孩子,即不能再安排生育。但新的政策出台后,再婚夫妇一方有两个孩子的丧偶者,另一方系初婚或未生育过的,可以照顾生育一个孩子。这样的解决方式,解决了一大批重组家庭的生育问题。而 1986 年,唐山市区仍有 178 户地震重组家庭,其中一般是男方有三个以上孩子,女方年龄较小系初婚,孩子的年龄较大,家庭关系因此不和谐,有的夫妻关系已经到破裂的边缘。对于这样的家庭,唐山市计生委认为,可以予以照顾生育一个孩子。市计生委(1986)10 号《关于解决震后重组家庭照顾生育问题的请示》,唐山市国家档案馆,105-01-0239。

震后社会恢复阶段中为维护家庭稳定做出了努力,但实际执行中的细节尚待商榷。

第三个方面涉及震区家庭生活的解体与重构。

地震的冲击使唐山市区每家每户均有不同程度的减员,由此造成的家庭构成的诸多巨大变化,对震区家庭形态、婚姻观念和家庭生活均造成了深远的影响。地震重组家庭(patchfamily)、截瘫患者家庭以及地震孤儿的抚育与孤老赡养成为震区突出的社会问题。地震社会学家震后所做的一系列调查与研究,对分析震后家庭表现出来的种种变化特征,具有重要的参考价值。

档案显示,在接近 26 万人死亡、50 余万人成为伤患的巨大人口变动中,仅唐山市区,至少有 25448 个家庭受到最沉痛的打击,其中全家震亡 7218 户,震后一方丧偶者达 12869 人,孤儿 2652 名,孤老 895 名,截瘫人员 1814 名,可谓支离破碎。家庭平均人口,也从1975 年的 4.37 猛减到 3.55,每户减员 1 人,直到 1982 年,才有所恢复,达到 4.12。此后由于核心家庭户数逐渐增多,唐山市家庭平均人口数有减少的趋势。

地震的来临,使灾区人民赖以生存的一切生活物质基础被摧毁殆尽,也使正常的家庭生活陷入种种突如其来的改变之中。半数以上的家庭,纷纷以亲缘、血缘、地缘或业缘为纽带,组成"共产主义大家庭",过着一种群居式的生活。还有三四成的家庭选择在空旷的场地搭起一家一户的"防震窝棚",依靠组合成的新居住区实现共同生活。待震区简易住房大批建成之后,这种应急式的生活方式迅速消失,灾民开始向小家庭模式回归。

此时,地震的影响开始以另一种形式在家庭的层面显露出来。

其中最突出的是震后重组家庭大量涌现。震前唐山市因离婚、丧偶而再婚的家庭比例极小,仅有 1% 左右,震后到 1979 年底,重组家庭占地震中丧偶家庭的半数以上。至 1982 年,重组家庭在市区达 7515 户。当时唐山的社会舆论一反传统婚姻观念中排斥再婚的思想,对这样的重组家庭普遍持同情与支持的态度。其中有不少是叔嫂婚、两代联姻,两者在 1970 年代的中国社会不仅并不常见,而且也很难为人们所接受。政府也采取特殊的生育和就业政策,如重组后一方无子女可再生一胎,农业户口可转为非农户口,继子女可以顶替接任继父母的工作岗位等,鼓励灾民重组家庭。但是绝大多数重组家庭都是建立在同病相怜的相互安慰与理解之上,并没有深厚的爱情基础,实际上很不稳定,离婚率远高于普通家庭。其后经过长期的磨合,这种家庭模式终于渐趋稳定。

那些身体上重度残缺,无法生育的截瘫患者,也被特别批准结婚。其中很多病人,在外地养病期间相识、相爱,他们于 1979 年 11 月至 1980 年 6 月陆续返唐后,纷纷要求结婚。对此,基层民政部门有两种不同意见:一是依据当时婚姻法规定,即有生理缺陷、不能发生性行为者禁止结婚,坚持认为应依法办事;一是认为准许结婚有利于双方的精神恢复,应作为特殊情况对待。经过省政府的慎重考虑,后一种建议被采纳。1990 年代以降,人们的思想逐渐解放,截瘫伤患的婚姻开始得到政府的大力支持。市政府和民政部门还专门拨款,于唐山市路南区筹建了"康复村",并为入住的 25 对截瘫情侣举行集体婚礼。此外尚有只同居不结婚的现象,体现了现代家庭模式的多元化。

也有一部分地震中的丧偶者和截瘫者,此后再没有重新组建家庭,而是选择独身一人,孤独终老。对此唐山市政府采取依靠集体、国家补助、分散管理、尽量就地安置的原则,予以赡养。对于地震孤儿,则允许亲属、父母生前所在单位或社、队以及社会各界人士进行收养。在3000多名被收养的孤儿中,少数走入了国际家庭。至于无亲属抚养,或未被收养的孤儿,则进入国家在石家庄、邢台、唐山三地建立的五所孤儿学校。这些孩子,享受了来自社会大家庭无微不至的爱护,但是国家的抚养只能保证其生活水平维持在社会平均生活水平线上,且标准一致,与孤儿多样性的发展诉求之间往往发生冲突,不少孤儿在长大成人后出现了自卑、焦躁、敌对、依赖等种种变异心理。还有一些年纪幼小的地震孤儿,无人知道他们的姓名,为了生活上的需要,孤儿院便统一为这群孩子改姓"党"。但是据知情者透露,随着时代的变化和年龄的增长,他们对自己祖先的追索之愿也愈加强烈。

第四个问题涉及对死者的殡葬与追念。其中隐藏着的是以家庭为纽带的个体与国家之间在纪念仪式上的较量与博弈,以及国家在此一过程中的适应与调整。

"入土为安"曾是中国城乡各地最普遍的信仰与风俗,唐山亦不例外。"文化大革命"开始后,为铲除所谓的封建迷信,唐山地区开始推行大规模的殡葬制度改革,要求实行火葬,废除土葬。地震前,市郊的火化率高达80%,各县平均45%。但是始料未及的灾难,打破了常态下的丧葬行为。短时间内土葬数以万计的尸体,迫切需要大量的荒地,家属们为此开始激烈的争夺,甚至发生口角与暴力冲突。此后,为防止疫病,唐山市抗震救灾指挥部和防疫部门开始组织清尸队,对浅埋和裸露的尸体进行无害化处理,并在指定的地点集中埋葬。

这样一种应急性的丧葬形式,对政府此前大张旗鼓推行的文明化殡葬改革形成了很大的冲击,以致在震后相当长一段时期内形成被当地政府官员称为"土葬回潮"的现象。据不完全统计,1982年唐山全市火化率下降到16.5%,迁安、滦南、乐亭、迁西、玉田等五县火化率不足5%。随之而来的还有"看风水、选坟地、搭灵棚、雇棺罩、扎纸人纸马、披麻戴孝、停尸跪拜、焚纸烧香、扬幡招魂"等形形色色被认为"封建迷信"的丧礼程序。现代文明与传统文化至此展开了一番新的较量。

对于逝者的追念同样体现了文明与文化及其背后隐藏着的国家与民众复杂的博弈态势。地震那一年的阴历十月初一夜,到处散布亲人焚纸拜祭的点点火光。但是随着唐山十年重建运动的兴起,废墟逐渐被清理干净。唐山人于是不约而同地来到十字路口,选好地点,燃一把火,再为亲人送去纸钱,愿亡灵得以安息。年复一年,这种来自不同家庭约定成俗的自发性行为逐渐演变为唐山的公祭日,政府要求每年的这一天全市各单位都要组织有意义的纪念活动。震区家庭对亲人的追念,在政府的官方塑造下转变为对国家抗震精神的颂扬。另一方面,随着时间的流逝,数十万被集体埋葬的死难者家属,越来越不知应在何处祭奠和告慰自己的亲人。为死难者立碑,成为唐山所有幸存者共同的心愿。于是在政府的组织和规划之下,诸如抗震纪念碑、抗震纪念馆、抗震纪念广场等建筑纷纷建立起来,以政府为主导的纪念活动也周期性地举办,以"弘扬抗震精神、加快经济发展、扩大对外宣传、树立唐山形象"。政府的动员、组织、宣传工作扩大和加强了地震纪念的社会影响力,使地域性活动演变成为受全国乃至全世界人民共同关心、瞩目的事件。而另一方面,作为平凡个体的"家庭",在纪念过程中的行为与感受也被官方的"盛大"活动轻易地忽略与隐去。

进入 21 世纪,官方集体的周年纪念形式再不能够满足普通民众追求尊重个体、回归自我的更高精神追求,很少有人会在纪念日里前往抗震纪念碑前祭扫,人们更加需要的是"真正能走入震亡者亲人的内心","与他们的心灵产生共鸣"的空间。2008 年 7 月,镌刻着几乎所有遇难者姓名的"地震哭墙"在唐山地震遗址纪念公园初步建成,历史终于还原了每一个二十四万分之一。此时恰好处在汶川大震、举国悲痛之时。

最后需要强调的是,尽管存在这样那样的不足,中国政府的举国救灾体制在唐山地震中还是发挥了巨大的作用。它不仅在灾时,在唐山市区夷为平地,社会功能几近崩溃的情形下,使近百万受灾民众得到了快速的人力、物资救援与医疗急救;更为重要的是,在过去的近四十年的时间里,它一直承担着"家长式"的义务,持续不断地哺育和关怀着这里的地震孤老与截瘫患者,并且因应民众的要求,对灾后救援与恢复模式不断地进行反思与调试。从最初对生者的救援到今日对死者的追忆,唐山大地震的灾后恢复总算画上了一个并不圆满的句号。如此长期的社会善后,不仅是中国地震救灾史上绝无仅有的,也是世所罕见的。

2013 年 9 月 15 日

中国人民大学人文楼 412 室

专题二

抹不掉的印记

"在目前的近代史教科书中，对于灾难的记忆被遗忘了"①

1942年的中原大饥荒其实从未被掩埋

中国人民大学清史所副所长、著名灾荒史学家夏明方对《早报》记者表示，社会上说1942年的大旱灾一直被国人的记忆掩埋了，这应该是一种文学上的渲染。至少在灾荒史研究中，早有人关注这一次灾荒。

他说，用河南大饥荒来表述发生在1942—1943年的大灾荒是不准确的，严谨的说法应该是"中原大饥荒"或"华北大饥荒"，"这次饥荒发生在整个黄河中下游地区，除了河南省，河北、北平、山西、山东、陕西、湖北北部、安徽北部都受到了旱灾的影响。如果仅

---

① 此文是应《东方早报》记者陈良飞之邀所作的访谈，原文载该报2012年11月29日。

仅局限于河南省,实际上将这场饥荒的严重程度减弱了、淡化了"。

夏明方还提醒到,更多人不知道的是,当中原大地赤地千里之时,差不多在同一时间,广东省遭遇了百年不遇的特大干旱,大约有300万人(一说50万人)在这场饥荒中死去了。在他看来,之所以社会普通感觉到这场饥荒被遗忘了,"在某种意义上是历史学者在历史知识的普及方面还存在一些问题"。

古代官员一般不回避灾荒问题

《东方早报》:我第一个问题是关于数字的。我查了一下关于1942—1943年的中原饥荒的死亡者数字,有的资料说是200万,有的说是300万,还有更高的。有3000万人流离失所。我注意到你的书里面给出的数字200—300万人死亡。这样的数字是怎么来的呢?

夏明方:对。我给出的数字是200—300万。坦白地说,现在有关过去大饥荒的死亡数字,绝大部分都是估计的。尤其是旱灾,我们从来没有一个确切的统计,水灾、地震可能好一些,有一些统计数字。

即使有统计数,比如河南省有关1942—1943年这一饥荒的统计,主要是国民政府,也就是河南省政府做的,这实际上只是国统区的统计。

这一场旱灾不光发生在国统区,日占区和根据地也发生了严重的饥荒,造成大量的人口伤亡。老舍的小说《四世同堂》里面有很多关于饥荒的描写,写的就是这场旱灾在日占区北平引起的灾难。

至于3000万人流离失所,我不知道这个数据是从哪里传出来的。当时河南全省人口在3000多万至4000多万人,我们能够确定的待赈人数是1140万至1600万人,有将近一半的人受灾了。

《东方早报》:不光是1942年的这一场旱灾,历朝历代的旱灾死亡数字其实都是估算的。

夏明方:都是估算。近代以来,中国灾荒中人口死亡的估算,大部分都是国外的传教士,或者是一些在华活动的外国人士做的。中国方志里面也会有一些记载,比如说什么"死亡十之二三""死亡大半"等,更是一种约数,不是很准确。你要想对整个灾荒的死亡人口有所了解的话,你必须得把每个方志里面有关这方面的记载汇总起来,按照它的百分比估算出来。

在近代史上,没有哪一次灾难在方志中留下的记录,像1876—1879年发生的"丁戊奇荒"的那么多,这也是多年来学者在研究过程里面发现的。为什么呢?当时曾国藩的弟弟曾国荃调到山西任巡抚,负责救灾,灾荒过后他就下令各地新修方志,这些方志对刚过去的那一场饥荒都有很多的记载,有的极为详细。

《东方早报》:我国古代历朝历代都不重视灾荒的统计么?

夏明方:也不是。比如说,它会统计受灾的人数,然后在受灾人数里面分等,真要救济的时候,哪些是重灾的,哪些是轻灾的,都会在调查统计的基础上进行区分。但是很少统计死亡人数,一旦涉及死亡人数的时候都是含糊其词,更多的是一种描写,也就是把灾区人口死亡的种种惨状形诸笔端,呈现出来。

说实在话,古代的官员一般并不回避灾荒问题。有时为了引起朝廷的注意,争取朝廷的救济拨款,还会通过各种各样的形式向上奏报,在奏报中,会对灾情有很多的描述,包括什么饿殍盈野、赤地千里等,甚至会提到有些地区出现了人吃人的景象。但是究竟死了多少人,从来都是估算,没有确切数字。

这倒也不是为了逃避行政责任,那个时候可能更关心的还是生存下来的这些人,更多统计的是有多少灾民,需要多少救济粮,需要多少救济款,偏向于活下来的人。

《东方早报》:如果把 1942 年的饥荒放到明清以来,甚至 2000 年以来的中国灾荒史中去考察,这场大饥荒会处于一个什么样的位置?

夏明方:怎么说呢? 明清以来,1949 年以前,如果仅仅局限于河南省来考虑这个问题的话,在这么短的时间里面,造成了这么多的人口伤亡,可能它在河南省应该是最严重的一次饥荒。

但在灾害史学界里面公认的、有文献记载以来最严重的旱灾,一般指的是明末华北大旱灾,那次旱灾持续了十多年时间,灾情极为惨重。但是那个时候兵荒马乱,李自成起义和满人叩关搅在一起,也很难有一个确切的人口死亡统计。

接下来的就是光绪初年的"丁戊奇荒",从 1876—1879 年,持续了四五年,有的地方开始得更早,从同治末年就开始了。这是一次非常严重的旱灾,死亡人数的估算最低是 950 万,最高的是 1300 万,我们估计是 1000 万人左右。这场饥荒的覆盖面包括山西、河南、陕西、直隶（今河北）、山东等北方五省,并波及苏北、皖北、陇东、川北等地。它被称为有清一代"230 余年来未见之惨凄、未闻之悲痛"。整个中国大概有 2 亿多人口都卷到了这场旱灾中,都受到了影响,那样的规模真是少见。但是它肯定要比明末的旱灾要小一些,明末的旱灾持续十几年呢。

至于像 1942—1943 年的中原大灾荒,如果从旱灾角度来说,肯定是要次于光绪年间的"丁戊奇荒",跟 1928—1930 年的旱灾差不多,持续时间较短。人们不太知道的是,当中原大地赤地千里之时,广东省也差不多在同一时间遭遇了百年不遇的特大干旱。兵灾、战祸和百年不遇的大旱,终于将这片富饶美丽的南国锦绣变成了一幅触目惊心的"死亡图"。大约有 300 万人（一说 50 万人）在饥饿中死去了。这种动辄造成几十万、上百万人死亡的灾害,在中国历史上还有很多次。中国之所以被叫做"饥荒之国",也是这个原因。今日在大家看来某一次灾荒已经惨绝人寰了,但实际上还有更严重的。

官方在灾难记忆上做得不够

《东方早报》:1942 年距离今天才 70 年,社会上已经有很多人不知道了。你上面提到的"丁戊奇荒"或者明末的旱灾,一般人更不知道了。中国人是不是对灾难很容易遗忘呢?

夏明方:我觉得,不能做出这样一个判断,事实可能是反着的。从某种意义上来说,中国恰恰可能是一个对灾难记忆最丰富、最持久的国家。

从史书的记载来看，早从《春秋》开始，里面就已经有很多关于灾荒的记录。从司马迁的《史记》，一直到最后一部官修史书《清史稿》，每一部史书里面都会有什么《五行志》《灾异志》等专门记述灾荒，而且这些记述都是放在很重要、很突出的位置。实际上，从来还没有哪一个国家有保存这么完整的、时间序列这么长的灾荒记载，这是一笔很宝贵的财富。

对于一般的老百姓来说，国外有一些人对中国人的某些习惯觉得不可思议，比如储蓄。今天我们储蓄的是纸币，以往储蓄的是什么呢？粮食。过去的农村，每家每户都有一个小粮仓。这样的习惯渗透到了老百姓的文化心理意识里去了。某个大的灾难过后，总会发生一些抢购事件，抢米、抢盐、抢水等，实际上恐怕也和这种灾荒的记忆有关。

如果你真正的到基层去，到民间去，你采访那些老百姓，你去访一访他们，他们对历史上发生的甚至很早很早的灾难事件，都会有深刻的记忆。就像发生在 1959—1961 年的三年灾害，很多时候我们不说，但不说，老百姓有关饥荒的记忆就会消失掉吗？不可能的。

当然，从学术研究的角度来考虑的话，应该承认我们对灾荒的认识肯定还是很不够的。从现行政策的角度来说，每当发生了特大的灾害，我们就来一场轰轰烈烈的救灾运动，可是灾荒过后往往就什么都没有了，包括救灾工作的总结报告书我们都见不到。如果说我们的灾难记忆比较薄弱，那也是说现在的中国人，尤其是官方在这方面做得不够。

《东方早报》：对灾难、灾荒秉笔直书的中国史学传统到了近代好像就中断了或者说不彰显了。

夏明方：在近现代的历史研究里面，有很长一段时间的的确确很少去讨论灾荒的问题了。民国时期陈恭禄先生的《中国近代史》里面还提到过光绪年间的"丁戊奇荒"的，但在以后的中国近代史著作里面，尤其是建国以后的中国近代史教科书里面，我们很难看到有关灾荒的细致描写了。为什么呢？因为现在的中国近代史著作更强调外来的侵略，也就是外患，对内忧的描述更多是从地主阶级和农民阶级之间的矛盾去理解了，对于人与自然之间的矛盾，尤其是由此引发的灾荒问题，往往被放在一个很次要的位置。

我认为在目前的历史教科书中，对于灾难的记忆可能是被遗忘了，这个传统被中断了。但实际上，如果要是涉及整个中国人的灾难记忆，这个判断是有问题的。

《东方早报》：我总感觉，中国人对于大灾大难有特别强的适应能力。一个灾荒频仍的地方，往往也是人口众多的地方，这两者之间有关系？

夏明方：当然有关系了。大家都注意到了灾荒会带来人口的大量伤亡，但人们往往忽略了饥荒过后人口的一个大幅度增长。

在灾害学研究里面有一个假说，叫人口死亡的补偿机制，就是说一个地区在遭受大灾荒之后，老百姓会拼命生孩子，结婚的比率会上升，之后生育率也会上升。我们找到的民国时期的一份人口调查也证明了这一点。在1928—1932年，关中旱灾之后，西北农业大学的教授蒋杰带着他的学生做了一个关中地区农村人口调查。

他们调查的数据包括灾前人口、灾后人口、死了多少人、死亡人数分布、生育率等。蒋教授在调查结论里面就特别提到，灾后的生育率突然升高，死亡率降低。死亡率的降低，生育率的提高，反而会形成一个生育的高峰，就是人口增长的一个高峰。

后来我在一个抗战的学术会议上讨论过这个问题，当时中国经济史学界的一位泰斗立即说，就是这个样子的。他说，抗战结束以后，到处都是放爆竹结婚的。

《东方早报》：中国有一个强大的传统观念，就是多子多福。这种观念的形成与饥荒有关联么？

夏明方：我举一个例子。明代山东一场大饥荒之后，一个地方乡绅写了一份类似于灾情报告的东西，他就特别提到当地"卖一口，救十口"的传统。什么意思呢？就是说农民遇到饥荒以后，没有粮食了怎么办？就把孩子卖掉，卖掉一口全家其他人就可以活命。这个文献提供了一个信息，就是从某种意义上来说，老百姓还把人口作为饥荒时候的一项救荒储备，灾荒前拼命地生，灾荒发生时就"卖一口，救十口"。

当时的民谣里还有"添丁不如减口"的说法，说的是到灾荒的时候添丁不如减口，那个时候你要是生孩子肯定是自己找麻烦的。

厘清国民政府和日本侵略就 1942 年灾荒的责任

《东方早报》：河南灾荒连年，老百姓不免经常逃荒。他们逃荒有固定的路线么？1942 年是怎么逃的，以前又是怎么逃的？

夏明方:灾荒发生时,一般先是向湖北,向南方走,南方肯定要比北方条件好,河南那边的灾民大多往南走。还有向山东、河北逃荒的,这主要是河南北部的灾民。

也有向西的,比如渡过黄河向陕西逃荒,但人数会少得多。在光绪"丁戊奇荒"时也是有的,但那个时候陕西省也闹饥荒了,陕西省的灾民也有到河南省的,整个都乱了。

1942年中原饥荒的时候,为什么大多数灾民都向西逃荒呢?那时候的环境不是一个正常的环境,河南北部、东部都沦陷了,是敌占区,靠北边是边区,西边是国统区,相对来说是后方,后方还是比较稳定的,而且还有铁路,所以那时候大家都以为只要到后方去就有饭吃了,所以就拼命地往西跑。

在饥荒中,也有很多国统区的人跑到了敌占区。当时信息相对来说是比较封闭的,你不知道什么地方丰收了。饥荒的时候,敌占区也会搞政治宣传说:"啊,你看你们政府不管你们了,你到我们这儿来,我们有救济。"日本人控制下的报纸,比如《申报》,也有社论专门讨论这个问题,社论认为,现在全华北闹饥荒了,要争取人心,还是要靠救灾。

《东方早报》:一些灾害频发的地方,比如说河南、河北、山西、安徽等省份,是不是都有固定的逃荒路线图?

夏明方:应该是,而且可能是个习惯性的。以安徽北部为例,一到饥荒的时候肯定就往南京、上海跑,形成了一个固定区域的流动。早先的时候可能是某几次突发的饥荒,当地人逃了过去,然后再回来;后来到冬天没事儿干了,即使没有灾荒发生,也会成群结队前往乞讨,形成一种候鸟式的迁徙。走西口、闯关东就是这样子的,后来有铁路以后更方便了,即使不坐火车,也可以顺着火车道走。

《东方早报》:灾害并不一定意味着灾荒,从灾害发生到形成大规模的饥荒中间有很多原因,自然的、人为的都有。1942年大饥荒是怎么形成的?

夏明方:首先肯定是自然界有一个变动。一般来说,旱灾持续时间比较长,尽管在近代史上这一次的旱灾持续时间不是最长的。我的一个研究结论是,全面抗战八年应该是民国年间中国的气候条件总体来说比较好的一个时期,所以说像1942—1943年华北大饥荒的形成,更多的还是人为的因素在里面。

从河南国统区来讲,很显然就是国民党部队对粮食的争夺。当时他们以抗战的名义,征集粮食,即所谓"征实"。原来你可以交钱的,现在不行了,必须把实实在在的粮食交给他,即使闹饥荒了,还逼着要完成征购任务。饥荒肯定跟这个有绝大的关系。实际上,那个时候,国统区的通货膨胀也很厉害,就算交钱,负担也会很重。

《东方早报》:现在的反思主要就是集中于你上面提到的那些方面,对于日本侵华战争的影响提得相对较少一些。

夏明方:对,这也是一个很重要的影响。国民政府的责任归国民政府,日本人的责任归日本人,双方的责任要厘清。如果只是单纯地强调国民政府的救灾不力,忽略掉日本人的侵略在这次饥荒形成的过程里面所起的作用,我们对这次灾荒的认识就不会更深刻,我们的反思肯定是不完整的。

当然,国民政府也的确做得不好,在救灾过程中显露出了自身的腐败,所以很多人认为这是国民政府走向衰亡的一个征兆,包括很多美国友人。以前很多人包括美国人对蒋介石抱有很大的希望,这次的饥荒之后改变态度了。

历史研究的一个基本态度就是,无论评价一个人物,还是研究一个事件,都要把它放在一个特定的历史情境之下来考虑。在这个历史条件之下,他能做什么,不能做什么,然后才能给他一个比较公正的评论。

蒋介石自始至终不重视 1942 年灾荒

《东方早报》:如何评价蒋介石在这场大考中的表现呢?

夏明方:就这次灾荒来说,应该说蒋介石的确做得不怎么样。在灾荒刚刚形成时,河南省就开始不停地往上报告,中央政府也已经派遣大员到河南省去勘灾了。但在整个过程中,蒋自始至终没有把这一事件重视起来,还是不停地强调要征粮、征粮、征粮,这就是很少见了。

你可以解释说这是为了抗战,可接下来的一个问题是,如果是为了抗战,那后来为什么会出现河南的民众和国民党军队之间那种紧张的关系?国统区的这些部队在河南省到底做了什么?是不是真的去抗战了?以战争的名义征收来的粮食,最后是不是服务于这个战争?这个是很重要的。而且那个时候如果说你及早公布了灾情,还可以通过动员全社会,甚至动员国际的力量来救灾。他没有做。

《东方早报》:蒋不知道这么去做么?

夏明方:老实说,在救灾问题上,蒋介石一直表现不佳,这一点我们也不用回避。

以 1931 年江淮流域的大水灾为例。1931 年 6 月下旬,正当长江中下游和淮河流域大雨滂沱之时,身兼淮委会委员长的蒋介石却"亲莅南昌"主持对中央根据地的第三次"围剿"。他往返南城、南丰、广昌等地督战,历时一个半月,江淮流域正是在此期间遭到了大面积的水灾。

1931 年 8 月 17 日,正当汉口市被大水淹没的时候,蒋在做什么呢?当时宋美龄的母亲去世,蒋跑到上海为岳母执绋去了。

8 月 22 日,他在南京官邸接到何应钦从南昌发来的"促请赴赣督剿"的急电,当天又匆匆乘舰再赴南昌。他坐在这条战舰上,"由苏而皖,自赣而鄂,上下千里"地转了一转,算是对灾区的"视察"。

8 月 28 日,蒋跑到了汉口,9 月 1 日发表了一封《呼吁弭乱救灾》的电文。在电文中,他直接说:"中正惟有一素志,全力剿匪,不计其他。"对于大水灾的责任问题,他则认为此属"天然灾祲,非人力所能捍御"。

蒋介石到达汉口的时候,汉口正在闹瘟疫,他待在舰上根本不敢上岸,湖北省政府的官员就坐个小船上舰去给他汇报。

《东方早报》:1942 年中原大饥荒时,他有发布什么宣言么?

夏明方:有。他在 2 月 2 日晚上把《大公报》停刊 3 天之后,在 2 月 4 日,《中央日报》在没有"对手"的情况下,以《赈灾能力的试验》为题,抛出了一篇反驳《大公报》的奇文。该文把"河南人民所受之苦痛"视之为"天降大任之试验",认为"中国正是一个天将降大任的国家",自然应该像古圣人孟子所说的那样,要"经受种种(天)之磨炼,增益其所不能"。

应追问为何大饥荒时却没有王朝更迭

《东方早报》:很多人把 1942 年看成是"敲响了蒋政权崩溃的钟声"的一年,有媒体反思这段历史的一句原话叫,"国民政府的崩溃事实上正是从这一年开始的"。包括我在内的很多人一个普遍的印象就是,一到某个王朝末年基本上就是民不聊生。

夏明方:肯定是这样的。具体到 1942 年,首先是一些在华的美国外交官、新闻界人士、传教士做出这样一个判断。这并非无的放矢。

至于在中国历史时期,很显然,一个王朝的末期总是和饥荒、农民起义联系在一起的。一个王朝被推翻,新的王朝建立,饥荒对改朝换代来说肯定有很大的作用。邓拓在他的《中国救荒史》一书中就有一个判断:纵观中国历史上的农民起义,几乎没有一次不是和饥荒连在一起的。

不过,对于近代以后中国的历史,我们要问的问题已经不仅仅是饥荒是否会导致王朝更迭了。而是要追问,有的时候出现了大的饥荒,反而没有出现王朝更迭,为什么?这才更需要我们去回答。

《东方早报》:饥荒并不必然导致改朝换代?

夏明方:对。比如说像光绪的"丁戊奇荒",灾情那么重,但是王朝并没有在那个饥荒之中覆亡。比如说1928—1930年的大饥荒,当时南京国民政府刚上台,也没发生政权动荡。我们对于一场饥荒与一个王朝命运的关系要放在特定的历史情境中去考虑,然后再去解释。

一般来说,一场饥荒出现,肯定会导致社会的动荡不安,这是不能否认的。至于这种动荡不安是否会导致改朝换代,那就要看一个政府的应对了。有时候你做得好了,反而可能会赢得支持,巩固了统治。做得不好,那就会越来越坏了。

《东方早报》:当时国统区、敌占区和根据地都同时遭遇了严重旱灾,如何评价这三个地方的救灾措施?

夏明方:国统区和敌占区做得非常不好,基本上以失败告终。抗日边区认认真真地对待了这场涉及自身生死存亡的饥荒,而且把它作为一个非常重大的任务来解决,成功恢复了正常的生产与生活。

一方面边区要对付日本人的扫荡,另一方面要解决饥荒带来的困难。边区政府通过一系列全社会总动员的过程,不但渡过了灾荒,也增强了边区总体的实力。如果谈到饥荒与政权的关系,至少在中共这边,中共对饥荒和政治命运的关系,已经做出了他们的一个判断。

以太行区为例,时任中共中央北方局太行分局书记的邓小平领导救灾工作是做得非常成功的。我们称之为"太行模式"。在1943年7月2日的《解放日报》上,邓小平详细介绍了太行区经济建设的情况。邓小平说,"去冬今春,太行区的旱灾面积占根据地的五分之一,而敌占区流入的灾民还有很大的数目。这是几年来最困难的关头,我们组织了巨大的救灾工作和春耕运动,现在大致已经渡过难关了。只要雨水不缺,人民很快就可缓过气来"。

邓小平总结:"我们救灾的办法,除了部分的社会救济之外,基本上是靠生产。政府拿出了大批款子,贷给灾民……大批来自敌占区的灾民,得到政府和人民的帮助,解决了他们居住、粮食、农具、种子等困难,开出来的荒地,青苗已经长成了。"

从某种意义上来说,在新、旧中国里面,不管大家对后来的1959—1961年的三年困难时期怎么看,至少在1942—1943年横扫中原的大饥荒中,中共之所以赢得了信任,和它对饥荒的有效的解决有关。

可以说,当时三种不同的政治势力向全体中国人民各自交出的答卷,在某种程度上喻示了后来中国政治的基本走向。

从《一九四二》说起：文史资料与中国灾荒史研究[①]

电影《一九四二》放映前夕，有报社记者找到我希望就相关史实问题做个访谈，进而追问中国人是否对过去的自然灾难已然失忆。我的回答是"不"。相反在我看来，中国恰恰可能是一个对灾难记忆最丰富、最持久的国家。尽管在当代中国一部分所谓的知识精英或少数官员那里，在我们的教科书中，这样的记忆确实显得有些淡薄，但那不代表中华民族整体。从历史上看是如此，从现实生活中看也是如此，否则冯小刚、刘震云手里的题材就只能是凭空虚构而一无所据，尽管其中很多表述也的确偏离了那个时代的真实境况。遗憾的是，我的这一肯定性答案原初是作为那次访谈的标题刊发的，但最终见报时却被改为"近代史教科书中对于灾难的

---

① 原载中国政协文史馆编:《文史学刊》第 1 辑,北京:中国文史出版社,2014 年,第 47—59 页。

记忆被遗忘了"。

这一改动当然无误。在近现代的历史研究里面,有很长一段时间的的确确很少去讨论灾荒问题。据目前所知,民国时期只有陈恭禄的《中国近代史》等少数著作提到过光绪年间惨绝人寰的大饥荒,即饿死千万人左右的"丁戊奇荒"。此后的同类著作,尤其是建国以后的中国近代史教科书里,我们很难再看到有关灾荒的细致描写了。李侃、龚书铎主编,中华书局出版的《中国近代史》析出一定篇幅概述此事,也是在学界对此有了充分研究之后才增补的。这种"灾荒缺失"的缘由,可能在于以往那些教科书几乎无一例外地都是从帝国主义和中华民族,统治阶级和被统治阶级这两大主要矛盾去书写近代中国的内忧外患,对于人与自然之间的矛盾,尤其是由此引发的灾荒问题,则被放在一个极为次要的位置,仅仅作为一系列重大事件的背景因素约略提及而已。

但是这个判断又容易遮蔽历史,造成对中国灾难记忆历程的误解。且以当代中国为例。在这样一种凝结中华民族灾难记忆的进程中,全国各地的政协文史资料就曾起到过不容忽视的重要作用,从一定的意义上来说,应该算得上中华人民共和国成立后尤其是改革开放以来中国人文社会科学领域先行从事灾荒史研究的重要阵地之一,并且以其"亲历、亲见、亲闻"的特色而形成自身独特的风格。

众所周知,传统时代的中国史家对于灾荒的记述和研究浓缩于历代正史之灾异志以及后起之地方志的"灾祥""灾异""祥异"等卷、篇。从 1920 年代起,现代意义上的中国灾荒史研究逐步兴起,而且流派纷呈,其中最著名的,当属从自然科学角度探索灾害规律的竺可桢(参见《竺可桢文集》),从历史学角度总结中国历代救荒思想与政策的邓拓(《中国救荒史》),从优生学的角度解析灾害对民族素质之影响的潘光旦(《民族特性与民族卫生》),以及运用马尔萨斯人口学理论对1928年西北大饥荒进行人口学调查的蒋杰(《关中农村人口问题》),此外还有以资料整理见长的陈高庸(《中国历代天灾人祸表》)等。新中国成立以后,人文社会科学在这一领域的研究相对比较沉寂,而全国各地来自地震、水利等政府部门和研究机构的自然科学工作者,为服务于当时国家的经济建设和防灾减灾工作,几乎举国动员起来,对历史时期的自然灾害史料进行大规模的整理,并在此基础上探讨中国自然灾害的演变规律和空间分布特征,进而对未来灾害的可能趋势进行中长期预测,取得了极为丰富的成果。其集大成之作,即是《中国近五百年旱涝分布图集》以及顾功叙主编的《中国地震目录》。这些于改革开放前后大体完成的学术工程,至今仍是国内外学界进行灾害分析和宏观预测最坚实的数据基础。

相形之下,同一时期的人文社会科学学者,在这一领域,除了零星发表的学术论文之外,至多只是作为前者的助手,协同整理灾害或气候史料。改革开放后,中国人民大学李文海教授在历史学领域大力倡导灾荒史研究,牵头成立了近代中国灾荒研究团队,先后出版《近代中国灾荒纪年》《灾荒与饥馑》以及《近代中国灾荒纪年续编》等著作,并在《历史研究》上发表《清末灾荒与辛亥革命》这一经典性的论文,终于重开此一久已荒废的学术园地,为中国灾荒史研究打开了新的局面。但必须强调的是,该团队对灾害文献的整理以及对某些重大灾害的揭示,曾经利用了不少来自文史资料的记载。这表明在此之前,全国各地的文史资料已经对此一问题多所关注。如 1960 年代初期出版的《广东文史资料》,即先后刊发陈卓凡《抗战后期潮汕的天灾人祸》(第 8 辑)和吴华胥《1943 年潮汕旱灾见闻》(第 11 辑)两文。稍晚还有陈振梅等《一九四三年揭阳县米荒记述》(《揭阳文史》第 2 辑,1985 年),罗炳筹等《一九四三年(癸未年)陆丰大饥荒惨状史实》(《陆丰文史》第 1 辑,1986年),以及吴柏治的《读"旅韶同乡会"致县长的信——综述民国三十二年之大饥荒》[恩平文史]第 15 辑,1987 年)等。据陈卓凡一文披露,此次广东灾荒,全省约饿死 300 万人,其中潮汕地区竟多达 50 万以上。其人口死亡规模并不下于同时发生的中原大饥荒,然而迄至目前,学界对此次灾荒的研究却远不及后者。

记得从 1992 年下半年开始,李文海先生主持编写《中国近代十大灾荒》,此书于 1994 年由上海人民出版社出版。我奉命撰写其中部分内容的初稿,如光绪初年的"丁戊奇荒"、1920 年华北大饥荒、1938 年黄河花园口决口以及 1943 年中原大饥荒等。其时尽管已经有了《近代中国灾荒纪年》及其《续编》作为资料基础,可是就每一次特定的灾害来说,要想更加全面地了解灾情,探讨灾害对社会的影响以及社会各阶层的救灾状况,仍有捉襟见肘之感。偶然在书摊上找到一本北岳文艺出版社 1993 年版《天遣洪荒:凶年灾祸卷》,其中赫然列有抗战时期河南《前锋报》记者李蕤的灾情通讯集《无尽长的死亡线》,深为其中的内容所震撼,而它的出处正是《河南文史资料》(1985 年第 13 辑)。据篇首编者按,该通讯集最初以"本报灾区通讯"的名目连载,署名"流萤"。其后于 1943 年 5 月辑成单行本,题名《豫灾剪影》。此次除全文收录之外,还加上该书出版后作者在《前锋报》另外发表的《粮仓里的骨山》,其副标题为"汝南的实情和大贪污案"。此文对那些"在人民的沉重负担外更剔尽他们的骨缝,把千万人的脂膏都吞进他一二人的肚子"的贪官污吏,进行了有力的鞭挞。可以毫不夸张地说,这些由当时被视为"共产党嫌疑分子"的知识青年,冒着极大的政治风险,留给后人的灾情报道,是我迄今所见最为震撼人心的灾荒史文献。其中许多惨绝人寰的细节,一睹之后,终生难忘。

正是受这份文献的启发,我跑到北京图书馆(现国家图书馆)报刊部按图索骥,结果却发现不少当时在河南发行的其他地方报刊,如《河南民国日报》《河南政治月刊》《银行通讯》等,其中对1942—1943年河南灾情的报道,虽然逊于《前锋报》,但是相比《大公报》等全国性的媒体,还是显得更及时,更详细。很显然,如果没有《河南文史资料》的转录之功,这样的信息恐怕还要尘封更长的时间。事实上,如此珍贵的《前锋报》,今日除了李蕤的后人宋致新藏有较完整的版本之外,其他地方已难觅踪影。

应该指出的是,此次灾荒,就其类型而言,并非纯由旱灾所致,还有随之伴生的特大蝗灾,不少文史资料称之为"过蚂炸"。就其涉及的地域而论,也不限于河南的国统区,而是包括敌占区、游击区甚至抗日边区在内;更不限于河南,而是包括河北、山东、山西、陕西及苏皖北部地区。连临近的湖北省部分地区,也因灾区粮食严重匮乏、粮价飞涨,而遭受饥荒的威胁。所有这些,在相应地区的文史资料中或多或少都有反映。其中山西《高平文史资料》第1辑(1986年印行)刊发的《民国二十三年灾荒侧记》,以作者李玉振个人的亲身经历和他在解放后利用职业之便在家乡各处追访的结果,为我们勾勒了一幅幅因日寇蹂躏与蝗旱肆虐而造成的高平人民饥馑流离的惨痛图景,其中提及的人吃人事件,如"子食母心""煮吃小孩""火烧人肉""父母食婴"等,令人不寒而栗。

很显然,1942—1943年的大饥荒,其实际情形远比冯小刚电影所揭示的要严重得多。如果与前面提及的广东大旱荒联系起来,从中就可以看到,在这样一个特定的年份,也就是在中国抗日战争最艰苦的时期,千百万中国人民所承受的究竟是如何巨大的灾难。这是由文史资料早就披露的事实,然而遗憾的是,我们对这一事件理应进行的更系统、更全面、更深入的学术研究,实际上还没有真正起步。

检索《全国各级政协文史资料篇目索引》(中国文史出版社1992年版),我们发现,近代史上其他一系列重大饥荒事件,也能从文史资料中找到相当丰富的记录。以旱灾论,则主要有1876—1879年光绪初年华北大饥荒(即"丁戊奇荒"),1900年庚子大旱,1920年华北大祲,1925年西南大饥荒(波及四川、贵州、云南、湖南等省,或称"丙寅大荒"),1934年长江中下游大旱,以及1936—1937年四川大饥荒(因这两年的干支纪年分别为丙子、丁丑,故当地又称为"丙子年大荒"或"丙子干丁丑")等。其中1925年和1936年两次饥荒,今日的研究依然薄弱,很多读者甚至闻所未闻。我在1994—1997年研究民国时期的自然灾害时,曾根据《申报》的相关报道,推断1925年四川等省死于旱疫的人口约在115万左右,但是对1936—1937年四川大旱的死亡人数,因为没有掌握充分的资料不曾妄言,尽管也有人估算约有100万人沦为饿殍。从最近搜集到的四川地方文史资料中有关此次大灾的描述看来,后一种说法并非没有根据。据刘沛鸿《富顺县"丙子干丁丑"惨况纪略》一文估算,1937 年该县因特大干旱和洪灾造成的死亡在 8 万人左右,人口绝对值较上年减少 45678 人(《富顺文史资料选辑》第 20 辑,1988 年,第 58—61 页)。石懋修《丙子年饥荒纪实》,依据当地老人的回忆,估算原南江县、今旺苍地区有 8000 多人饥饿而死,各村死亡占总人口的比例,最低的为 14.83%,最高的达 63.9%。其中有一长段关于饿极的村民灭绝人伦的人吃人记述,令人不忍卒读(《旺苍文史资料》第 6 辑,1988 年)。苍溪县一位小学教师发现此类惨剧后报告乡公所,反被骂"多管闲事",于是返校于粉壁上题诗一首:"民廿五年,凶荒凄惨。野无青草,民生何安!政府不管,听其自然。告知地方,反说讨厌。早死吃死,终人深渊。题壁于此,后人知焉。"(《凶荒、饥馑、流亡惨史见闻四则》,载《苍溪文史资料选辑》第 1 辑,1988 年。)正是凭借文史资料的搜录之功,我们在七八十年后的今天,还可以听到一位名叫彭子容的小学教师于大灾之年发出的愤懑之声。

旱灾之外,水灾的内容,在各地文史资料有关灾害的记述中也占有很大的比重;他如瘟疫、地震、雹灾、火灾、台风、山崩、泥石流等形形色色的灾害,也都有或多或少的记录,而且往往为其他文献所不载,是研究地方灾害史很有价值的补充资料。限于篇幅,此处不再一一说明,而是将焦点转向抗战期间一次为患九年、影响深远的黄泛灾害,即 1938 年黄河花园口决口。

众所周知,这是一次典型的人为灾害,但它毕竟是以自然力量的成灾形式出现的,即所谓"以水代兵",而且此后对黄泛区的自然环境和灾害形势造成持久的影响,理应作为灾荒史研究的重要课题。我们在涉猎这一事件时,由于中国第二历史档案馆对于资料的查询有极其严苛的限制,又远离北京,难以发掘大量的档案,故而所能依据的主要文献,除了国民政府行政院善后救济总署委托韩启桐、南钟万等撰写的《黄泛区的损害与善后救济》等调查报告,《大公报》《申报》《解放日报》《新华日报》以及几份河南地方报刊之外,对于决口内幕情形的揭示,主要就是《江苏文史资料》第2辑刊发的黄铎五《抗日战争中黄河决口亲历记》和《河南文史资料》第2辑上的徐福龄《蒋介石在黄河上犯下的滔天罪行》这两篇回忆文章。最近一段时间委托我的研究生查阅相关资料,结果发现,早在1986年,《郑州文史资料》第2辑即辟有《黄河花园口掘堵专辑》,厚达240页,可谓喜出望外,亦觉"相见恨晚"。这本由黄河水利委员会黄河志编委会总编辑室王法星等人辑录的史料汇编,不仅包括"决口的内幕资料和当时有关言论",还对1946至1947年的堵口情况以及国共双方和联合国善后救济总署等多方力量围绕堵口而进行的政治和军事斗争资料,进行了广泛的搜集,其中"有报刊上公开的报道和述评;有当事人的日记和回忆录;同时,还收录了档案中关于黄河谈判的记录等重要文献",共100多件,且按原样编印。从中可以看出蒋介石和国民政府再一次"以水代兵"的图谋,只是这一次,其水淹的对象不是看起来势不可挡的日寇,而是生活在黄河故道多达五六十万的解放区民众。其时若能有此专辑,我们对此一事件的评述将更有说服力,亦更加客观。

天灾也好,人祸也罢,人类在灾害面前并非总是束手无策,往往也会动用可以利用的物质和人力资源予以应对,并形成相应的救荒机制。近代以来,中国救荒机制的一个重大变革,就是始于晚清的新型民间救灾力量的兴起,时人称之为"义赈"。至 1920 年代,这类义赈队伍大部分又汇聚到"中国华洋义赈救灾总会"的大纛之下,相互合作,协调行动,一度成为活跃于中国境内的最大规模的民间救灾组织,蜚声海内外。近年来,经过相关学者的艰苦努力,这一新兴救荒活动的真貌,已经越来越清晰地显现于世人面前。人们甚至以此作为参照系,对当前中国社会力量参与救灾的各种行动进行更加深刻的反思。但是新中国成立后将此一行为首先揭橥于世的,并非后来的历史学家,而是曾经经历其事的当事人。我们在撰写《中国近代十大灾荒》的第六篇《北疆浩劫》的过程中,曾参考过该团体创始人之一章元善的回忆录《华洋义赈会的合作事业》。此文写于 1979 年 1 月,刊于 1982 年的《文史资料选辑》第 80 辑,应是新中国成立后第一篇全面回顾和系统总结华洋义赈会合作事业史的文章。与 1990 年代末以来学界有关该组织的研究不同的是,此文并未将叙述的重点放在筹款赈灾这一应急性的救荒事业之上,而是聚焦于该组织的另一重要活动领域,即以中国乡村合作事业为中心的防灾建设。当时叫做"建设救灾"。这突出显示了当时中国的知识分子对于灾害防御的前瞻性认识。文中对培育"农人互助自立体制"的强调,对政府、商界和民间救灾组织在合作事业建设中多元复杂的博弈过程所作的揭示,其史料价值自不必多言,即便对于当今的减灾事业,也有非常重要的现实借鉴意义。

不过,最早涉及旧中国民间救灾组织的,大约还要追溯到前文提及的《广东文史资料》第 8 辑。该辑登有陆羽所撰《广州的方便医院》。顾名思义,此文似与救灾无关,但是作为新中国成立后广州市第一人民医院的前身,这所医院其实乃是清末民国闻名华南的当地最大慈善团体,其最初也是后来最重要的职责就是从事防疫治病等公共医疗卫生事业。该院系光绪二十五年(1899)穗城疫病流行之际南北行(中药业)、金丝行(丝绸业)、三江行(土货业)等当地商贾募捐筹办,原名"城西高岗方便所",后因得到旅港商人的大力捐助,于1901年改名为"方便医院",国内外的捐款,尤其是海外华侨的捐助随之纷至沓来,规模渐巨,业务渐广,由最初的收敛死者、医治危重病人,发展为留医、施药、急赈、救灾、施棺、施茶、施粥、招待病侨、代收华侨骸骨等,甚至遇到重大灾害,如风灾、火灾、水灾、兵灾以及轮渡沉没等,也都组织救护队、掩埋队至现场进行抢救和善后工作。连越南、老挝、柬埔寨等地发生疫症,同样派医协助救治。1911年"三二九"之役后七十二烈士之葬于黄花岗,即系该院所为。据称该院档案资料已经散失殆尽,故此文对于管窥近代华南民间社会力量之兴衰,殊为珍贵。

民间组织在近代救灾事业中所起的作用,的确值得灾害史家们大书特书,近年来已经涌现出一大批这样的成果。不过,对于此类组织,我们当然不能像过去那样把它看成是资产阶级或统治精英送给民众的"鸦片"或"麻醉剂",但似乎也不能完全无视其自身的复杂性。鉴于这类救灾活动和慈善组织大都和商人、企业家联系在一起,所以,当我们开始研究晚清义赈,尤其是盛宣怀的"盛氏义庄"与其企业活动的关系时,总怀疑此类活动有可能是其进行资本原始积累的重要来源,这里并非指的是这些义士借助救灾行为积累的社会资本,而是实实在在的货币资本的转换,但苦于找不到线索和证据。近日查阅上文提及的《广州的方便医院》一文,其中提到的慈善基金管理中存在的一种"'非贪污'的舞弊"现象,颇值得留意。比如"直接管理海外汇款的人,在接到汇单以后,由于外汇市价天天不同,以高价卖出,以低价入账,这也是尽人皆知的事,但却是任何查账员也查不出来的";此外,"利用外汇进口货物,进行套汇牟利,指定商号购买药材,指定商店购买日程什货,利用汇款贱价苴存物资,过后高价卖给医院等等,都是人所共知的秘密";更不用说,"利用方便医院的名义,在香港运进广州的捐献物品或其他物品中,夹运手表等贵重商品,每年所获利益,比方便医院捐款还要多"。如此等等,不一而足。

除了搜录民间文献,刊载当事者的回忆录之外,各地文史资料中尚有大量出于地方文史工作者之手的研究性论著。这些论著,或者是针对某次特定灾害事件、灾害类型,或某一地区总体灾害状况,就其成因、灾情以及社会反应和救灾过程,进行较为系统的综述和分析,或者利用各种文献、实物,如方志、档案、碑刻、父老传说、亲身经历、实地访谈等,以及在前文提及的各类已经整理出来的气候、灾害史料汇编中摘出有关当地的记载,然后按时间顺序进行编排,或列表,或枚举,以反映几十年、数百年乃至上千年的时间内各所在地历史时期自然灾害的总体状况和演变大势,属于史料汇编和资料整理类型。前者以熊辛喜《古大同灾荒小史》(《大同文史资料》第 15 辑,1988 年)最为典型;后者就规模而言,当属 1984 年《甘肃文史资料选辑》第 20 辑推出的甘肃灾害专辑为最,其中收录赵世英整理的《甘肃历代自然灾害简志》和《甘肃地震纪略》,所收资料涵盖的时间分别为公元前 193 年(汉惠帝二年)至 1949 年、公元前 780 年至 1982 年,另有《甘肃历代自然灾害简述》和《甘肃地震概述》,对其时空分布规律进行初步的探讨。其实,像《甘肃地震纪略》这样将研究时限下延至新中国成立后乃至当下的情况,无论是在研究性著述还是资料汇编中,都很常见,还有不少专门针对当代中国各地重大水、旱、地震、瘟疫等灾害所写的调查报告,有助于促进将当代中国的灾害问题纳入研究的范围。

另一方面,这些研究,之所以将某一地区自古迄今的灾害现象置于一处进行讨论,而不是像一般历史教科书那样,以重大政治事件割断其中的联系,其目的在于以此为基础探索灾害的周期性变动规律,进而对未来的灾害进行趋势性的预测。给我印象最深的,是由郭瑞升先生搜集整理的一则短文,名为《中国每隔二十至二十三年间发生一次特大洪水的史记》,刊于 1990 年浙江《兰溪文史资料》第 8 辑第 110 页。该文篇幅不大,总共也就三四百字,但却利用时任国民政府中央研究院气象研究所所长竺可桢先生于 1931 年水灾之后发表的研究成果(其中涉太阳活动与长江流域特大洪水的相互关系),结合 1887 年以来这一区域历次发生的特大洪水事件,包括 1954 年长江流域大水,1975 年河南驻马店大洪水,进而推测"下一次考验,将在 1998 年左右"。这与 1992 年地震出版社出版、马宗晋等主编的《中国减灾重大问题研究》一书中对这一时段灾害形势的总体判断相当一致。不过,由于对历史时期洪水灾害大小轻重采用的衡量标准不尽一致,入选的有效洪灾事件也会不一样,据此按 22 年太阳活动周期所进行的预测,结果也会有所不同。如 1984 年 5 月中国科学院院士翁文波撰写的《预测论基础》(中国石油工业出版社出版),从华东、华中地区 1920 年代以来发生的四次特大洪水中,选择其中的 6 次——即 1827、1849、1887、

1909、1931 和 1969——进行推算,认为"1991 年华中地区可能水涝"(该书第 125 页)。但这样的不一致,并不意味着此类预测纯属臆断,毕竟它们都是在实际灾难发生之前做出来的,因而也就提醒我们各种看似偶发的灾害事件之间客观上有可能存在的有机联系,也提醒我们过去对于自然灾害的研究还不够扎实,还需要付出更大的努力。但无论如何,文史资料在这一方面也做出了自己的独特贡献。

接下来需要讨论的,应是文史资料之资料的问题了。这里一方面涉及的是相关灾害记述的文献来源或种类,另一方面则是隐藏在此种资料背后的主观意向或灾害认识的问题。

文史资料之有别于其他文献,其最大的特点,不仅在于包括的内容十分广泛,大凡各地近现代的政治、军事、经济、文化、科教、卫生、民族宗教、名胜、文物、风俗人情、帮会组织、社团活动等社会生活的各个方面,无不被及,从而散发出类似于改革开放后逐渐兴盛的社会史流派的诸多特色,更在于其在史料征集过程中坚持的"亲历、亲见、亲闻"这三大原则,着重民间文献和基层社会集体记忆资源的挖掘、利用,因而与今日风行于全国史界的历史人类学风格十分地相像,甚而可以说它就是一种特定类型的历史人类学。如此特色,在其对于灾害的记述中同样十分明显,从前面的介绍中,大约也能够感受到其史料来源的地方性、民间性和多样性、丰富性。其中,既有发生于灾害及救济过程中的报灾呈文、纪灾诗、灾情图、征信录、日记以及新闻通讯、时评等,也有灾后用以警醒世人的"荒年歌""米粮文"、花鼓词、歌谣、戏文、尤其是碑刻,有时连家谱序言或县志眉批中有关灾害的记录也被搜剔而出,更有大量灾害亲历者或幸存者的事后回忆以及各地有心人对亲历者的访谈(也叫口述)。与官书、正史、志书等对于灾害的自上而下式的简略记载相比,这些来自基层、源于民间的文献,给我们所描绘的,是更加丰富、更加细致,也更为震撼人心的灾难场景。

此类文献,例如碑刻,今日的学者搜寻起来,颇显艰难,可实际上其数量之夥,有时远远超乎想象之外。如河南《林县文史资料》1986 年第 2 辑选辑的《林县灾情实录》,即收录了清代民国时期有关旱灾、煌灾、地震、水灾的碑刻 12 通,最早的是清康熙二十九年(1690)的"剥榆歌",最晚是 1913 年任村尖状龙王庙水灾碑文,但是数量最多的还是光绪初年的灾荒碑。这在河南、山西、陕西等省其他文史资料中也多有发现,足见其灾情之重、之广。就回忆和访谈而言,有时其主要内容并非口述者亲身经历,而是从祖辈和长者那里听闻得来的,由于这些口述者本身大都已经超过花甲之年,多有耄耋之人,其追忆的内容往往又是少年之事,他们所听闻的祖辈曾经亲历的大灾大难,其发生的时间就更为久远了。借助于这样一种绵延不绝的灾难记忆之链,我们就可以从 1929 年的"十八年年馑",追到 1900 年的"庚子大旱",乃至 1877 年的"丁戊奇荒"(参见李景民《听老人们讲述的光绪三年年馑》,《铜川郊区文史》第 5 辑,1988 年),于是,从曾经生活在一起的几辈长者的口中,我们就可以勾勒出一部某一地区近百年的灾荒历史来。

事实上,当下对于过去灾害史料的搜集、整理和研究,又何尝不是一种灾难记忆的重建。即便是灾时形成的相关文献,亦可看做是对于灾难的即时记忆,如果这样的理解大致不误的话,我们就可以把灾时的新闻、档案,灾后的碑刻、歌谣,以及很久很久以后的回忆和学术研究,都纳入灾难记忆的谱系之中,它们大体上反映了人类随着时光的流逝而对于某次特定灾害的记录和记忆的过程。

值得注意的是,在这样一种灾难记忆谱系或灾难话语中,我们不仅要看到其中的连续性,看到其超越政治事件的内在脉络,还不应忽视其中发生的断裂,不应忽视政治事件对这种灾难记忆的重构和再造。通观新中国成立以前的荒年歌、灾荒碑文等,它们的基调都是在劝诫后人勤俭节约,防灾备荒,所谓"述是患而预防",警告后世"处丰而有馀—馀三之道,处歉而有因荒备荒之者"(王顺元《荒年实录碑》,见《辉县文史资料》第1辑,1990年),或者"再遇此凶年,绝宜早逃荒,若不舍故土,命不得长久"(见前引《林县灾情实录》),因而这样的记忆,完全可以看作是传统中国减灾救荒过程的有机组成部分。

新中国成立以后对于灾荒的回忆和访谈,当然也有这样的目的,但是它的另一个更加鲜明、更加突出的主题,则总是与今日的美好现状进行对比,借以论证和突显"新旧社会两重天"。就新中国成立以来的总体事实来说,这一论证并无大的问题。但是将这些文献汇总一处,又难免给人一种模式化的刻板印象,而且也会影响到人们对于过去的回忆内容。也就是说,大凡涉及旧中国发生的灾害及其救灾活动,包括政府救灾或慈善事业,更经常的是给予负面的评价,而对于解放后的灾害,则往往偏重于自然要素的异常变动,如水情、旱情等,对于相应的救济活动,更是称颂备至,少有批评和反省。尤其是涉及当下中国饥荒史领域似乎最为敏感的所谓"三年自然灾害",许多文献,要么对其影响三缄其口,要么含糊其辞,或者以"这是许多人都亲身经历过"这类的借口一笔带过,给人一种"讳莫如深"的感觉。以至于从事这样的研究或相关成果，大都只能在海外进行或出版，而此次灾害造成的人口死亡总数，也在层出不穷的研究中众说纷纭。有学者因此把这一过程称之为"猜大数"运动。究其实，这与建国以后占主导地位的灾害话语模式所蕴含的内在逻辑并无二致，因为这种灾害话语，原意是要说明"新社会甜，旧社会苦"，但久而久之，就变成了新社会已经不可能、也容不得任何之"苦"，一旦有"苦"，新社会就会遭到质疑。殊不知社会制度的优越性，并不在于这个社会有没有灾害，甚或重大灾害，而在于如何更加及时、更加有效地应对这类灾害，并从中汲取教训，防患于未然。

文史资料：一扇透视灾害历史的记忆之窗[1]

    1959 年,这是一个直到今天仍为无数中国人谈之色变的年代, 一个紧接着"反右派"之后"大跃进""浮夸风"席卷神州的非常年代,但也就是在这样一种特定的历史时刻,在与意识形态关联最为密切的中国近代历史研究领域,却发生了一件让后世之人可能意想不到的事情。

    这一年政协第三届全国委员会第一次全体会议闭幕之后,时任政协主席的周恩来在招待六十岁以上委员的一次茶话会上,"号召大家将六七十年来看到的和亲身经历的社会各方面的变化,几十年来所积累下来的知识、经验和见闻掌故,自己写下来或者口述让别人记下来,传给我们的后代"。政协全国委员会常务委员会随即设立文史资料研究委员会,负责计划、组织和推动各地文史资料的征集和撰写工作,并编印《文史资料选辑》,以便更好地保存和积

---

[1] 原载中国文史馆编:《文史学刊》第 10 辑,北京:中国文史出版社,2020 年。

累资料,进一步推动资料撰写工作。

据其《发刊词》所做的说明,从清朝末年到一九四九年全国解放,历史的主流的是清楚的,但是其中"许多历史事件的错综复杂的演变过程,许多历史人物的丰富生动的事迹",现有的资料还远远不够完备;因此,"过去在旧社会具有丰富阅历的人们,特别是那些曾经参与过各次历史事件的老年人们,及时地把他们的亲身经历和见闻,把他们所最熟悉的历史事件和历史人物,秉笔直书地写出来","就可以为我们的历史科学工作者提供有利的条件,就可以大大地丰富我们祖国的近代的历史"。

为了保证作者或口述者提供资料的真实性,该发刊词把历史资料和历史区分开来,并对资料征集和编纂的工作方针做出如下的规定:

我们不要求作者对他们所提供的资料内容一定要用马克思列宁主义的观点加以分析和评价。我们所要求于作者的,只是真实和具体的事实,主要在于作者把亲身经历过的和亲自闻见的史实毫无顾虑地、如实地反映出来。……对于同一历史事实而所述有出入的,也可以各存其是,不必强求一致。即使某些资料内容同已有的文献记载或有参差,但只要是真实的,是亲身经历过的和亲身闻见的,也可以从不同角度上反映历史的某些侧面,从而也是具有一定的资料价值的。……我们更欢迎阅者也以他们的亲身经历和见闻同本刊所辑录的资料互相参证,提出补充和订正,俾史料内容更臻于翔实全面。①

据该委员会两年后的工作总结报告透露，这样的方针是根据领导的指示拟定的，并被概括成"三要、四不、三给"，即对史料"要真实，要具体，要大胆直书"，对撰稿人"不扣帽子，撰写史料可以不拘观点，不限体裁，不求完整"，同时"给以稿酬，在撰稿工作上给以必要的帮助，处理稿件时对撰稿人所提要求给以尊重"。该报告认为，只有这样，才符合"实事求是的科学精神"，尤其是"撰稿人敢于揭露历史上的某些真相，我们认为这是对历史负责、有了觉悟的进步的表现，我们保证他们不会为此而担负政治上的责任（即不扣帽子）"。②

很显然，文史资料实际上乃是中国历史研究的某种意识形态"特区"。相应地，其史料征集范围，就不再限定于特定的政治事件，而是无所不包，凡属有关"政治、军事、外交、经济、文化、教育、民族、宗教、华侨以及其他足以反映这五十年内中国社会面貌及其发展变化的各种史料，都需要从事征集，越广泛越好"。每一个方面，"既要注意到历史的光明面，也要注意到历史的阴暗面；既要注意到对立的两个方面之间的矛盾，也要注意到统治阶级内部的矛盾；既要注意到正面人物，也要注意到反面人物，不宜有所偏废"。也就是说，对史料的整理与编撰，已不再局限于"党所领导的人民

---

① 以上参见全国政协《文史资料选辑》第 1 辑，北京：中华书局，1962 年，第 1—2 页。
② 参见《中国人民政治协商会议全国委员会文史资料研究委员会两年工作总结报告》（一九六一年十一月七日文史资料研究委员会第六次会议通过），载《浙江文史资料选辑》第 1 辑，1962 年，第 148 页。

革命斗争",而是扩展到了社会的方方面面。在其发布的征集题目中,既有从"立宪活动"到"台湾人民起义"等一系列重大政治性"历史事件""政治派系和反动组织""各民主党派""军事学校和军阀派系"以及相关历史人物,外交等,也有北洋政府、国民党政府"军阀官僚的企业活动""文化""华侨""清末贵族",甚至青帮、红帮、哥老会、一贯道、红枪会、大刀会等。① 各地方政协均依此而行,而且对政治、军事之外的内容列出更加详细的子目。如广东《文史资料选辑》第一辑《政协广东省委员会征集文史资料参考题目》,将"历史事件"分为政治、经济、文化三个方面,具体细目加在一起共有 107 项,其文化方面所列的事项,颇类似于今日所说的"社会"②;福建省与此类似,所列清单更为细致。

史料的征集范围既囊括一切,自然灾害,无论如何也算是历史的一种阴暗面,无疑亦纳入其中。《甘肃文史资料选辑》在其 1963 年再版的第一辑"编辑凡例"中,规定所选资料的范围,"主要是从清末到解放以前各个时期的政治、经济、军事、文化、民族、宗教、社会等各方面的历史事实",但紧随其后又加了一个括号,注明"也有一部分涉及近百年来有关民族事变和自然灾害等调查研究的资料";同期即刊登了甘肃省人民委员会参事室组织撰写的《甘肃自然灾害情况概述》③。福建省政协文史资料在其所拟的征集内容中,包括财经方面的农业和水土保持等情况,以及"其他"之中的

---

① 参见《中国人民政治协商会议全国委员会文史资料研究委员会征集文史资料参考题目》(1959 年 7 月),载《文史资料选辑》第 1 辑,北京:中华书局,1960 年,第 149—156 页。

② 《政协广东省委员会征集文史资料参考题目(初稿)》,载广东省《文史资料选辑》第 1 辑,1961 年,第 169—175 页。

③ 文见《甘肃文史资料选辑》第 1 辑,1963 年,第 160—172 页。

"社会赈济、育婴等慈善事业"①。故而当 1961 年《泉州文史资料》第一、第二辑先后刊出苏秋涛、王无逸的同名文章《1935 年泉州大水灾》，以及王洪涛《泉州的疫病》，也就不足为怪了。《浙江文史资料选辑》第一辑并没有明确地把自然灾害纳入征集范围，但其最后一篇则是该省政协文史资料研究会集体整理的《浙江解放前五十年自然灾害情况概述》②。据目前所见，1978 年之前，准确地说，是从 1961 到 1965 年，各级文史资料中刊载的自然灾害及其救济方面的文章，有 18 篇左右，在所有已发表文献中所占比例并不大，但从文章的内容和质量来看，总体而言，应是初步确立了改革开放后文史资料灾害叙事的基本框架。

从灾害种类来说，既有关于地震、水灾、旱灾、瘟疫等单次重大灾害的回忆，如光绪三十二年(1906)苏北大水，1924—1925 年贵州大旱，1927 年甘肃武威大地震，1935 年泉州大水，以及 1943 年广东大旱，也有专就某一省、区某一灾种如疫病③或自然灾害的总体状况所做的"情况概述"。所涉灾害，前述四种之外，还包括风、虫、雹、霜、冻、砂(沙漠化)等。或许是因为史料征集最初给出的时段带来的限制，这些灾害主要集中于 20 世纪上半叶，即从 1901 年到 1949 年，但也有个别的文章将笔端触及魏晋时期。

就史料来源而论，与所有其他方面的内容一样，主要得自所谓

---

① 参见《中国人民政治协商会议福建省委员会征集文史资料参考题目(草稿)》，载《福建文史资料选辑》第 1 辑，1961 年，第 183—190 页。
② 文见《浙江文史资料选辑》第 1 辑，1962 年，第 157—170 页。
③ 王洪涛：《解放前泉州的疫病》，原载《泉州文史资料》第二辑，1961 年 6 月油印，现载《泉州文史资料》第 13 辑，1982 年。

的"三亲",即"亲历、亲闻和亲见",与此同时,还借助于档案、方志,以及当时的官书、新闻、调查和研究报告等。其口述类史料,有的系作者亲笔撰写,有的系亲历者口述,编者代录,也有的举办座谈会,由众多亲历者围绕某一特定灾害进行集体回忆,形式可谓多样。它们与文献资料,互为补充与印证。前引浙江灾情概述所用资料,主要是该省文史馆七八位馆员从地方志和旧的报刊杂志中采辑的,但也有一部分得自几位委员和五六位老先生提供的回忆录。政协广州市委员会文委会办公室编写的《一九四三年广东旱灾史料》,也是基于"访问、座谈、查文献资料等方式";提供资料的人,"有当时在国民党广东省军政机关工作过和担任过比较高级职务的,也有当时的工人、小贩、教师和不同职业的人",他们"从不同的角度提出了历史的见证,是真实具体可靠的史料"①。对于同一次灾害,有时由不同的当事人分别撰文进行回忆,以便对相关记录进行比照,以校核真伪;有时则刊发商榷类文章,对先前撰稿人所叙内容提出质疑,如《甘肃文史资料选辑》1963 年第二辑,即同时发布贺凤梧《一九二七年的凉州大地震》和党寿山《对贺凤梧所写〈一九二七年的凉州大地震〉一文的订正》,这在一定程度上可弥补单一记叙者记忆上的缺陷或知识上的不足。

前引文史资料征集工作的"四不"方针中,有"不拘观点,不拘体裁,不求完整"等三条,其意在于"使各方面人士能够排除顾虑,大胆地据事直书",但在体裁上,更多强调的还是回忆录,当然也没有排除其他类型的稿件。《两年工作总结报告》将这些其他类型分

---

① 文见《广州文史资料》第 8 辑,1963 年,第 2 页。

成四种情况,据之可以概括为四大类,即调查研究、史实考证、原始资料(如函电、会议记录、日记、笔记、手稿以及一些罕见的书刊、图片等)和外文译稿。① 这一时期的灾害记述,尚未尽皆包括这些类型,主要还是描述性的回忆录,但却有另一种体裁,即在对相关灾情史料进行归纳、分析,进而探析灾害的规律、灾害的影响、灾害的成因以及救灾机制的成效,实际上已经是一种学术性的研究。前面提及的浙江、甘肃灾情概述以及四川疫情等三篇文章,理所当然归属此类。它们的一个共同特点,就是把灾害形成的自然与社会两种因素区分开来,尤其强调后一因素对灾情扩大、蔓延或加重的决定性作用。以浙江论,作者一面认为自然灾害的发生,与该省的气候及地理条件有密切的关系,一面又特别指出,1900 至 1948 这50 年来该省自然灾害的增多和加剧,"在很大程度上是由于腐朽的社会制度直接或间接所造成,其中山林的破坏和水利的失修,尤为明显",甚而"腐朽的社会制度,是促使自然灾害愈趋愈剧以及社会生产力遭到严重破坏的根本原因"②。对甘肃的讨论亦复如此,即认为在生产关系方面,"反动统治者对农民的残酷剥削,致生产力遭到破坏,极为严重,更加重了自然灾害的严重与发展",其表现主要是变本加厉的军粮供应、田赋负担以及苛捐杂税等③。四川的疫情,尤其是该省广泛流行的钩虫病,一般认为,是与"人民经济生活及地理、气候、耕作制度等因素""密切相关",作者则在文末特加按语,认为"若要彻底根除钩虫病,旧的土地私有制不废除,农村集体

① 《浙江文史资料选辑》第 1 辑,第 150—151 页。
② 《浙江文史资料选辑》第 1 辑,第 166—169 页。
③ 《甘肃文史资料选辑》第 1 辑,第 167—172 页。

经济制不建立,将是不可能的"①。这样一种偏于生产关系的灾害成因分析模式,颇接近于邓拓的《中国救荒史》。区别在于,邓拓的书中,"灾""荒"两词,混而不分,而这几篇文章,行文中更多使用的则是"自然灾害"一词。

这几篇稿件,还附带着另一种在改革开放后的文史资料编纂中大为流行的灾害叙述形式,即灾害年表。四川省志卫生志编辑组曾从该省一部分县志中整理出四川疫情年表,始自公元 280 年的晋,迄于 1920 年,共计 72 年次,作为《解放前的四川疫情》的附录。政协浙江省委员会文史资料委员会在对该省水、旱、风、虫、冰雹、霜冻等各类灾害的时空分布与相互之间的关联性进行分析之前,也曾制作两万余字的附表,可惜发表时被删掉了。需要明确的是,此种灾害叙述形式并非文史资料所首创。我们知道,民国时期即出现大部头的《中国历代天灾人祸表》,新中国成立初期为服务于国民经济区域规划,中国科学院第三所,也就是现在的中国社科院近代史所,在周恩来总理的指示下,配合国家地震局,早已启动了中国地震灾害历史年表的编纂工作,徐近之先生更以一己之力对各省区历史气候资料进行系统的整理。这是新中国成立以后中国灾害研究,也可以说是中国灾害记忆最重要的路径之一,而且直至"文革"结束也没有被中断,并取得了令人瞩目的成就。从一定意义上来说,这也是当时中国自然科学研究中的学术特区。当然,具体从事此项工作的,并不一定是自然科学工作者。广东省文史馆早在 1955 年即从该省各府州县的方志、私人笔记或记录以及报

---

① 《四川文史资料选辑》第 16 辑,第 200—201 页。

刊中搜集灾害史料，编成一本《广东气象地震史的研究初稿》，后来予以调整和扩充，于1961年改名《广东省自然灾害史料》，作为内部刊物出版发行。湖南文史研究馆也有类似著作问世，如《湖南自然灾害年表》。文史资料的相关工作，很可能是受到这一工作的影响。不过，与这样一种服务于国家经济建设的，纯自然科学式的研究有所不同，文史资料的同类工作，更主要的是服务于当时的政治生活，尽管在文革发生后，两者的遭遇大为不同，但从广泛的意义上来说，都是那一时期中国防灾减灾事业的重要组成部分。

作为特定历史时期的一种"学术特区"，其无论如何也会受到具体情势的影响或制约。我们当然不应质疑《两年工作总结报告》对文史资料工作所做的评价，即"这是一项具有重要意义的创举"，它"广泛发动各方面人士把他们的亲身经历记录下来，特别是过去统治阶级方面的种种内幕真相由当时的有关当事人亲自提供出来"，是"前人修史所未曾作过并且不可能作到的事情"；但也正因为这些作者的特殊性，它实际上也是中共"统一战线工作的一个新的内容"，而且"使全国广大地区的阅历丰富的老年人士有了恰当的工作安排，使他们的积极因素调动起来为社会主义事业服务"，另一方面，"这些老一辈的人们把他们丰富的生活经历记录下来，对于没有体验过旧社会的种种苦难和艰辛的青年一代来说，也是具有深刻的教育作用的"，故此也是"社会主义文化建设事业的一个组成部分"。①

这样一种新旧对比的目的，在灾害类记述中也有非常鲜明的

---

① 《浙江文史资料选辑》第1辑，第147页，第156页；全国政协《文史资料选辑》第1辑，第2页。

表现;事实上,此类记述,其史料有时直接来源于现实生活中正在开展的灾情教育运动,亦即一种特殊形式的"忆苦思甜",其本身也是这种对比式灾情教育不可分割的一部分。完成于 1961 年 9 月 30 日的《浙江灾情概述》一文,最后特别提到解放以来,"特别是一九五八年以来大跃进和广大农村人民公社化以后",该省"自然灾害已大为减轻,农村面貌,焕然一新",深感通过综合和撰写解放前五十年的自然灾害资料,已经从"想想过去,看看现在,望望将来"的回忆对比中,"受到了深刻的教育",因而坚信"只要全省人民紧紧团结在党的周围,坚持三面红旗继续前进,在改造大自然的斗争中,一定会取得更伟大的胜利"①。《解放前四川疫情》谈及钩虫病危害,也以一句"只有社会主义社会,才能逐步解决这一问题"作为全文的总结。②《一九四三年广东旱灾史料》,也是政协广州市委员会文委会办公室,在 1963 年全省大旱期间,为了配合全市各界各阶层人民于五月间开展的"新旧对比(旱情)学习运动"而征集的,且"编印分发有关方面作为学习的参考资料"。该文在"前记"中写道:

材料本身形成鲜明的对照,使人们通过学习,深刻体会到一九四三年的旱灾,是旧社会、旧制度造成的灾,主要的因素是人祸而不是天灾,人祸促成了和加重了天灾;而一九六三年大旱年的奇迹,则是由于中国共产党的领导,由于社会主义制度的优越,是党

① 《浙江文史资料选辑》第 1 辑,第 170 页。
② 《四川文史资料选辑》第 16 辑,第 201 页。

的总路线、大跃进和人民公社三面红旗的光辉胜利,是人战胜了天。①

同样,福建泉州1962—1963年也发生了百年罕见的连续250多天的干旱,泉州市政协文史资料研究委员会专门召开"泉州旱灾座谈会",并对泉州市城东、东海公社,晋江县陈埭公社等部分大队的老农进行调查、访谈,追溯了1888至1948年该地历次大旱情况,借此表明"在旧社会,广大贫苦农民,由于旱灾而遭受苦难的生活",在今昔对比之中显示"两样人间",以之"作为新旧社会制度对比的一些重要佐证"。②

美国学者艾志端的研究表明,此举并非广州、泉州的创造。至迟在1960年12月,山西省人民委员会已经发起了类似的灾情对比教育,只是用于比较的对象,不是民国,而是晚清光绪初年遍及华北的大饥荒,即"丁戊奇荒"。此时山西省已经连续两年遭遇严重旱灾,许多老年人不由自主地将其与光绪三年(1877)的灾荒年景直接作比,以致引起当地省级领导的担忧。于是下令搜集与编印有关光绪三年灾荒的文献资料,取名为"光绪三年年景录",分送各领导同志参阅;之后各地陆续选送新的资料,便将其中一部分内容

---

① 《广州文史资料》第8辑,第2页。
② 曾连昭整理:《略述泉州近郊解放前六十年间的旱灾》,载《泉州文史资料》,第13辑,1982年,第154—165页。苏秋涛在他1961年《泉州文史资料》第1辑发表的《一九三五年泉州大水灾》一文中,以当年人民的苦痛与新中国成立以来水利建设的辉煌成就为例,认为"新旧社会鲜明对比,真使我们无限热爱新社会和感激共产党"。该刊1961年2月第一辑第23—25页。

增入,于 1961 年 6 月再次刊印①。到 1962 年 3 月,各地发现的相关文献日益增多,又编成《续编》刊印②。其目的之一,就是"使人们看看今天,想想过去,以今昔对比",以免"嫌这怨那不知足","身在福中不知福"③。在山西南部一些地方,甚至在此之前,就把一些材料传遍学校的老师,由老师对相关内容满怀激情地进行演讲,并要求学生复述、记忆。有的学校甚至在夜晚组织活动,邀请年老村民分享"丁戊奇荒"的故事,然后朗诵讽刺文、诗歌和论文,将八十年前的那一场大饥荒与"充满希望"的今日进行对比。④

在搜集资料的过程中,山西地方史志工作者发挥了至关重要的作用。⑤ 1961 年,郑国盛(不知何许人也)将《光绪三年年景录》收录的,在夏县水头公社牛庄村发现的一块名为"丁丑大荒记"的碑文,在《中国青年》第 5、6 期上全文刊布,还专门写了读后感。他指出:

---

① 《光绪三年年景录》,山西省人民委员会办公厅编集,1961 年 7 月印行,第 2 页。封面题"内部资料,仅供领导参考"。另据有关记载,该书系当时担任山西省民政厅副厅长的高云山负责主编。高云山(1913—1966),1935 年毕业于燕京大学,随傅作义部参与抗日,1947 年任包头市长;1950 年与董其武领导著名的绥远"九一九"起义,被任命为绥远省主席办公厅主任、绥远省资料研究室主任;1951 年转业回山西,历任省参事室主任、民政厅副厅长等职务;1963 年参加首都国庆典礼,受毛泽东、刘少奇、周恩来、朱德等国家领导人的接见;1966 年文革爆发,含冤而死,1978 年平反。(参见高鸣山、高明:《忆高云山的一生》,《阳泉市文史资料》第 5 辑,1986 年 7 月,第 112—117 页。另见山西旅游景区志丛书编委会编:《阳泉风景名胜志》,2008 年,第 439 页)。
② 《光绪三年年景录》(续编),山西省民政厅编,1962 年 3 月,第 1 页。
③ 《广西三年年景录》,第 5—6 页。
④ 艾志端:《铁泪图:19 世纪中国对于饥荒的文化反应》,南京:江苏人民出版社,2011 年,第 262—264 页。
⑤ 艾志端前引书,第 262 页。

碑文作者虽然一方面在为封建统治者说话,但另一方面,却也刻画出一幅旧社会灾荒的真实图画,读后真是使人为之心寒。然而,就在碑文上所记述的当年遭灾的晋南的这几个县,去年虽然也遭受了大旱,情况却完全两样。……从古到今,两相对照,我们就更具体地看到国家建设所取得的伟大胜利,体会到今天生活的幸福。我们一定要更高地举起光辉的三面红旗,在党和毛主席的领导下,为夺取新的胜利而斗争。①

是年1月15日,彭真曾致信毛泽东,送上《光绪三年年景录》,认为"这份材料编得还可以",说明在光绪二至四年"这三年灾荒中晋东南有些县死人在三分之二以上";他还指出,除了这份材料,从有些县志的记载和"现在发现的碑文"来看,"河南一部分地区的灾情和死人的严重程度也差不多"。但是从信中的表述来看,他并没有把这"连续三年的大灾荒"归为"人祸",而是称之为"天灾",是当时"无法对付的"。②

---

① 郑国盛:《一篇碑文》,《中国青年》1961年第5、6期,第33页。此文在三年困难时期曾被山西永济县开张中学作为乡土教材。参见王志英:《要"切实保障国家粮食安全"——重读〈丁丑大荒记〉启示》,《先锋队》2014年3月上旬刊,第40—42页。
② 中央档案馆编:《彭真手迹选》,北京:北京出版社,2000年,第227—228页。

山西省人民委员会办公厅
1961年7月

四川、河南、河北等省看起来也有同样的行动。1962 年,四川南川人韦雅吕根据县志记载、父老传说及其本人亲身经历和见闻,梳理了该县 1862—1961 年整整一百年的灾害实录①,但是对于 1959—1961 年的灾情,虽然也提及"人民的生命财产,还是遭到了很大的损失",却又以"这是现实的事,亲见亲历者多",不再"赘述"了。该文开篇还特别指出:

> 在这漫长的岁月里,全县乃至全国范围内的上两代和我们这

---

① 韦雅吕 1962 年遗稿,肖一进 1986 年整理:《南川近百年来自然灾害实录》,载《南川文史资料选辑》,第 3 辑,1986 年,第 54—65 页。

一辈的人们，都曾过着不同程度频繁得难以指数的灾荒年景，所吃的苦头，实在是不小也不少。这段时间纵贯清末、民国和解放初期，包括着性质根本不同的新旧两个社会，虽然同是遭天灾，过荒年，可是人们在遭受苦难的程度上，乃至对待灾荒的态度和感受等方面，是有不可同日而语的区别的。

河南《滑县文史资料》1989 年第 5 辑也刊载了 1963 年 11 月 28 日李骏轻的遗稿，述及 1933 至 1937 年该县连续遭遇水旱地震等灾害，以致"流亡塞途，饿殍遍野"的惨况①。最后补充说明：

> 上述情况，因卷宗已失，仅凭记忆，或见于当时诗歌中者，实不够翔实。感于近年灾害重重，在共产党和毛主席英明领导下，救济有方，无流亡，无饿殍。以视过去之官赈、义赈，有名无实，不免灾民之死亡，益信社会主义之优越性。特述旧社会之灾害情况，以资参考，或做对比。

靠近贾鲁河的尉氏县永兴乡段庄村，是黄泛区受害较严重的地方之一，因日寇肆虐，黄水泛滥，群匪抢劫，兼以 1942 年大旱灾，民不聊生。当时为饥饿所驱吃过人的还有三人活着，三年自然灾害之后变成了活教材。"文革"初期，"为教育后代永远不忘旧中国劳动人民的苦难"，特地举办阶级教育展览馆，展示段庄北大庙人吃人的史实。当时轰动全省，连兄弟省县也远道乘车赶来参观，多

---

① 郑克家整理：《滑县五年灾害的回忆录》，《滑县文史资料》第 5 辑，第 115—122 页。

时一天达两千余人次。①

另据曾在温县县委办公室工作过的张敬斋回忆,早在1950年代,该县即对农民搞了多次"忆苦思甜"教育,主要反映的是1943年该地遭受的"千年来从未有过的特大蝗虫灾害"以及日本侵略者奸淫烧杀、无恶不作的罪行,结果家家户户都举出了很多骇人听闻的事例。②

其实,把灾害图景与政治统治合法性勾连在一起,这样的传统在中国由来已久。在几千年流传下来的传统灾异观范畴内,事实上一直存有两条解释路径,一种是改良式的,是为"改革话语",一种是革命式的,是谓"劫变话语"(明清之际此一话语逐渐分化,从中又衍生出新的改良式的灾害话语,即慈善话语)。清末之际,受现代科学的影响,灾异论固然没有消退,但对政治合法性的论证,依然脱离不了与民生直接关联的灾害问题。以孙中山为首的国民党人,在分析灾害成因时,即把矛头对准腐朽的清王朝。清亡之后,一方面军阀上台,他们对灾荒的解释还是逃脱不了"天定之论",另一方面,国共合作,连年的水旱虫荒,则被认为正是不良的军阀政治的产物,而非"天灾命运",其具体表现就是"森林水利不兴,滥发官票,多铸轻质铜元,兵匪横行,农民不安其业,运输失其调剂"③。此后国民政府当政,国共两党从原先的合作走向对立,除

---

① 王蔚庆:《段庄村人相食之惨剧采访纪要》,载《尉氏文史资料》第5辑,1990年,第69—73页。
② 张敬斋:《温县史无前例的飞蝗灾害》,载《温县文史资料》第1辑,1989年,第64—68页。
③ 《湖北的农民运动》,载《中国农民》第1卷4期,1926年4月1日。转引自赵朝峰著:《中国共产党救治灾荒史研究》,北京:北京师范大学出版社,2012年,第14页。

战场上的烽火硝烟和政治上的纵横捭阖,对灾害图景的不同阐释
也是两者对国家政治合法性进行争夺的一个不容忽视的重要场
域。国民政府每遇大灾,必诿过于天灾,如蒋介石所云,"非人力所
能抗也";中共中央则将矛头直接指向其政治对手。无论是 1929
年中共中央《秋收斗争的策略路线》,还是 1931 年 7 月 30 日《关于
全国灾荒秋收斗争与我们的策略的建议》,以及张闻天等其他共产
党人的文章,都认为全国范围的灾荒并不是"天灾",而是帝国主义
的侵略和国民党反动统治造成的"人祸",并以苏联集体化道路的
成功与国民政府、帝国主义赈灾的欺骗性作为对比,指出,只有推
翻了帝国主义国民党的统治,建立苏维埃政权,这一灾荒的问题才
能得到根本解决。① 尽管苏维埃区域内也非"绝对没有受到灾荒的
影响",但在革命者看来,这都是因为"国民党统治所遗留下来的水
利不修,森林缺乏,陂川稀少,堤岸倾圮,农业技术幼稚等现象,使
我们在收获中遇到许多困难"②。但这样的困难,在很大程度上还
是被中共克服了,故此陆定一在《斗争》杂志上发表《两个政权——
两个收成》,将苏区生产救灾的成功与国民政府统治下的灾荒情景
进行对照,指出"白区大灾荒不是天灾,而是人祸;苏区的丰收不是
由于侥幸,而是由于人为。结果的不同,是由于两个本质不同的政
权的政策和设施的不同"③。被比的对象从中共的榜样苏联改成中
共苏维埃,显示了中共的自信,也得到斯诺的印证,后者称之为"中

---

① 参见赵朝峰前引书,第 14—16 页。
② 《胡海同志论今年我们的收获》,载《红色中华》第 235 期,1934 年 9 月 18 日。转引
  自赵朝峰前引书,第 12 页。
③ 文见《斗争》第 72 期,1934 年 9 月 23 日。转引自赵朝峰前引书,第 32—33 页。

国式的一个奇迹"①。在中国共产党的无神论灾害话语中,先前由神秘之天承载的使命完全变成人类自身之责。

正是出于这样的自信,中共在苏维埃区域总是将灾荒救治与民众动员结合起来。据赵朝峰研究,1931年8月《中央为扩大灾民斗争致各级党部的一封信》中,明确提出宣传工作的重点:其一,必须揭穿国民党帝国主义关于水灾是"天灾"、几十年一循环的解释,强调它"完全是帝国主义国民党统治的结果,水利不修,农村经济破产,连年军阀混战种种原因所造成";其二,必须揭穿和反抗帝国主义和国民党关于工赈急赈、善后、赈灾捐、军警压迫灾民、灾区戒严、逮捕灾民"一切压迫欺骗奴役剥削的行动";其三,把灾区广大灾民斗争的宣传与红军苏维埃的发展联系起来,说明"只有推翻国民党帝国主义的统治,建立全中国的苏维埃政权",才是彻底解决灾荒的办法。② 1934年,中共中央又颁布《发动水旱灾荒斗争的提纲》,要求各级党部"必须把苏区农民收获的改善,与农村救济的发展,苏维埃政府的土地政策及其努力防止灾荒,整兴水利灌溉等事业加以广泛的传播,证明只有苏维埃才能把劳动群众从饥饿,贫困与灾难中解放出来,以此来动员群众拥护苏维埃红军"③。

抗日战争时期,尤其是进入相持阶段,中国共产党除了直面日军的进攻和国民党军队的封锁,还必须应对一系列重大自然灾害

---

① [美]埃德加·斯诺:《西行漫记》(中译本),北京:生活·读书·新知三联书店,1979年,第208页。转引自赵朝峰前引书,第32页。
② 《中共中央文件选集》第7册,北京:中共中央党校出版社,1991年,第335—336页。转引自赵朝峰前引书,第104页。
③ 文见《斗争》第72期,第12页,1934年9月23日。转引自赵朝峰前引书,第104页。

的袭击。人祸、天灾交相煎迫,使抗日边区财政紧张,经济困难,灾荒不断。正如赵朝峰所说,"到底何去何从,这是中国共产党必须面对的严峻问题"。还是毛泽东来得直截了当:"饿死呢?解散呢?还是自己动手呢?饿死是没有一个人赞成的,解散也是没有一个人赞成的,还是自己动手吧——这就是我们的回答。"在毛泽东看来,革命的根本目的就是"解放生产力,发展经济","最根本的问题是生产力向上发展的问题。我们搞了多少政治和军事就是为了这件事"。① 任弼时也认为,"一切只能够破坏而不善于建设的政党,都是不能够获得最后成功而必然要失败的",如果共产党人"只晓得用战争和暴力来推翻旧的制度和统治,而不善于建设新的丰衣足食的幸福快乐的社会,那我们也是不会胜利的,而且也一定要失败的"②。以这样的论述作为工作指针,抗日边区在应对灾荒方面取得了令人瞩目的成就,我曾将其概括为"太行模式",它实际上是延安"大生产运动"的一部分,任弼时笔下相对于"旧制度"的"新社会",不仅是未来的一种憧憬,而是变成了局部的现实。中国共产党的舆论阵地因之将此与同时并存的日伪政权和国民党政权进行对比,为世人展现出"另一个世界"③。

当这"另一个世界",在抗战胜利后,仅用四年的时间,就覆盖了全国绝大部分版图之后,能否有效地应付并未因国民党的逃离随之而去的灾荒,也就成为主宰神州沉浮的新的执政党——中国

---

① 《毛泽东文集》第 3 卷,北京:人民出版社,1996 年,第 109 页。转引自赵朝峰前引书,第 71 页。
② 《任弼时选集》,北京:人民出版社,1987 年,第 344 页。转引自赵朝峰前引书,第71—72 页。
③ 吴宏毅:《晋冀鲁豫边区救灾运动的基本经验》,载《解放日报》1944 年 11 月 1 日。

共产党必须解决的重大现实问题之一。曾经被中共将"饥荒图景"与其政治统治紧密挂钩的对手们,反过来又把这样的图景抛了回来,作为质疑中共执政能力、颠覆新政权的重要论据。艾奇逊在他有关中国问题的白皮书中直陈其对新中国解决吃饭问题的严重怀疑。1950 年 12 月 11 日出版的美国《时代周刊》直接以蝗灾肆虐中国作为当期封面①;败退到台湾的蒋介石和他领导的中国国民党庆幸把几亿人的吃饭问题留给了共产党,甚至"梦想大陆发生什么粮食危机"②。在三年困难时期,台湾"国防研究院"等机构专门委托其图书馆搜集相关报道,做成剪报,后来汇编成一部名为《灾害》的两册资料集③。苏联共产党对中国的社会主义实践也多有指责。另一方面,传统的"劫变话语"在新中国成立初期也没有彻底消失,每遇天灾,不少地方时或谣言四起,不利于新政府的政权建设。其中流行于黄淮流域的毛人水怪和北方农牧交错区的"割蛋"谣言,此起彼伏,且与当时发生的灾害几乎总是相伴而生。据马俊亚等学者研究,早在新中国成立前夕,国民党就将毛人水怪与新四军、共产党划等号,在基层社会制造恐慌。新中国成立以后,更是直指毛泽东,一度广为流传。

显而易见,曾经的话语争夺战并未结束,反而更趋复杂化。面对实际的灾害,1949 年 12 月 19 日和 12 月 22 日,中央人民政府政务院和中共中央先后发布《关于生产救灾的指示》和《关于切实执

---

① 参见赵朝峰前引书,第 111 页。

② 《陈云文选》(1949—1956),北京:人民出版社,1984 年,第 83 页。转引自赵朝峰前引书,第 111 页。

③ (台湾)"国防研究院图书馆"等编料室编:《灾害》,2 册,台北:天一出版社,1980 年。

行政务院生产救灾指示的通知》，要求各级党委、各级人民政府和人民团体高度重视减灾工作，指出这是"关系到几百万人的生死问题，是新民主主义政权在灾区巩固存在的问题，是开展明年大生产运动、建设新中国的关键问题之一"。次年 1 月 6 日，政务院又补充指示，明确提出"不要饿死一个人"①。从中可以看出，中国共产党确实下定了决心要兑现其在战争期间对人民的承诺。在新中国成立以后相当长一段时间内，共产党和亿万农民的确也度过了一段将近十年之久的令人难忘的"蜜月期"。与此同时，曾经作为现实存在而与"苏区""边区""解放区"等红色区域进行比照的"灾害图景"，则迅速变成了一种惨痛的历史记忆，并成为新中国政治合法性最鲜明、最有力的反面映衬。在新中国成立初期进行的抗灾运动中，不少地区还借鉴土改时期的"诉苦"模式，"发动群众回忆过去灾荒的痛苦情景，组织老农或劳动模范讲解防旱、抗旱经验，或介绍适合于当地防旱、抗旱的具体办法，以坚定斗争的决心"②。

毫无疑问，新中国成立初期在防灾减灾方面取得的伟大成就，是无论如何也无法否认的。年轻的执政党也从中倍受鼓舞。1956年 10 月，水利部办公厅宣传部在《新中国的水利建设》中这样总结道：新中国成立以来，人民政府"大力治理江河，普遍兴修农田水利，并在短短的六年中完成了中国水利史上从来未有的许多伟大的水利建筑工程"，"这对消灭江、河洪水灾害，发展农田灌溉，促进

---

① 参见《新中国成立以来刘少奇文稿》，第 1 册，北京：中央文献出版社，2005 年，第2005 页。转引自赵朝峰前引书，第 113—114 页。

② 《中华人民共和国法令汇编》(1952 年)，北京：法律出版社，1982 年，第 164 页。转引自赵朝峰前引书，第 165 页。

与保证工农业生产,都起到了巨大的作用"。应该说,此时的编者还相当谨慎,认为这样的成就,"距离根治水害这一要求,还只是开始,今后必须在国家社会主义建设的总体规划下,做更多更大的工程,以实现在七年至十二年之内基本消灭我国普通水旱灾害的要求,并用长时间来完成根治河流水害、开发河流水利这一光荣而又艰巨的伟大事业"。① 然而三年之后,农业部农田水利局在其编写的《水利运动十年:1949—1959》一书中竟自豪地宣称,在短短十年的时间中,新中国在水利建设方面取得的巨大发展,"对农业生产起了显著的作用,开始创造了农业生产能够基本上避免一般水旱灾害的可能,使农业生产能够比较稳定的发展";这是"1958 年大跃进以来,在总路线的光辉照耀下,依靠人民公社的优越性",我国人民"辟岭斩河,移山造海","在征服自然开发水利的伟大斗争中"所获得的"巨大成就和光辉的胜利"。② 这个时候的老天爷完全被人类踏在脚下,甚至变成予取予求、得心应手的工具了。

在此之前的 1958 年,内务部农业福利司针对全国的灾害形势更是出语惊人:"灾荒,现在已经不是什么大的问题,再过几年,十几年,终将成为历史的名词而被人们所遗忘了!"其理由就是:

　　1957 年下半年的全民整风运动和反右派斗争,以及党的八大二次会议后总路线的宣传,使干部、群众的政治觉悟空前提高,克服了右倾保守思想,破除了对自然界的神秘感和迷信信念,坚定了"人定胜天"的意志和信心,以排山倒海之势展开了水利化运动,力

① 上引书,北京:中国财政经济出版社,1956 年,第 4 页,"编者的话"。
② 上引书,北京:农业出版社,1960 年,第 1 页,"前言"。

求彻底消除灾源、挖掉灾根,改变自然面貌。许多常年受灾的老灾区,提出了"摘掉灾区帽子,变灾区为丰收区","苦战一年,幸福万年"的战斗口号,冲破重重困难,为提前实现水利化,消灭水、旱灾害,进行了坚决的斗争。

……

工业生产的大发展,人民公社的普遍建立,将为继续进行更大规模的水利建设、继续消灭特大灾害创造出可靠的基础。①

这里要消灭的早已不是"一般的水旱灾害",而是"彻底消除灾源、挖掉灾根","消灭特大灾害"。

这部集子涉及的内容,在现实生活中不过才刚刚发生或仍在持续进行之中,但编者给全书起的名字乃是《新中国成立以来灾情和救灾工作史料》,这其中大有深意。因为就在这一年,于1950年成立的国家最高救灾机构——中央救灾委员会被撤消了;除了一些多灾的地方,各地相应的生产救灾机构也同时被撤销或合并②。

在这种彻底根除灾害记忆的运动之中,三年困难时期的来临,无疑是对以上豪言的无情嘲弄,也是对中国共产党政治合法性的巨大考验。在残酷的现实面前,南北各地再一次大规模地唤起对旧中国灾荒的记忆。或如艾志端所说,把"吃人的旧中国"塑造成一个与新中国对立的"历史的他者",无论如何也是一种对现实灾

① 中华人民共和国内务部农村福利司编:《新中国成立以来灾情和救灾工作史料》,第3、4页。
② 参见张强著:《灾害治理——从汶川到芦山的中国探索》,北京:北京大学出版社,2015年,第58—59页。

情的掩饰①。但是首先,必须说明的是,这种"食人的旧中国"印象,虽然不停地被新政权用来论证自身的政治合法性,却并非凭虚而构,实有其不容否认的事实基础,而且也不是仅凭中共一己之建构就可以广泛流行开来,并为民众甘心接受。这样的图景,其实源自民间,对那一时代曾经有过旧中国生活经历的民众来说,也的确可以引起比较普遍的共鸣。李準,《黄河东流去》的作者,一位不愿意用"忆苦思甜"的方式"为旧社会唱挽歌"的小说家,在改革开放后重访黄泛区的时候,曾被告知:"咱们这儿不能开诉苦会。一开诉苦会,人们就像疯了一样。国家要什么,他们给什么……"②

其次,这种由官方主导的记忆模式,不仅不一定就是对民间记忆的全面压制,或与民间记忆相冲突,而且从救灾的角度来看,它在借助过去的灾荒来淡化今日之困境的同时,某种程度上也是一种对于民众的精神动员。山西省领导之所以编纂《光绪年景录》,除了通过今昔对比以显示社会主义制度的优越性,从而坚定人们的抗灾信心之外,还有另外几个方面的考量:其一是通过展示光绪三年大饥荒的危害情形与严重程度,提醒人们不应"只顾今天,忽视长远打算",而应"考虑到灾荒(按此处用的是"灾荒",而非"灾害")是否还会继续延长?旱灾之外还会发生些什么灾害",进而"从最坏处设想,向最好处努力,实行节约渡荒,细水长流,做到未雨绸缪,有备无患"③。这与艾志端2000年在山西采访时那些老人的想法,并无二致。其二,这样的比较也有一种和过去,尤其是曾

---

① 艾志端前引书,第264页。
② 李準:《黄河东流去》,第787页。
③ 《光绪三年年景录》,第6页。

经的"清官"开展政治竞争的意蕴,按照编者的说法,就是"使我们的干部懂得:越是灾荒严重,越要关心群众生活,越要和群众同甘共苦,体现我们共产党人同人民群众的血肉相连的关系",进而"使群众体会到今天我们的干部在党和毛主席的领导下,个个都是全心全意为人民服务,比旧社会的所谓'清官',好得不可同日而语"①。其弦外之音,当是提醒各地政府官员,不应该连古人都比不上。

或许并不是所有的地方政府,在从事今昔对比式意识形态宣传时,都采取了这样一种现实主义或实用主义的态度,不过也正是这种区域性的差异,使得那一场几乎遍及全国的大饥荒在不同的省区造成了不同的后果。这里有一种悖论:一方面,几乎所有的新旧对比,都是以个体的经历和感受来论证整体的国家的制度优越性,也就是以点带面,自然给人一种掩饰灾情的印象;但另一方面,若回归到具体的地方层面,如山西、浙江,包括所谓的牛村,其对灾情的叙述和对当地救灾活动的颂扬,与实际情况相比,不见得有后人想象的那么大差距。仔细阅读山西省政府编纂的两本小册子,尤其是其中的"前言"和"按语",就会发现,它在通过原始文献反映清朝统治者的救灾措施时,虽然一方面指责其"完全是保护富户豪绅地主,维护封建统治的一些东西",但在另一方面又承认"在一些救灾措施问题上,从批判中还是不难寻取借鉴的"。其中的续编,主要内容实际上是介绍当时的昔阳人李用清协助曾国荃、阎敬铭办理山西赈务的言与行,并着重强调他是如何"痛切地指出种植鸦

---

① 《光绪三年年景录》,第6页。

片是形成灾荒的人为原因,并且提出了禁烟备荒的意见"。故此,尽管编者一再强调"光绪三年饿死人、人吃人的凄惨情况,是一去不复返了","通过这些材料来对比今天,更可以说明我们社会主义的优越性",但是当编者把党的方针的正确性与"以农业为基础,大办农业、大办粮食"联结在一起时,我们在这样一种截然两分的历史断裂之中,仍不难看到隐藏在历史深处的某种连续性,确切而言,就是在高扬的"革命话语"之中所包裹着的一种实用性的"生产话语"。这或者也就是当时的山西省领导人在这两本小册子中所寄寓的深意吧。①

同样,浙江省政协文委会,一方面如前所述,通过新中国成立前后灾情的"回忆对比"来论证"社会主义制度无比的优越性",另一方面,也将这种优越性与"充分运用和发挥本省自然条件的有利因素,克服其不利的因素","逐步减少和控制自然灾害的破坏性"这样的判断勾连一处,并提出诸多建设性的意见,如加意培育森林,疏浚河床,同时因地制宜,建筑水库或水力发电沾,甚至利用潮汐涨落发电,变害为利,还主张利用当时气象预报工作日益进步的情势,"搞好事前防御和开展群众性的抗台斗争",以应对台风灾害,并提醒人们台风带来的大量雨水,"可以灌溉夏季正需雨水的作物和防御秋旱"②。

这是一种将生产救灾与现代科学相结合的一种努力,可以算是某种科学化的生产话语。李放春对中国北方农村土改时期的"翻身话语"与"生产话语"之间的悖论关系有过非常精辟的分析,

① 《光绪三年年景录》(续编),第1—2页。
② 《浙江文史资料选辑》第1辑,第169—170页。

这里所要做的,就是将其置于大饥荒的背景之下。于是,无论是"革命话语",还是"生产话语",都是与"生产救灾"这一特定的灾害话语密不可分。当然,这里对于革命话语之中的生产话语、科学话语的发掘,并不是要否定革命话语的消极影响,而只是提醒我们应该采用一种历史的眼光,更加辩证地看待这一问题。

即便是从制度的层面来说,与战争期间中国共产党的舆论宣传相比,文史资料对包括清王朝和国民政府在内的旧政权救灾活动和民间赈灾所持之态度,也有一定的差异。它不完全是以往的那种全盘否定,而是针对具体情况给予某种有限度的肯定。其中之一即是上文已经提及的把整个政治体制与少数清官的行为区别开,也就是在对旧中国的整体否定之中包含着对清官救灾努力的部分肯定;其二对民间救灾行为的态度,较多的回忆旨在揭露此类慈善活动的虚伪性,但也有相对客观的评述。王无逸在回顾1935年泉州大水灾时,一方面愤慨于"政治腐败无能,反动统治者没有及时做好防洪抗洪的准备",也"没有开展有组织的抢救与防护等紧急措施",另一方面,则特别突出了南洋华侨在水灾之后灾民救济与家园重建过程中发挥的重要作用。[①] 1962年,关瑞梧根据自己1933至1937年在1917年京畿大水灾之后熊希龄创办的香山慈幼院工作的经历,以及对一些同事的采访,写成《解放前的北京香山慈幼院》,发表于全国政协《文史资料选辑》第31辑。文中力求运用阶级分析方法对这一慈善教育机构进行讨论,但对它的性质和曾经发挥的作用,总体上还是持肯定态度的,认为该慈幼院"没

[①]《泉州文史资料》1961年6月第1辑,第64—66页。

有和帝国主义有直接联系,也不受帝国主义的津贴","在当时帝国主义疯狂地、无孔不入地侵蚀中国的时代,慈幼院能做到完全由中国人主持经营,而且有相当规模,确是不易"。① 前引广东 1943 年大旱的几篇回忆文章,对于国家行为与民间活动也做了一定程度的区分。如此等等,在在显示了早期文史资料的多元包容姿态。

① 全国政协《文史资料选辑》第 31 辑,1962 年,第 136—145 页。

灾难记忆与政治话语的变迁：以文史资料中的灾害记述为中心①

从事中国灾荒史研究，一个不可忽略的资料来源和学术阵地就是由全国各地政协组织编纂的文史资料。

众所周知，文史资料的特点，不仅在于其囊括的内容十分广泛，大凡各地近现代的政治、军事、经济、文化、科教、卫生、民族、宗教、名胜、文物、风俗人情、帮会组织、社团活动等社会生活的各个方面，无不被及，从而散发出一种类似于改革开放后逐渐兴盛的社会史流派的诸多特色，更在于其在史料征集过程中坚持"亲历、亲见、亲闻"三大原则，着重民间文献和基层社会集体记忆资源的挖掘、利用，因而与今日流行于全国史界的历史人类学风格十分相像，甚而可以说它就是一种特定类型的历史人类学。

如此特色，在其对于灾害的记述中同样十分明显。将相关的

---

① 原载《中华读书报》2015 年 1 月 28 日第 013 版《文化周刊》。

文献搜罗起来,浏览一遍,你就能够感受到其史料来源的地方性、民间性和多样性、丰富性。其中,既有发生于灾害及救济过程中的报灾呈文、纪灾诗、灾情图、征信录、日记以及新闻通讯、时评等,也有灾后用以警醒世人的"荒年歌""米粮文"、花鼓词、歌谣、戏文,尤其是碑刻,有时连家谱序言或县志眉批中有关灾害的记录也被搜剔而出,更有大量灾害亲历者或幸存者的事后回忆以及各地有心人对亲历者的访谈(也叫口述)。与官书、正史、志书等对各类灾害自上而下式的简略记载相比,这些来自基层、源于民间的文献,给我们所描绘的,是更加丰富、更加细致,也更为震撼人心的灾难场景。

此类文献,例如碑刻,今日的学者搜寻起来,颇显艰难,可实际上其数量之夥,有时远远超乎想象之外。如河南《林县文史资料》1986 年第二辑选辑的《林县灾情实录》,即收录了清代民国时期有关旱灾、蝗灾、地震、水灾的碑刻 12 通,最早的是清康熙二十九年(1690)的《剥榆歌》,最晚是 1913 年任村尖状龙王庙水灾碑文,但是数量最多的还是光绪初年的灾荒碑。这在河南、山西、陕西等省其他文史资料中也多有发现,足见其灾情之重、之广。就回忆和访谈而言,有时其主要内容并非口述者亲身经历,而是从祖辈和长者那里听闻得来的,由于这些口述者本身大都已经超过花甲之年,多有耄耋之人,其追忆的内容往往又是少年之事,他们所听闻的祖辈曾经亲历的大灾大难,其发生的时间就更为久远了。借助于这样一种绵延不绝的灾难记忆之链,我们就可以从 1929 年的"十八年年馑",追到 1900 年的"庚子大旱",乃至 1877 年的"丁戊奇荒"(参见李景民《听老人们讲述的光绪三年年馑》,《铜川郊区文史》第 5

辑,1988年),于是,从曾经生活在一起的几辈长者的口中,我们就可以勾勒出一部某一地区近百年的灾荒历史来。

事实上,当下对于过去灾害史料的搜集、整理和研究,又何尝不是一种灾难记忆的重建。即便是灾时形成的相关文献,亦可看做是对于灾难的即时记忆。如果这样的理解大致不误的话,我们就可以把灾时的新闻、档案,灾后的碑刻、歌谣,以及很久很久以后的回忆和学术研究,都纳入灾难记忆的谱系之中,它们大体上反映了人类随着时光的流逝而对于某次特定灾害的记录和记忆的过程。

值得注意的是,在这样一种灾难记忆谱系或灾难话语中,我们不仅要看到其中的连续性,看到其超越政治事件的内在脉络,还不应忽视其中发生的断裂,不应忽视政治事件对这种灾难记忆的重构和再造。通观1949年以前的荒年歌、灾荒碑文等,它们的基调都是在劝诫后人勤俭节约,防灾备荒,所谓"述是患而预防",警告后世"处丰而有馀—馀三之道,处歉而有因荒备荒之者"(王顺元《荒年实录碑》,见《辉县文史资料》第一辑,1990年),或者"再遇此凶年,绝宜早逃荒,若不舍故土,命不得长久"(见前引《林县灾情实录》),因而这样的记忆,往往极尽描摹惨烈灾情之能事,以达其警醒世人之目的,完全可以看作是传统中国减灾救荒过程的有机组成部分。

1949年以后对于灾荒的回忆和访谈,当然也有这样的目的,但是它的另一个更加鲜明、更加突出的主题,则总是与今日的美好现状进行对比,借以论证和突显"新旧社会两重天"。就新中国成立以来的总体事实来说,这一论证并无大的问题。但是将这些文献汇总一处,又难免给人一种模式化的刻板印象,而且也会影响到人们对于过去的回忆内容。也就是说,大凡涉及旧中国发生的灾害及其救灾活动,包括政府救灾或慈善事业,更经常的是给予负面的评价,而对于解放后的灾害,则往往偏重于自然要素的异常变动,如水情、旱情等,对于相应的救济活动,更是称颂备至,少有批评和反省。尤其是涉及当下中国饥荒史领域似乎最为敏感的所谓"三年自然灾害",许多文献,要么对其社会影响三缄其口,要么含糊其辞,或者以"这是许多人都亲身经历过"这类的借口一笔带过,给人一种"讳莫如深"的感觉。以至于从事这样的研究或相关成果,大都只能在海外进行或出版,而此次灾害造成的人口死亡总数,也在层出不穷的研究中从流行的"饿死三千万"攀升到 4500 万,甚至更高。有学者因此把这一过程称之为"猜大数"运动,并将对此一数字的"解密"过程,视之为对中国共产党政治合法性的致命挑战。

究其实,这与 1949 年以后占主导地位的灾害话语模式所蕴含的内在逻辑并无二致。这种灾害话语,原意是要说明"新社会甜,旧社会苦",但久而久之,就变成了新社会已经不可能、也容不得任何之"苦",一旦有"苦",新社会就会遭到质疑。殊不知社会制度的优越性,并不在于这个社会有没有灾害,甚或重大灾害,而在于如何更加及时、更加有效地应对这类灾害,如何在灾害应对过程中体现对人的生命的无条件的尊重,并从中汲取教训,防患于未然。否则,即便是造成一个人的死亡,在特定的社会情势下,也可能成为颠覆政治合法性的致命导火索。因灾死亡人数的多少与政治合法性的强弱,似乎并不是简单的线性反比关系能够概括得了的。仅仅将关注的焦点集中于人口死亡规模,以为人口损害越少,政治合法性就越强,最终遵循的还是学术对手的逻辑,效果很可能适得其反。

正是这样一种高度意识形态化的社会氛围,使得国内学者在这一研究过程中的任何表述,都有可能遭到别样的审视和评判。记得我和北京大学康沛竹教授共同主编的《二十世纪中国灾变图史》(2001 年第一版)出版后,因其涉及对三年困难时期非正常死亡人数的估计问题,并倾向于采纳李成瑞 2000 万人的估算结果,有的网评把我们纳入"民间学者"的行列,一位研究中国饥荒问题的外国朋友更是对此大为惊讶。在他们看来,这样的著作在大陆正式出版,似乎是不可能之事。可我后来在 2010 年 12 月 15 日《中华读书报》上发表《历史视野下的"中国式救灾"》,将 2008 年四川汶川的抗震救灾与 1943 年发生在晋冀鲁豫边区的救灾度荒工作联系在一起,并进而统称为"太行模式"时,又有人把我放到"党管学者"的行列。作为一个历史学者,我当然不会在意这样的"头衔",我更关注事实的真相如何。但这种两极化的倾向表明,从事这样的研究,要坚持实事求是的立场,确实不是一件轻而易举之事。

就此而论,文史资料在这一方面也有"惊人之举",那就是武文军撰写和主编的《甘肃六十年代大饥荒考证》和《中国六十年代大饥荒考》,分别刊于《兰州文史资料选辑》第 20 辑(2001 年印行)和第 22 辑(2002 年 2 月印行)。尤其是后一本书,据作者在序言中所言,是他"历经三载,行程万里,查阅数千份文献,访问数百名亲历者的产物";其间,曾"先后到甘肃、宁夏、青海、河南、四川、云南、福建、浙江、山东、广西等省的图书馆、档案馆、地方志办、党史办以及其他文献收藏单位,在许多单位进行了访问和调查",因而是一部亲身考究的"信史"。从书中内容来看,作者有关死亡人数的估算,既非 3000 万,更不是 4000 万,也不是下文将要提及的最新估计四五百万,而是 1500 万左右,这是其一;其二,尽管作者也认为这一时期的灾难波及全国,但不同地区,其人口死亡率和自然增长率变动的情况却有很大的差异,其中死亡率较高的地区有安徽、河南、云南、甘肃、青海、山东、贵州、湖南、广西和四川等省,而在一些农业自然条件特别好的地区,一些偏僻落后特别是少数民族地区,以及特大城市,人口死亡率较低,有的甚至出现微增长趋势;所以其三,基于以上情况,并与其时各地执行左倾错误政策的程度相比较,结果发现,大凡"政策越左的地方,人民的灾难越深,死亡人数越多",也就是说"1958 年以来执行左倾路线的程度不一,饥饿的状态有所不同";于是,最后,作者的结论是,"三年大灾难,并非主要来源于天灾,也非来源于苏联从外部要账和撤专家,而主要在于人祸,在于决策层的严重错误",这主要是"左倾冒进错误"所导致的灾难(该书第 12 页)。

故此,尽管该书通篇体现的都是一种批判性反省的态度,但通过书中的具体论述,我们似乎可以引而申之,得出这样的结论,即作者实际上已将中共政治合法性建构与具体决策过程区分了开来,也将中央决策与地方执行的实践区分了开来。这应是我们看待大饥荒问题的一条重要思路。作者进而还以公共食堂为例讨论了这场灾难的结束过程,那就是以毛泽东为首的党中央在严峻的经济形势和重大灾难面前对既定政府行为进行的深刻反省和果断调整。据研究,从 1961 年 4 月开始,在毛泽东主席的号召之下,从中央到地方的各级领导,纷纷深入基层,对人民公社和公共食堂问题进行调查研究,并帮助解决群众的实际困难。其间,刘少奇、周恩来、胡乔木以及绝大部分省市自治区各级领导,对公共食堂的调查都指向了同样的结论,那就是弊端丛生,非散不可。尽管在作者看来,这是一种被逼迫出来的"大刹车",但它毕竟很快结束了长达三四年之久的大灾难。其后直至改革开放,国家政策多有起伏,全国大部分农村地区依然处于贫困状态,但是较大规模饥荒再没有发生过。

另据青年学者赵朝峰的研究,当时的中共中央对 1959—1961 年经济困难的成因宣传是内外有别的。在对外宣传方面,通常强调自然灾害的作用,并用"三年自然灾害时期"指代这一阶段,以致其在社会上一度广为流行,但是在党内,以毛泽东为首的中共中央则相对实事求是,认识到"大跃进"、人民公社运动中的左倾错误是造成饥荒的原因,并从调整生产关系入手逐步扭转了经济困难局面。从 1959 年 9 月开始,毛泽东就已经得悉有关饥荒的信息,并给予一定的关注。1960 年 10 月"信阳事件"后,他真正意识到灾荒的严重性,并承认"天灾"之外有"人祸",而且造成这人祸的不是敌人,而是自己。赵认为,尽管此处所指的"人祸",在毛泽东看来,不是总路线有错误,而是总路线的执行有问题,但毕竟为其他中央领导人客观分析经济困难的成因提供了良好的氛围。(赵朝峰著:《中国共产党救治灾荒史研究》,北京师范大学出版社,2012 年,第 235—242 页)如此这般极具张力的灾害信息双重传播机制,同样适用于 1975 年河南驻马店大洪水和 1976 年发生的唐山大地震。它一方面招致灾害谣言满天飞,也在一个相当长的历史时期内造成对政府信誉的巨大损害,但是另一方面,它毕竟又因其内部特定的信息流转渠道,使得执政者即便在最极端的情况下也没有完全丧失应对灾变的能力,或者更多的情况是,以更加积极的灾难救援和善后重建之道来舒缓或消解民众的苦难和焦虑,重树政府权威。

这样的因应之策和调整之举,事实上也可以看做是中共对自身历史或政策过失的一种反省,这种反省,既是中共过去在革命年代的传统,也与1978年以后改革开放局面的开拓实有割不断的内在联系。武文军将自己的著作视为解开"历史之谜"的填补空白之作,但是如果将他的主要结论与中共十一届六中全会《关于建国以来党的若干历史问题的决议》对于此一事件的裁定作一个比较,就会发现,两者的总体判断并无太大的差异。决议的原文是:"主要由于'大跃进'和'反右倾'的错误,加上当时的自然灾害和苏联政府背信弃义地撕毁合同,我国国民经济在一九五九年到一九六一年发生严重困难,国家和人民遭到重大损失。"从这一意义上来讲,我们或许可以把武文军的著作看成对决议中相关论述所做的注脚。很显然,有如赵朝峰所言,这时的官方文献已经不再使用"三年自然灾害"的说法,而是以"三年困难时期"取而代之。这一次也不再是所谓的"内部版",而是通告海内外了。

至于具体的人口死亡数字,该决议虽然没有提及,但用"重大损失"四个字来概括,显然也是极有分量的。何况在随后由政府发布的相关统计数据中,也在具有官方背景的党史研究著作中,有关饿死人的数字一直不曾被掩盖过(但不排除被低估)。例如1983年第一次出版发行的《中国统计年鉴》,公布了1949至1982年历年的人口数字,数据显示1960年比1959年人口少了1000万,1961年又比上年少了348万;1991年,由胡绳主编、中共党史出版社出版的《中国共产党的七十年》，进一步明确，"1960 年全国总人口比上年减少 1000 万"；1995 年国家统计局、民政部编纂的《中国灾情报告》（中国统计出版社）亦标明，1960 年中国非正常死亡人口在1000 万左右。接下来则是 2011 年中共党史出版社出版的《中国共产党历史》第二卷，书中再次重申，"1960 年全国总人口比上年减少1000 万"。这些文献，虽然用的是"非正常死亡"这一说法，其数量也在 1000 万左右，但就绝对数值而言，这无论如何也是中国历史上最严重的饥荒之一。今日不少学者在讨论大饥荒时往往聚焦于死亡数字的多少，却似乎忘记了或者有意忽视这样的事实，那就是对这一数字的所谓"解密"，早就由执政者自身悄悄地开启了大门，并且对事件的人为肇因也进行了较为深刻的反省。

至于学术界，这一场被许多人视为禁区的大饥荒，大体上也是从 1980 年代开始，就已经成为学者们在一定范围内公开探索的重大课题了，近年来更是成为学术界的一大热点。1986 年蒋正华在《西安交通大学学报》1986 年第 3 期发表了题为《中国人口动态估计的方法和结果》的学术论文，推算出大跃进期间中国非正常死之人数约为 1700 万人（1697 万人），并于 1986 年 8 月在哈尔滨举行的"人口死亡学术研讨会"上宣读，获得与会者好评。我国著名地震社会学专家王子平先生，更在 1989 年出版的《乡村三十年——凤阳农村社会经济发展实录（1949—1983）》（王耕今、杨勋、王子平等编，农村读物出版社）一书中，披露了"三年自然灾害时期"当地发生的令人震惊的"人相食"事件。这是他 1980 年代初在安徽凤阳农村调查时从政府调阅的档案中了解到的。此书从成稿到最后出版，历时八年之久，也颇多坎坷，毕竟还是公诸于世了。（王子平

著:《创造幸运——我的心灵史》,花山文艺出版社,2013年,第
260—265页)此后发表的很多较有分量的论文,如金辉《"三年自
然灾害"备忘录》(1993年)、李成瑞《"大跃进"引起的人口变动》
(1997年)、陈东林《"三年自然灾害"与"大跃进"——"天灾"、"人
祸"关系的计量历史考察》(2000年)、王维洛《天问——"三年自然
灾害"》(2001年)、周飞舟《"三年自然灾害"时期我国省级政府对
灾荒的反应和救助研究》(2003年)、曹树基《1959—1961年中国的
人口死亡及其成因》(2005年)、孙经先《关于我国20世纪60年代
人口变动问题的研究》(2011年)等,则发表于大陆出版的在国内
外公开发行的高端学术杂志之上,如《当代中国研究》《中共党史研
究》《中国人口科学》《社会学研究》及《马克思主义研究》等。武文
军在书中一方面批评"全国大多数省市和县基本回避三年困难的
真相",指出其所查阅的近百部志书,"对1958年浮夸风记载略为
详实,而对六十年代的饥饿和死亡几乎避而不谈,或用'严重后果'
的字眼予以虚晃",另一方面也承认,十一届三中全会以后,"出现
了暴露六十年代大饥荒真相的作品,特别是一些党史大事记能坚
持实事求是的方针,能较真实地分析三年困难时期的严重问题,也
产生了一些深刻分析六十年代大灾难的优秀读物,如《刘少奇在
1961年》就是一本坚持真理,认真总结历史经验的好作品"(该书
第181—182页)。

该书所引用的著作,还有《彭德怀自述》(人民出版社,1981
年)、《周恩来总理生涯》(人民出版社,1997年)、《毛泽东和他的秘
书田家英》(中央文献出版社,1996年)等。该书未曾引用或其后
出版的著作更多,如凌志军著《历史不再徘徊——人民公社在中国

的兴起和失败》（人民出版社，1997 年）、傅上伦等著《告别饥饿——一部尘封十八年的书稿》（人民出版社，2008 年）、王梦初《"大跃进"亲历记》（人民出版社，2008 年）。兹不枚举。此外还有很多文学作品，如王智量《饥饿的山村——大饥荒年代的苦难家国史》（1995 年第一版，江苏人民出版社 2011 年再版）、刘庆帮《平原上的歌谣》（北京十月文艺出版社，2004 年），此外还有杨显惠的"命运三部曲"《夹边沟记事》（2002 年由天津古籍出版社出版，2008 年由花城出版社重版）、《定西孤儿院纪事—大饥荒绝境下的苦难与爱》（花城出版社，2007 年）和《甘南纪事》（花城出版社，2011 年）。尤其是最近拍摄的电影《周恩来的四个昼夜》，则是艺术界的朋友对此一问题进行反思的力作。新近面世的杨松林《总要有人说出真相——关于"饿死三千万"》（南海出版社，2013 年），更是大陆第一部向国内外相关研究成果公开进行质疑的大部头作品。该书依据孙经先教授的研究，不仅对国外学者的高估值提出挑战，也不认可政府公布的较低水平的数据，而是将死亡人数缩减为四五百万左右，至于在户籍上死亡的其余 1000 多万人，则可能是逃荒漏登之人。作为一家之言，作者显然还需要更加坚实的资料基础、数据辨析和制度梳理，也需要更加规范的学术表达，但这一著作出版本身，即表明各种不同立场、不同观点的学者，最终还是可以汇聚一处共同讨论了。

由此可见，在对大饥荒的研究过程中，官民之间所谓的对立固然是不可否认的事实，至今仍有剑拔弩张之势，但是通过其中逐步展开的学术对话，我们同样也应看到两者之间渐而达成的一致性，这就是对灾难历史的反思精神与负责态度。这种反思，恰恰是

1978年以来中国改革开放政策在中国思想文化领域所结出的硕果之一。随着大饥荒真相的不断披露和愈益清晰化,这一社会记忆过程本身,不仅不会撼动执政者的合法性,反而应该变成此种合法性的有力证据。毕竟那样的饥荒是一个特定时代的灾难,它并不能否定建国以后中国政府和中国人民业已取得的成就。国外一位学者说得好,历史上,不管是什么样政权,从来就没有一成不变的合法性,合法性总是建立在不断变动着的政策调整和政治适应过程之中。

从一定意义上来说,人类对于历史的记忆,更主要的内容恰恰又都是人们在现实生活中避之唯恐不及的种种"天灾""人祸",不管出于什么样的动机和目的,对其进行淡化、抑制甚或删除、消抹,往往只能收效于一时,它们总会找到适当的话语形式或蛛丝马迹,留存于天地之间。对于受害者而言,任何灾难都是一场浩劫,可对于后来者而言,对灾难的记忆,则永远是人类文明进程中弥足珍贵的精神财富,也是人类防灾减灾的强大动力。可以毫不夸张地说,任何针对灾难记忆的遮蔽行为,都是灾难本身的一种延伸,而且也会成为这种灾难记忆的一部分。

专题三

山水之间

长江流域洪水灾害的历史回顾与展望：一个历史和比较的视野[①]

　　1998 年，是一个我们完全可以自豪地回顾二十余年改革开放的辉煌成就而且满怀信心地展望新世纪的一年。然而发生在长江流域的大洪水，却逼迫着我们回转目光，去溯向历史的更深处，去探究一下我们素所依赖的长江究竟发生了什么样的变化，为什么会发生这样的变化。哪怕只是一个极其粗略的回溯，对于我们更好地走向新的世纪，也总会有所裨益的。因为环境的任何重大变化，不管是长期的渐变，还是短期的突变，只有在一个更长、更广阔的历史时空内，才能更清楚地把握它的脉络和走向，从而也才能更清楚地揭示它之所以发生变化的真正动因。

[①] 此稿作于 1998 年夏秋长江流域大水灾之际，系为应人民出版社约请而编撰的《二十世纪长江三次大水灾》所写的前言，后该书因故搁置，主体内容编入广西师范大学出版社和福建教育出版社于 2001 年联合发行的《二十世纪中国灾变图史》，以致作废，迄未发表。此次选入，除小标题外，一字未改，以遵原貌。

"江防与河防同患"

在一个相当长的历史时期内,只要一说起中国的水患,人们总会把它和那条滋生、哺育着几千年中华文明而又暴虐恣肆的黄河联系在一起,即所谓"中华水患,黄河为大"。然而当我们稍稍认真地回顾一下近百年的中国洪灾编年史,一个令人惊讶的事实便赫然凸现于眼前:长江,这个上有"天府之国",下有"鱼米之乡""人间天堂"的中国第一大河,这个曾经让她的子民"不知饥馑,时无荒年"的充满着青春活力的巨川,竟然变得如此的狂躁不宁,并且逐步取代了黄河的位置,而成为"中国之忧患"的新主角。

1931、1954 和 1998,长江流域发生的三次全流域性大水灾,就是最显著的标志。

在这里,对一些枯燥的数字进行比较或许最能说明问题。

按照迄今为止有关中国洪灾史研究最权威的著作《中国历史大洪水》(中国书店,1992 年)所确立的标准来衡量,自 1482 年以来的 500 余年中,黄河、长江两大流域所发生的"量级大、灾情重、对国民经济有较大影响"的特大洪水分别为 12 次和 26 次(不包括风暴潮)。若以 1900 年为界,那么在此之前的 418 年中,发生在长江的特大水灾只有 5 次;而黄河则至少有 6 次,如果将那些洪水量级或许不大,但灾情惨重的大决口计算在内,黄河大水的次数将更多。

二十世纪以后,情况发生了急剧的变化。

在黄河流域,此类特大洪水也有 6 次,在 1958 年还出现了本世纪以来的最大洪峰流量,不过自 1933 年该流域发生本世纪最大的一次洪灾以后,如果除去 1938—1947 年的那一场由蒋介石人为制造的黄泛,还没有哪一次灾害造成的损失能够与之相提并论。虽然目前的黄河正在遭受另一种更须警觉的水资源枯竭的折磨而衰弱不堪,惟其如此更潜伏着爆发巨大洪灾的危险,但从以往的情况来看,由洪灾带来的危害,随着时间的推移,已愈来愈小。

在长江流域,洪灾演变的趋势却恰恰相反——洪灾次数猛增:在不到一个世纪的时间内,爆发的特大洪灾居然多达 21 次,是此前的 4.2 倍。

洪灾发生的频率愈来愈高:在解放后的 49 年间,差不多平均 3 年就发生 1 次,而在新中国成立以前的半个世纪,每次大水灾相隔的时间则平均长达 8 年之久。特别是在九十年代,黄河流域岁岁波涛不兴,而长江仍然重灾频频,从 1991、1996,到 1998,已接连遭遇三次特大水灾的袭击,相距的时间只相当于一个刚满七周岁的幼童所走过的岁月。

洪灾强度愈来愈烈:不仅洪峰流量居高不下,洪水水位继长增高,洪水持续时间愈来愈长,洪灾造成的直接经济损失更是一次高于一次。

这种灾害损失的递增,并不仅仅是成灾面积的扩大所导致的,更与单位受灾面积人口密度的增加与物质财富的增长密切相关。在长江两岸的分洪区,五十年代被淹的,无非是庄稼和一些草房而已,而现在所要毁掉的,则是现代化的企业,是彩电,是冰箱,是高效农业。有资料表明,同样是江汉平原,每亩土地被淹所受的损失,1954 年是 171 元,九十年代则增加到了 2200 元。这一方面表明了该流域的社会经济发展和物质财富积累已经取得了历史上从未有过的进步,但也正因为如此,愈来愈不驯服的长江,才真正称得上是当代乃至未来中国的心腹之患。

人争水地,水致人灾

还是在鸦片战争前后,当长江中游的局部性水灾明显增多的时候,以经世务实而著称的近代思想家魏源,就已经敏锐地觉察到了长江有变成第二条黄河的危险。1931 年大水灾以后,人们再一次认识到这一问题的严重性。但真正引起人们的广泛关注并展开激烈争论的,还是在本世纪七十年代末期以后。争论的焦点就在于长江水系的泥沙含量是否有增加的趋势,这是江患、河患之所以日益加剧的根本原因之一。

如果单纯地从长江流域得天独厚的自然地理条件出发来考虑这个问题,长江与黄河之间似乎还有一段非常遥远的距离。

在黄河的中上游地区,自古以来就覆盖着一片面积辽阔的黄土高原,其土质疏松,极易遭受侵蚀和冲刷,其土层深厚,似乎永远也冲刷不尽,而分布在整个长江流域的地表物质则与此不同,大部分为丘陵山区风化物,土层很薄,所以它的产沙量要远远小于前者。

在长江流域,森林覆盖率高,天然植被好,气候水文条件优越,生态修复能力也很强,较之地面裸露、气候干燥的黄土高原,更有利于水土保持,有利于防止泥沙进入河道。

而且,在长江流域,即便是造成了一定的水土流失,但因流域内降水丰富,水量充沛,比黄河具备了更为有利的泥沙稀释和挟持冲漕的能力,结果在很大程度上也就能够减缓河道淤积的速度;倒是黄河,水量既小,降水又过于集中在汛期的几场暴雨之中,恰好为大量产沙、输沙和淤沙创造了条件。

当然,人们也不会忘记这两大河流的另一个显著的区别,这就是河道的稳定性大相径庭。

从历史上来看,黄河也好,长江也罢,洪灾风险最大、受害最严重的都是下游或中下游地区,可是当黄河浊流从河南郑州桃花峪以上的峡谷奔涌而出的时候,它所经行的780余公里长的河段,却处在它和淮、海三大水系合力营造的冲积平原即华北大平原上。这里,地势平坦,水流和缓,河道上宽下窄,泥沙淤积极速,日积月累,便犹如"达摩克利斯之剑"高悬在平原之上,黄河的"善淤、善决、善徙"的特点即由此而来。而且由于河道所经之地正是大平原高耸的脊部,是淮、海两大水系的分水岭,故此一旦决口,狂暴的洪流一泻而下,北可到天津,南可至长江下游,辐射范围在25万平方公里以上。

长江则不然。整个流域的地貌类型绝大部分是山地、高原和丘陵,尽管长江中下游河道东西绵亘1890余公里,但是需要长江大堤保护的地区,只有黄河的一半,即12.6万平方公里。而且主要由于两岸丘陵阶地的控制,河道主流除局部地区以外,千百年来还没有发生过重大的迁徙和改道。人们常说,水灾一条线,旱灾一大片。以此指黄河流域,实有似是而非之嫌,但对长江流域来说,却相当贴切。

不幸的是,当人们对长江流域这些优越的自然条件寄予了太多的期望并且毫无顾忌地对它予取予求的时候,生息于兹而蕃衍不绝、持续增长的人类便掉进了这些美丽的自然条件所掩盖着的灾害陷阱之中。

纵观有史以来长江流域的人口变迁,我们大致可以看到三个显著的飞跃上升阶段,而每进入一个阶段,都意味着生态环境要遭到更大规模的破坏,同时也意味着来自它的更频繁更严重的灾难要降临到这些人的头上:

第一个阶段是在唐宋时期,那时自四川以下沿江各省的人口在全国总人口中所占的比重,已经远远超出了黄河中下游地区,我们的祖先也开始了向山陵水系的进军,人争水地,水致人灾的矛盾趋于突出。

第二个阶段是清代中叶以降,生活在这个时代的魏源是用"土满人满"四字来形容当时拥挤不堪的人口和过度超载的土地的,从前的"有河患无江患"则一变而为"江防与河防同患"的新格局。

到了二十世纪中期,整个流域的人口增长进入了一个前所未有的新时期,整个流域的生态环境也因此遭到了空前的浩劫。正如一位灾害史专家所说的,这一段时间,对万古奔流的长江而言,只不过是短短的一瞬,但它给长江带来的变化,却比长江有史以来的多少个世纪中的变化总和还要多。这一变化的最直接的后果,就是我们已经经历而且正在经历着的来自长江的一次又一次巨大水患。

就拿它的以山地丘陵和高原为主的地貌特征来说吧,这是长江流域历史上之所以森林广布的重要地理条件。不过,一旦过于狭窄的平原再也不能满足日益增长的人类生存和发展的需要,这里就是人类首先进军的对象。据史料分析,长江上游在元朝之前的森林覆盖率超过 50%,至 20 世纪 50 年代初尚有 20%,但在此后仅仅三十余年间的几次毁林高潮中竟下降到不足 12%,金沙江的千里河谷已不见一棵大树。相应地,整个长江流域的水土流失面积,也从 50 年代的 36.38 万平方公里猛增到 73.94 万平方公里,占流域总面积的 41%,其绝对量是黄河流域的一倍半还要多;这里又土薄坡陡,远不如黄土高原那样深厚,通常情形下,长则四五十年,短则五六年,就被冲刷得干干净净,人类满足了暂时的口腹之需,却失去了永远的家园,得耶? 失耶?

长江流域充沛的降水固然可以相对降低江河湖泊的含沙量,但其巨大的侵蚀和搬运作用,却使大量裸露的泥土沙石倾泻而下,由山入溪,由溪达江,由江达湖,水去沙不去,一方面垫高了长江干流的河道,乃至在荆江河段形成了有如黄河一样的"地上悬河",一方面又使得周围蓄泄相通的湖泊不断地淤积,湖底日浅,湖容日减,近水之民又大肆围垦,治阡陌,置庐舍,使沿江、沿湖、沿汉昔日受水之地尽皆化为桑田乐土,而且由于土肥水美,这里往往是流域内农业人口最稠密的地区,于是每到汛期,汹涌而来的巨量洪水只能被挤逼到狭窄的千里长堤之内,洪水水位每每高出两岸数米到十数米,结果只能左冲右突,以至决堤溃垸,漂田禾,毁庐舍,屡屡酿成奇灾大祸。

各种水文资料表明,近年来长江洪水的一个显著特征就是平水年高水位,特别是 1998 年,长江干流一线的洪水流量普遍比 1954 年小 1000—15000 立方米/秒,而水位却超过历史最高水平的 0.45—1.25 米;而无论是 1931 年、1954 年,还是 1998 年,受灾最严重的又都是这些滨江滨湖的围垦区、开发区。人类从肥沃的江湖淤沙中收获了一座座米粮仓，又往往被淤沙壅积的洪水毁于一旦。人向水要田，水与人争地，人与水之间在二十世纪末的一个夏天所展开的一场惊心动魄的较量，在很大程度上也只是人与其自身的一场博斗。

人们常说居安思危，但实际上似乎只是在经历了失败与灾难的痛苦之后，才能更加清醒地意识到未来的风险。黄河的著称于世，并不仅仅是因为它的多灾多难，还因为有一条人为筑造的夹持它入海的水上长城。经过近半个世纪的加固和整治，这座长城早已能够抵御百年一遇的特大洪水。而且在当代中国流域性水利机构中，大约还没有哪一个能与黄河水利委员会的规模相比。这也是它解放以来几乎岁岁安澜的一个基本的原因。淮河、海河的大堤也能抵御40—50年一遇的大洪水。

而看起来河床比较稳定的长江呢？它的堤防工程，在历史上还从来没有象黄河一样得到统治者那么高度的重视。历代的封建统治者依靠暴虐的隋炀帝开凿的大运河，源源不断的吸纳着肥沃的长江流域的资源时，似乎从来也没有考虑到要给它补偿些什么。蒋介石虽然把他的首都建在南京，但这个以"全力剿赤、不计其他"为终身夙愿的内战领袖所能做到的，就是将长江的堤防金挪作镇压政治异己力量的战争经费。到解放前夕，被榨干了的长江流域，凭借着的只有仅能抵御3—4年一遇洪水的卑矮的江堤。主要是由于历史上欠债太多的缘故，四十多年来，尽管我们在长江堤防工程上投入的人力、物力和资金远远超过了黄河，但是所能达到的防洪标准也只是10—20年一遇。这固然是一个巨大的历史进步，只是与长江流域在全国的经济地位及其经济发展速度相比,这种减灾投入,还不太相称。

古往今来,富饶而美丽的长江不知激发了多少文人墨客的诗情与灵感,但问题在于我们在赞美长江的同时,还应该懂得如何去珍惜长江;我们依赖长江,更应该警惕长江。当代科学考察和研究已经表明,在黄河流域环境变迁的过程中,人为的因素不容忽视,愈到今天作用力还愈大,而决定性力量仍然是大自然本身,但是,我们在长江流域所看到的同类性质的变化,则主要是千百年来,特别是近半个世纪以来不断加强的人类自身活动的结果。人类在改造自然的过程中,必须而且也只能直面来自他自身的挑战。

何时江水绿如蓝?

事实上,人类不可能像西方某些极端的绿色运动者所鼓吹的那样,必须退回到原始森林时代,人类的文明一经发轫,便有如江河归海,百折不回。虽然到目前为止,还没有哪一个国家、哪一种社会制度能够完全避免自然灾害的袭击,自然灾害以及灾害造成的损失与人口增长、经济发展、财富积累之间的正比例关系,也确属无可争辩的事实,但是反过来说,人类也恰恰是在不断发展着的灾害过程之中不断发展着人类自身的。君不见中华民族,这个一向被外国人称之为"饥荒的国度(china ﹕the land of famine)",不也正是以其五千年悠长的历史和辉煌的文明而举世瞩目吗?

早在两千多年以前,一位生活在北方发达农业区的伟大历史学家——司马迁,是以这样的笔触来概括长江流域的社会发展状

态的:

> 楚越之地,地广人希,饭稻羹鱼,或火耕而水耨,果隋蠃蛤,不待贾而足,地执饶食,无饥馑之患,以故呰窳偷生,无积聚而多贫,是故江、淮以南,无冻饿之人,亦无千金之家。

这段话的意思就是说,那时侯的长江中下游地区,人口稀少,地大物博,天然食物极其丰饶,以致无须太多的努力就可以吃上大米鱼肉、果品螺蚌,也不用担心水旱冻饿等饥馑之患。但这种情况,又使得生活在这里的人们缺乏一种外在的激励机制而不思进取,他们不懂得物质财富的积累,更不需要市场经济,生产方式始终停留在火耕水耨的状态,生活水准普遍贫穷。相反在北方地区,地少人又多,水旱灾害频繁,但这里的居民却好农、重储、业商贾、有智巧。故而在司马迁的眼中,这才是一个进取的、发达的和相对富足的社会。

长期以来,人们为了这样一种历史现象而聚讼纷纭:与黄河流域一样同为中华文明之源的长江流域,为什么在后来的开发过程中反而一落千丈呢?司马迁的议论,倒是为我们解决这一问题提供了极具启发性的线索。天然的富足与社会的停滞共存,灾荒的频繁与经济的成长同在,或许,这就是历史的辨证法吧。

有意思的是,这些进取的北方人,在随后的战乱和灾荒的驱策下,纷纷逾淮渡江、南下求生。他们带去了长江不曾有过的人口,也带来了长江未曾谋面的新技术;他们打破了长江的宁静,也给长江注入了鲜活的动力。而且恰恰是到了长江水患增多的唐宋时期,长江流域也决定性地成为封建中国的经济中心、文化中心,成了中华古文明后续发展的基础与动力。这时,司马迁的"江南印象"自然是一去不复返了,但司马迁所推崇的挑战灾难的民族精神,却扩展了开来,延续了下去,并成为我们今天"98中国抗洪精神"最可宝贵的历史源泉。

从这个意义上来说,一部中华民族史,也就是一部不断被灾害所困扰又不懈地与灾害相抗争的历史,是一部在与灾害的抗争过程中曲折前进的历史。因此,问题的关键不在于发展,而在于如何发展;不在于改造自然,而在于如何改造自然;不在于改造自然的过程中会遇到怎样的灾害风险,而在于如何面对和应付这种风险。在这个问题上,社会制度、生产力水平是两个最重要的决定性因素。生产力条件相同但社会制度不同,或者社会制度相同但生产力条件不同,都会使人与自然灾害的抗争过程及其结果出现千差万别,有时甚至截然不同。

历史又是如此的巧合。近百年的中国人有如三级跳远似地遭逢了三个不同的历史时代,而1931年、1954年和1998年的长江三次大洪水,恰好分别发生在这三个有着显著差别的梯级之上。于是,这三次大洪水便有了各各不同的命运。不羁的洪流成了印证百年中华沧桑巨变的一面最好的镜子。

今年8月26日,国务院副总理温家宝在《关于当前全国抗洪抢险情况的报告》中,即曾比较了三次大水灾的不同后果:

> 今年长江的洪水和1931年、1954年一样,都是全流域的大洪水,但迄今为止造成的损失,比1931年和1954年要小得多。1931

年干堤决口 300 多处,长江中下游几乎全部受淹;1954 年干堤决口
60 多处,分流洪水 1023 亿立方米,江汉平原和岳阳、黄石、九江、安
庆、芜湖等城市受淹,京广铁路中断 100 多天;今年长江干堤只有
九江大堤一处决口,而且几天之内堵口成功,沿江城市和交通干线
没有受淹。长江流域 1931 年死亡 14.5 万人,1954 年死亡 3.3 万
人,今年死亡 1320 人。

其实,我们还可以举出许许多多的数据和例子来作进一步的
补充,为了不至于浪费篇幅,有兴趣的读者不妨浏览一下后面的稍
微详细一点的记述。

从这些数据中,我们或许不会生发出一种如释重负的轻松之
感,因为灾害的魔影并没有随着社会制度的变更和生产力的进步
而销声匿迹,但我们却可以从中得到这样一种历史的昭示,并因此
增加我们与自然灾害相抗争的勇气与信心:新中国成立以后特别
是改革开放二十年来已经或正在取得的社会进步,毕竟使得中华
民族能够以前所未有的胆识和气魄,去和越来越桀骜不驯的长江
相搏击。

从蒋介石面对长江巨浸时那种"此乃天然灾浸,非人力所能
为"的别有用心和无可奈何,到 1954 年中国共产党人动员全中国
人民的力量抗击洪流,并成功地实施荆江分洪,保住了武汉三镇,
我们已经感受到了新生的社会主义制度的巨大优越性。

待到今年的夏秋,由于我们不仅有着"一方有难,八方支援"和
"全国一盘棋"的社会主义大支援、大协作的精神,还有着改革开放
以来形成和发展起来的比较雄厚的物质技术基础,有着历史上从

未有过的水利工程体系,在以江泽民同志为核心的共和国第三代
领导集体的直接领导之下,经过沿江数百万党政军民的顽强拼搏,
我们终于圆满地完成了"严防死守"这一悲壮而又艰巨的战略目
标。从世纪之交的这曲被江泽民同志称之为"惊天动地的壮丽凯
歌"之中,每一个中华儿女都会聆听到一个世纪以来中国社会进步
的最强音。

然而更重要的是,我们这个民族毕竟已经从世纪末洪水打击
之下比较彻底地清醒了过来,我们已经下定决心,而且也有这个能
力去逐步地实施人与自然和睦相处的宏伟蓝图。在一个有着五千
年文明史的国度,我们缺乏的与其说是环境意识、生态意识,还不
如说是一种将这种意识转化为行动的基本国力。现在,这样一种
国力已经初露端倪了。

我们有理由相信,二十一世纪的长江,必将是绿色的长江,是
春水如蓝的长江。

环境史视野下的近代华北农村市场①

迄今为止,有关明清以来中国农村经济演变的型式问题,依然是海内外中国经济史学界争论不休的焦点。尽管从 20 世纪 80 年代中后期开始,美国学者黄宗智以其著名的过密化理论,对"商品化必然导致近代化"这一大洋两岸各派学者共同存在的规范意识提出了极具震撼力的挑战,但经过一段时间的沉寂之后,过密化理论反过来又受到了越来越多的质疑。在国内,这些质疑已不再执着于过去的"资本主义萌芽"的分析框架,而是转变为对所谓"近代市场经济萌芽"的探讨,认为明清以来不断扩展的建立在专业化和劳动分工基础上的真正的商品经济,为中国社会向近代市场经济的内在转变提供了可能性。

有的学者则更进一步,认为至迟在十八世纪,中国就已经迈入

---

① 原载《光明日报》2004 年 5 月 11 日《理论周刊》。此文原题为《环境史视野下的近代中国农村市场——以华北为中心》,特此说明。

了近代经济的门槛,成为一个所谓"市场化发展"的近代社会。而在海外,主要是美国汉学界的"加州学派"的中青年学者如彭慕兰、王国斌以及弗兰克等,一方面就像黄宗智所批评的那样,尽量抹杀十八世纪以前中英两国经济发展水平的差异,甚至高估以长江三角洲为代表的中国经济的总体发展水平,另一方面又援引英国著名的经济史学家雷格莱(E.Wrigley)的能源转换理论,认为以社会分工为基础的"斯密型动力"与后来经历了工业革命的、以矿物能源为基础的"近代经济增长"之间并无必然的联系;同样,明清以来由专业化与社会分工所推动的经济增长,主要是江南地区的经济增长,也存在着难以克服的内在局限而不可能自发地导向工业化。应该说,后一类质疑虽然在斯密型动力何去何从的问题上,与国内的"明清中国经济近代化论"有所区别,但两者在以下几个方面却毫无二致:首先,他们几乎无一例外地否认人口压力的存在,进而否认"人口压力推动下的商品化"的存在,一致认为明清以来中国国内市场经济的演变基本上是围绕着"斯密型动力"这一所谓内在的经济因素而展开的;其次,他们对明清以来中国农家经济边际报酬下降的观点,即黄宗智的过密化(或译"内卷化")理论,均持激烈的批评态度,对中国农业劳动生产率的提高持肯定态度;其三,与此相关,他们都否认明清以来中国农民生活的维生状况和糊口形态,认为其生活水平实际上是处在不断改善的过程中,与同时期的英国农民相比,其生活消费甚至显得有些奢侈,因此,所谓的"马尔萨斯陷阱"实际上是根本不存在的。

值得注意的是,这些挑战并不以对江南地区的研究为限,近年来还迅速延伸到华北农村社会研究。一向被认为是落后、衰败的华北农村,在一些学者的笔下,亦呈现出资本主义自由发展的耀眼图景。于是,至迟在明清时期已经形成和发展的全国范围的城乡市场网络体系,包括华北在内,便构成了"中国近代化过程的一项重要内容"。如此,经过十几年的交锋和论争,有关中国社会经济变迁的型式问题不仅没有得到解决,相反却更加复杂化了。

不过,尽管争论的焦点已由原来的走向近代化或者资本主义化的可能性——即资本主义萌芽是否存在,转向明清中国是否已经近代化的问题,但潜在的问题意识并未改变。历史真是喜欢和人们开玩笑。当我们自以为在学术道路上昂首阔步的时候,最后却发现我们竟然又回到原来的起点。这或许也意味着对这一问题进行更加广泛和深入的研究,不仅不会过时,相反却有着非常重要的学术意义。

细绎各种反过密化的观点,我们发现,十多年前曾被黄宗智痛加针砭的"商品化必然导致资本主义化"这一规范信念和理论框架,至少在中国国内的经济史学界依然占据主流地位。与此同时,还增加了一条新的规范信念,这就是"市场等于而且仅仅等于专业化和分工"。至于中国著名的经济史专家吴承明先生曾经提出的"没有分工的市场"则被从商品经济的范畴之内驱除了出去,充其量也只是被看作一种"虚假的商品经济""伪商品经济"而被摒弃在商品经济研究的视野之外。第二,在各类研究涉及的地域范围上,江南地区以其在中国经济史上的特殊地位依然备受关注,亦即处于国内外经济史研究的中心位置,以此抽绎出来的所谓"江南经验"和"江南模式",也因此被当作中国经济发展序列中的"先进形态"而对其他地区具有"典型"意义。即便是通过对华北农村的研究首先提出过密化理论的黄宗智,也是通过对长江三角洲的研究来最终完成其理论构建的。江南地区之商品化程度远远高于华北以及其他地区,并代表了中国经济发展的方向,在国内外学术界已成不争的事实。第三,不管是"明清中国经济近代化论",还是中国式的"煤炭突破理论",由于它们大多轻视、否定乃至曲解人口增长在中国经济变迁过程中的作用,并动辄对相关研究冠之以马尔萨斯的"人口决定论"等名目,以致与经济过程密不可分的人口因素以及生态环境,往往被弃之不顾,至多不过是被当作一种外生的、偶然的变量而加以考察。这种不考虑自然资源基础和生态变迁的市场分析方法,本质上是过度简单的新古典经济模型在中国经济史研究中的滥用。

即如人离不开地球一样,人类以物质资料的生产和交换为主体的经济活动,也离不开其所赖以延续和发展的自然生态系统这一物质基础。从完整的意义上来说,经济系统就是生态经济系统。对经济系统的认识,包括对经济史、市场史的研究,也只有运用生态系统的分析方法,才有可能获得比较全面的了解。对主要是"靠天吃饭"的中国小农经济而言,我们更应该把自然环境以及环境的变化纳入研究的视野之中。只有这样,才能对中国传统经济及其近代化过程获得更加全面、深刻的认识。

正是以此为出发点来审视明清以来中国农村经济的变迁过程,我们发现,为各方瞩目的江南地区,尽管其经济发展水平远远高于华北等全国其他地区,但也正因为如此才使其失去了代表中国经济走向的普遍的典型意义。因为就几千年的中国文明史而言,江南地区毕竟属于后开发区域,其所形成的生态经济系统至明清时期虽然也出现了不可忽视的环境问题,但还是相对稳定的;而作为历史上开发最早、经济水平一度遥遥领先的华北地区,明清以来则处于经济上过度开发阶段,由此形成的生态经济系统亦处于持续的退化和衰败状态。这一点,完全可以从黄河流域重大灾荒发生的频率远较同时期的江南为高这一历史事实中,得到最有力的证明。

与此相应,在中国农村市场发育的演变序列中,华北的农村市场不是后于位处长江三角洲的江南地区,而是走在江南的前面。只不过是由于其在演变过程中导致生态环境的巨大破坏和自然资源基础的缩减退化,才使得这种市场看起来矛盾重重,特别是和江南的市场比较起来,这类矛盾更加突出。只要我们能够将市场变迁的单向发展论暂且搁置一边,进而选取一种多元化的视野,那么这样的市场,既不能归之于不发达市场——其表现是产品市场相对丰富而要素市场发育不充分,也不是一个成熟的市场——即产品市场和要素市场均发育良好且比例相对协调,而只能是一种"过密化市场",是一种发展后的衰落的市场、萎缩的市场。在这种市场发育过程中所衍生出来的一系列制度方面的东西,即主要是生产关系、所有制结构(现在叫产权制度)等,都只具有近代化的表面特征。因为这种要素市场的发育,主要的是在恶劣的生态条件和频繁的自然灾害条件下农民们求生避难的结果,是为生存与安全的需要,而不是追求利润最大化;其形成与发展,也主要导源于因生态多样性的减少、消失而加剧的农户消费需求的多样性和农户生产的单一性的矛盾,而不只是专业化和社会分工扩展的产物;这种市场的实现,也是以环境资源的退化、生产力的巨大破坏及劳动力素质的不断下降为基础的,因而,其最终的结果是不可能导向资本主义繁荣的。至于将明清中国市场的扩大仅仅与专业化和社会分工挂起钩来,并以此推断这样的市场无论是在西方还是在中国都不可能自发地导向工业化,不仅不符合明清中国市场发育的实际情况,而且也是对英国工业革命的误解。

基于以上认识,我们有必要以华北地区人口与资源的紧张关系为背景,以自然灾害和资源退化为中心,从产品市场与要素市场这两个方面来揭示明清以来华北农村市场变迁的动力、性质及演变趋向,以与目前流行于国内经济史学界的"市场经济萌芽论""明清中国经济近代化论"及美国汉学界新兴的"能源转换理论"进行商榷,以期进一步推动相关研究。当然,运用这种方法对华北农村经济进行分析,黄宗智是最主要的倡导者和实践者,但是,由于他的研究"无意展示华北平原生态系统的全部特征",也没有考虑由山地、高原、平原、水系等多样化生态单元所构成的复杂的区域生态系统的全部特征,同时对华北农村几乎周期性爆发的重大自然灾害也未予足够的重视,在考察和核算华北农户微观层次的经济绩效时,还忽视了小农经济行为对环境的破坏所造成的社会成本或环境成本,结果使其所倡导的生态系统分析方法并不彻底,由此亦使过密型商品化理论形成诸多缺环与矛盾,进而有可能颠覆其整个理论体系。

为了弥补这一方法论上的局限,我们必须把研究的视野从平原扩展到山地、高原、森林、水系,从其相互制约彼此作用的整体联系中考察华北农村市场变迁的特质。尽管由于时间和资料的限制,我们不可能也没有必要使研究涉及的地域范围覆盖整个华北地区,但以下几项条件使我们完全有可能以今天的河北省及其附近的周边地区作为考察的中心地区:一是河北省独特的地理位置和地理特征,使其既集中了华北各主要类型的地貌地质形态,又因其西界太行、北靠燕山、南隔黄河、东濒大海、中贯海滦河水系而形成相对独立的区域生态系统。二是资料优势。由于 20 世纪二三十年代河北省政府曾统一部署各县按同一体例续纂方志,该体例又特别注重民生、实业、气候、土壤等事项,所以无论是在方志数量还是质量上,都是同一时期其他各地区难以比拟的,加上明清以来的地方志,就为我们钩稽该地区的生态变迁提供了连续性极好的资料谱系。同样,民国时期有关华北农村的各种社会经济调查,如李景汉的定县调查、燕京大学有关北平郊区农村的调查,特别是满铁调查,也大都集中在这一地区。其丰富完备的信息和大量的统计数据,有利于展开更为细致的计量分析。三是雄厚的学术积累。迄今为止,海内外有关华北农村的区域研究成果也主要集中在冀鲁西北平原,其中比较著名的,除了黄宗智的《华北的小农经济与社会变迁》外,还有美国学者马若孟的《中国农民经济:河北和山东的农业发展,1890—1949》以及国内学者如从翰香主编的《近代冀鲁豫乡村》、许檀的《明清时期山东商品经济的发展》等。所有这些成果,都为我们展开进一步的研究奠定了坚实的基础。

自然与文化的双重变奏

——杨学新、郑清坡主编《海河流域灾害、环境与社会变迁》序言①

在河北大学校领导和历史学院的精心筹划和鼎力支持之下，中国灾害防御协会灾害史专业委员会第十二届年会暨海河流域灾害、环境与社会变迁学术研讨会，于2014年10月底11月初在河北保定得以顺利召开，其会议论文集也在河北大学副校长杨学新教授和历史学院郑清坡教授这两位主编付出辛勤劳动之后在今年出版，在此谨代表中国灾害防御协会灾害史专业委员会向他们表示衷心的感谢。当然，从名义上来说，这本论文集是由中国灾害防御协会灾害史专业委员会主持策划的中国灾害史研究论丛的第一

---

① 该序是以作者在中国灾害防御协会灾害史专业委员会第十二届年会所做开幕式发言和闭幕式总结为基础混合修改而成，除文字上的修改和润色之外，其发言主旨未作改动，特此说明。

部,但实际上也是对本专业委员会前会长高建国先生自2004年以来开创和坚守的会议论文集编纂出版传统的继承和延续,惟愿不忘初心,共同奋斗,续写新章。

此次会议之所以把主题确定为"海河流域灾害、环境与社会变迁",并以河北大学作为学术交流的平台,一个极为重要的原因,就是新世纪以来,在杨学新副校长的倡议和领导之下,河北大学在这一方面开展了相当深入的研究,出版了一系列学术著作,凝聚了一批有志于此的中青年学术骨干力量,其所创立的海河流域环境变迁与社会发展研究中心,也正在成长为中国灾害史研究领域一支值得注意的新生力量。

另一方面,作为整个华北平原或者黄淮海地区的一个组成部分,海河流域是我国自然灾害发生最频繁、灾情最严重的地区之一,也可以说是中国历史上的重大灾害策源地之一。明清时期如此,民国以来也是如此。新中国成立以后,海河流域进入了新的历史时期,其面对自然灾害的综合防御能力和应急救灾能力发生了根本性的变化,但是并不能对该流域的所谓自然灾害从源头上予以根治,自然灾害依然以不同形式时常发生,有时候规模巨大,对国计民生造成重大影响。尤其是改革开放以来,随着城市化,工业化建设的飞速发展,这里和其他地区一样滋生和蔓延着各种新型的灾害,如大气污染、土壤污染、食品污染、水资源枯竭,生物多样性减少等。依据国内外学术界的相关研究,此类由工业化,城市化导致的灾害属于非传统灾害,它们与主要由自然力量引发的水灾、旱灾等传统灾害相比,虽然往往也会以突发性、爆发性的形式展现出来,但一般而言还是呈现出一种渐进性、持久性、普遍性的特点,其波及范围通常也会突破某种地域性的限制,以致有可能影响到我们之中的每一个人。

因此,在今天这片土地上,我们一方面切实地感受到时代的进步,财富的积累,另一方面,不可否认的是,我们也同样面临着各种各样新的威胁。不管是前些年的三聚氰胺事件,还是最近的天津港大火,都给我们带来了极为惨痛的教训。不仅如此,我们脚下的这片华北大地,随着地下水超规模开采,地面沉降愈趋严重,地下漏斗愈来愈多,其所带来的危险不容低估。更加重要且亟需解决的问题之一,除了国内外广泛关注的雾霾之外,就是水资源缺乏问题。前几年,本人曾乘坐大巴从北京赶往天津,对高速公路上兀然出现的一幅广告牌印象极其深刻,其上用大字写出:"谁说华北无大江?"原以为华北地区又新发现某条大的河流,没承想细看其下附加的小标题,居然是"锦江饭店"。在我看来,这样一则广告的确给人一种难以言说的反讽意蕴,它不由得令人深思这片土地之上的河流还有多少可以长盛不衰,清水悠长呢?我的博士生韩祥同学以明清以来滹沱河的变迁为例为此次会议所写的《小黄河之死》,也一定程度上揭示了这方面的问题。我们不仅需要对传统灾害继续进行深入的探讨,我们也需要将前面提及或未提及的各类非传统灾害纳入我们的研究视野,进而丰富、完善我们的灾害史研究。

当然,与以传统灾害为主导的旧中国相比,今日的华北或中国已经远离了饥荒的威胁,但是作为一个充满危机和风险的新时代,我们还是需要从历史的深处寻找某种借鉴。回顾中国救灾史,尤其是明清以来的中国减灾救荒事业发展的历程,我们不难发现,正是以黄淮海流域为中心的华北地区,不仅是中国灾害的最重要的策源地,也是中国救灾制度从传统向近代发生重大转折的主要舞台。尤其是以今日河北为中心的广大地区,曾经接近天子脚下,靠近首都,人文与区域优势突出,因而在这一地区出现的减灾救荒事业往往具有跨地域的典范意义,表征着中国救灾制度可能发生的一系列重大的创新和发展。比如乾隆初期以方观承模式为代表的直隶旱灾赈济,在法国著名汉学家魏丕信的笔下,就被视为18世纪中国政治制度的一抹亮光。其于1970年代末期问世的《18世纪中国的官僚制度与荒政》也成为海外中国灾害史研究的奠基性作品。1870年代,也就是晚清光绪初年,因应着一场造成千万人死亡的大旱灾,即学界熟知的"丁戊奇荒",一种以东南绅商为主导的跨地域的民间义赈开始崭露头角,掀开了中国救灾史上全新的一页。1917年,海河流域大水,著名慈善家熊希龄开办香山慈幼院,将教育与救灾相结合,极大地拓展了民间救灾的领域。1920年,华北再次发生大规模旱灾,此后相当长时间内在民国救灾领域发挥重要作用的非政府国际民间组织"中国华洋义赈救灾总会",由此而生,其主要活动范围就在河北,其所开创的农村合作化运动以及"建设救灾"工程,迄今仍有非常重要的借鉴价值。到了抗日战争时期,在1942和1943年那一场几乎遍及华北的大饥荒中,在邓小平领导下的晋冀鲁豫边区创造性地走出了一条新的救灾防灾之路,我把它称为"太行模式"。这条道路,直至新中国成立以后,也始终是中国共产党领导下的举国救灾实践的缩影和模板。

一句话,我们所在的这个地方,不仅以其一系列的重大灾害问题影响着全国,也是中国救灾制度发展变化的重大发源地。对海河流域灾害及其社会应对开展深入的研究,自然能够使我们的灾害史、环境史研究占据一个制高点。就当今国家的发展形势而言,随着生态文明建设成为国家大战略的有机组成部分和宏大目标之一,随着京津冀一体化建设的纵深发展,对过去和现在的灾害问题、环境问题从历史的角度予以探讨,也显得愈加重要,愈加急迫。事实上,不论是在官方或民间,是在国际舞台还是日常生活中,历史或历史学的重要作用越来越得到大家的认知和认可,而灾害史、环境史有一个最突出的特点,就是自然科学与社会科学相结合,历史与现实的结合,并且拥有一个独特的公共服务功能,因此在这一方面也一定大有可为。

纵观整个会议期间,来自全国各地的专家学者围绕这"海河流域灾害、环境与社会变迁"这一主题,以及其他相关问题,进行了热烈而颇具成效的对话和讨论。这样的讨论,在很大程度上推进了对历史时期海河流域自然灾害与社会变迁之相互关系的研究,也有助于我们从整体上对当前中国的灾害史研究进行新的思考。以下仅仅谈谈个人的几点体会:

首先一个问题就是"什么是灾害?"经过这么多年的研究和讨论之后,这看起来应该不成为一个问题,然而事实上,对它的讨论越多越深入,我们对灾害到底是什么,不仅不一定越来越清楚,有时反而会更加模糊,更加困惑。这就要求我们不能继续停留在长期以来某种约定俗成的框架之中来探讨灾害问题,而是需要有所突破,要有一个重新的思考。不管这样的思考最终是否能够赢得学界的共识,这种思考本身也是灾害史和灾害研究向前拓展的重要标志,也必将推动相关研究向新的台阶迈进。据我所知,从上一世纪末到这一世纪初,在美国从事灾害社会学研究的一批学者,先后编纂过两本书,书名都叫《什么是灾害》,连主编都是同一个人,其中九十年代中期出的第一本,2005 年又编了第二本。从中可以看出,在这十多年的时间内,美国学者对于灾害这一概念的讨论是如何的涌跃,但从书名的一字未易,也可猜想出人们对于这一问题并未达成一致性的认识。当然在相关学者的具体的讨论中,也存在一些连续性的论述,但更多的是变化,是分歧。正是这些变化和分歧,昭示了灾害研究理论的拓展、深入和突破。

这种现象在中国学术界也同样存在。当然,不管怎么讨论,我们的灾害专业委员会从一开始就在章程上给出了明确的界定,据此,所谓的灾害,并不仅仅是一个自然灾害问题,而是包括自然灾害、人为灾害,还有环境灾害。所谓环境灾害,指的是由人为原因导致的自然力量变动而带来的一种灾害,其实质就是前面说的环境污染、资源枯竭、物种减少等非传统灾害。遗憾的是,我们以往的研究和讨论,更多的还是偏重于自然灾害,而这次河北会议,我们以海河流域为主题展开的讨论,对环境灾害的关注是其中非常重要的一部分。虽然对所谓纯粹的人为灾害兼顾得比较少一些,但总体上而言,我们对灾害的研究已经开始呈现出一种多样化的态势。在我个人看来,不管是自然灾害,还是人为灾害或环境灾害,都是人与自然相互作用的一个结果,即便是所谓纯粹的自然灾害,其背后可能也有反自然的因素,而所谓纯粹的人为灾害,同样能找到自然的影子。尤其是此次会议在讨论历史时期蝗灾的成因与规律时,依据西北大学李钢教授对相关史料和理论所做的梳理,我们隐约可以发现,蝗灾似乎只是一万多年来的全新世发生的灾害事件,为什么? 鉴于蝗灾的始发期刚好处于从旧石器时代向新石器时代的过渡时期,是全球农业诞生的时期,我们似乎可以把它的出现看作是农业发明以来地表生态系统单一化进程的结果,它与人类活动紧密相关。蝗作为一种昆虫,它可以在地球上存在很长的时间,但作为一个爆发性事件,对人有影响的事件,它却是借助于人类的农业活动而与人之间建立其密不可分的联系的。

很显然,一旦把考察的时段放长,在一个个看似孤立的自然事件中,都可以看到人这样一种因素在其中曾经发挥的作用,不管这样的作用是有意造成,还是无意而为。此次会议,我们特别邀请太原师范学院著名历史地理学专家王尚义教授给我们介绍他的最新研究"历史流域学",他在报告中说的一句话,我记得很清楚,这就是:"自然之河流淌着的,不仅仅是所谓自然的要素,比如水和沙,它还流淌着文化。"这句话很经典,值得我们反复咀嚼。当然,我们也可以反过来说,在我们文化之流里,也同样律动着自然的力量。只有把这两者的结合当做一种常态,我们才能发现一种更加完整的历史,一种自然与文化多重变奏的历史,不管这样一种结合是一种急剧变化,一种由这种急剧变化引发的爆发性事件,还是一个相对稳定的现象,比如复旦大学历史地理研究中心安介生教授给各位呈现的江南景观,它们都是人与自然交互作用的产物,都是人与自然反复不停地互动着的结果。比如白洋淀,其在 18 世纪乾隆朝时代形成的景观,自然离不开朝廷与当地民众等人力的营建,但是这样的景观一旦持续相当长的一段时间,人们就会忘记这一点,而把自己在白洋淀的观光和徜徉想象成一种大自然的发现之旅。实际上,如果没有其后持续不断的人工修复,所谓似曾相识的景观并不能长期保留下来。这里的白洋淀,这样一种在游人心目中的美丽自然,在某种意义上也是一种反自然的人类干预的结果,这其中也有很多问题需要我们深入的讨论。

以上是关于灾害定义的问题。接下来要说的是,既然灾害,且不管是什么灾害,都应从人与自然相结合的角度来讨论,那么我们对灾害研究的角度、视野和路径,也就离不开所谓的自然科学和人文社会科学相结合这一看起来是老生常谈的问题。正如南开大学余新忠教授所言,我们现在已经不需要讨论这种结合的必要性和重要性,我们需要的是如何去做这种结合,如何使这种结合更完善,更好地服务于我们的研究。

我们可以回顾一下中国灾害史研究的历程,看一下这两者之间曾经的关联及其变动趋势。我们认为民国时期是我国现代灾害学兴起的一个非常重要的阶段。其时有两位重要的人物,一是竺可桢,一是邓拓;一个是做自然科学研究,另一位是做人文社会科学的。建国以后的灾害研究中,做人文社会科学的这一脉,基本上隐下去了,表现活跃的更多是做自然科学的这一脉。虽然1950年代谭其骧先生有关黄河问题的讨论,实际上就是把人与自然这两大要素结合在一起进行考虑的,但总体上来说,人文社科这一脉还是被抑制住了。到了改革开放后,不管是自然科学界,还是人文社会科学界,都在朝着两者结合这一个方向努力。我们的灾害史专业委员会创会主任高建国老师,是研究地震的,长期从事自然科学方面的研究,但他在筹备灾害史专业委员会时,却尽其所能地吸收了一批从历史学的角度研究灾害的人文学者,努力推进自然与人文两方面学者的切磋和对话。同样,作为中国历史学曾经的领头人之一李文海先生,其在开始倡导近代中国灾害史研究的时候,也十分注意两者的结合。他的第一篇有关灾害问题的重量级文章,也可以说新时期中国灾害史研究的种子文章《清末灾荒与辛亥革命》,开宗明义,就是要把自然与社会现象的相互作用,作为探索辛亥革命的一个角度。这是一种时代的契合。

经过这么多年的努力之后,我们不管是在研究对象,研究方法,研究视角,还是对材料的使用等各个方面,都做了大量的工作,而且取得了非常好的效果。这是需要我们进一步予以发扬光大的。与此同时,我也感到,在今天的灾害史研究中,我们一方面还是在强调两者之间的整合,另一方面却也看到一个分化的过程,或者说是在一定程度的结合之后的一个再分化的过程。就人文这方面而论,我们对灾害史的研究,可以是社会文化史的角度,也可以是经济史的角度,政治史的角度,甚至连文学的角度,我们也可以引进来,由此呈现出一个多元化的趋势。同样,自然科学这一面也有各种各样新的学科介入。所有这些,都显示出当前中国灾害史研究的繁荣和发展。

但是也必须看到,这样一种日趋多样化的灾害研究,虽然各自都有各自的学科本位,但毕竟有其共同的研究对象,难免在各自的研究中要牵连到其他方面,因此,在这样一个不断分化和更趋多样化的过程里,我们还是可以感受到自然科学和人文社会科学的一种整合态势,与过去相比,这样的整合可以达到一个更高的水平。在这次会议的一部分论文里面,就可以看出这两者之间的一种新的整合。

当然在从事具体研究的过程中,我们的自然科学和人文社会科学之相互结合,无论是在研究的方法,还是研究的结论等方面,都可能做得比较生硬,两者之间也会存在某种争议,有时甚至做出截然对立的理解。尤其是在此次会议上,既有人文学者对自然科学的一些研究方法提出挑战,也有自然科学学者对人文学者灾害史研究的纯学术性存有疑虑,似有两军对垒之势。但是在我看来,这种对立,看起来是对学科整合的一种质疑,实际上则可视为其中存在的某种内在的张力,是进一步推动学科整合的一种动力。因为正是在这样一种似乎不可调和的张力之中,我们可以更深切地感受到某种极为重要的统一性的东西,而这个统一性的东西就是历史。自然科学也好,人文社科也好,不管两者之间存在多么大的差异,其最后的归宿都是历史的方法,或者说一种看待自然和社会事物的历史观。我们当然必须承认,没有历史的自然科学照样可以取得非常辉煌的成就,比如牛顿的经典物理学体系。但是如果我们在研究物理世界的过程中引入一种历史的视点,就会如事实已然发生的那样,会产生出某种全新的结果,比如格里高津的演化物理学与耗散结构理论,这实际上就是一个新物理学,它在引入历史视角的同时,极大地改变了我们对整个宇宙万物的思维方式。所以,我们做历史,大有前途,无须自卑。

具体到灾害问题,它同样会给我们带来不一样的角度和认识。比如唐山大地震,它到底是自然灾害还是人为的?就地球能量的瞬间爆发而言,它当然主要是自然界力量的异常表现,但是它之造成那么惨烈的人口伤亡,却是与这一地区百多年的工业化、城市化以及由此导致的产业、人口大规模集聚有着不可否认的联系。想象一下这样的地震,如果发生在1870年代此处还是偏僻乡村之时,它会造成那么大的伤亡吗？我们完全可以这样说，没有这里的工业化，就没有以数十万人死亡为代价的唐山大地震。在这里，只有从历史的角度出发，只有把唐山大地震放到一个更长、更大的变动着的时空之内，放到这里在近代才开始发生的工业化大潮之中，我们才可能对人与自然之间在特定年代的特定结合有一个比较清晰的观察，进而对唐山大地震会有一个更好的理解。这种理解，既非纯自然的，亦非纯社会的，而是从人与自然相互结合的生态的视角，对人与自然在持续演化之中纠结于一起的生态学过程所做的历史性考察。也就是说，我们最终要回归的东西，就是一种把自然与人文尽皆包容于内的"历史"，即马克思所说的人类社会所存在的唯一科学"历史科学"。

从这一层面出发，我们就可以对灾害史研究的目的，或者灾害研究与减灾实践之间的关系有不同的看法。曾几何时，对历史时期灾害史料的整理，为我们的自然科学家认识中国各类灾害发生和变化的规律奠定了雄厚的历史学基础。改革开放以来，人文社会学者对中国历史时期一些列重大灾害的研究，包括建国以来发生的三年大饥荒，驻马店大洪水，以及1976年的唐山大地震等这些曾经在政治上非常敏感的灾害事件，都曾从学术层面进行反思；我们这次会议也有这方面的探讨，并提出我们自己的一种认识。这种认识，从某种意义来说，有助于纠正学术界或者社会上一些事实上和认识上的误区，从而不仅推进当前对于灾害的学术研究，也为讨论历史时期的灾害与当代中国政治合法的相互关系，提供了一种辩证的态度和相对合理的思考进路，这同样也是服务于社会。与此同时，还应该看到，历史研究之对于灾害研究的自然科学道路,并不只是停留在史料整理与考证的层面,它实际上也带来了自然科学本身的变革。王尚义先生对历史流域学理论的构建,无疑是一个最切近的例子。更早时期出现的,也更加突出的典范,当属中国水利水电科学研究院的水利史宗师周魁一先生提出的历史模型理论,该理论对 20 世纪末新世纪初期中国防洪减灾战略的重大转变曾经发挥了非常重要的影响。屠呦呦的青蒿素研究,就其本质而言应该也是中国救灾史上的一个重大贡献,她的这一研究所要对付的疟疾,就是一种流行于特定地区的地方性疾病,这种地方性疾病完全可以归于灾害这一范畴。如所周知,如果没有对历史时期相关文献的了解和重新阐释,这一发现过程很可能不复发生,或者会出现历史的延宕。在 2013 年新疆召开的灾害史年会的闭幕式上我曾说过,人文社科趋向的灾害史研究,不仅只是自然科学趋向的灾害史研究的助手,也完全可以和自然科学进行平等的对话,两者相互争鸣,相互砥砺,可以共同推进对于灾害的认识。一方面是人文化倾向的科学,一方面是科学规范导向的人文社科,两者在灾害研究领域可以得到更好的结合。而对于此时此地正在发生的京津冀一体化建设,不仅需要从自然科学的角度提出我们的政策性建议,同样也要从人文社会科学的角度发表我们的看法,更需要从两者的结合,用历史的眼光,展开更加宏大的思索。

事实上,对灾害与历史的研究越深入,就越来越深刻地体会到我们的思维方式本身正在发生的一种变化。在以往,我们所要研究的,基本上是一个无摩擦,无灾患,无危机,没有任何风险的桃花源世界,而今日我们看到的这同一片世界,则更多是各种危机,各种风险,各种灾害,也就是说对于我们生活于其中的这个由自然与社会构成的综合体,我们已不再视其为静态的均衡的,而是必须要把它的不确定性凸显出来,作为我们思考问题的一个前提,或者说把表征人与自然之间异常变动的灾害过程作为研究自然、社会及其历史的新视野。

最后想要提及的是灾害史研究的人才传承问题。就参会主体而言,本次会议一如既往地呈现出百花齐放的局面,其中既有来自山西大学郝平教授领衔的晋军,也有云南大学西南环境史研究所周琼教授率领的周家军,中国政法大学赵晓华教授的赵家军,更有来自自然科学方面的方家军(北京师范大学方修琦教授率领的以研究气候历史变化闻名的地理学团队)和李家军(西北大学李钢教授带领的专门研究蝗灾的地理学团队),当然还有新崛起的河北大学海河流域研究团队,等等。这一支支老中青或中青年结合的队伍,使我们看到了灾害史研究的未来希望。灾害史的研究需要吸收新鲜的血液,需要这种传承,需要更多的青年才俊加入我们的队伍中来,我们也希望下一届会议里有更多年轻,优秀的学者对我们共同的事业做出贡献。而且从上述团队的组合本身,我们也会看到自然科学与社会科学在灾害研究力量方面的一种结合。特别是西北大学李刚教授带领的蝗灾研究团队,虽然十分年轻,却充满着无限活力,既有地理学的基础背景,又兼及历史与人文社科方面的研究,其对蝗灾的考察,既有宏观分析,也有个案探讨。宏观分析注重的是灾害问题的关联性,相关性,个案探讨则聚焦于各相关因素相互之间具体的作用过程,两者在逻辑上相互配合,理论上自成体系。这是一种颇为新颖的团队研究机制,值得推广。

总而言之,众人拾柴火焰高。如果没有河北大学的承办,各个合作单位和研究团队的全面支持和积极参与,这次会议是不可能召开得如此成功,如此顺利的。值此会议论文集出版之际,我向他们再次表示最诚挚的感谢!

2018 年 3 月 18 日
于北京

江淮之间：区域灾害史研究的新征程

——张崇旺、朱浒主编《江淮流域的灾害与民生》代序

从 2004 年 10 月正式成立以来，中国灾害防御协会灾害史专业委员会就在创会会长高建国先生的带领下，每年召开一次年会，而且大都选择在不同的地方举办，并以各所在区域的灾害研究作为年会探讨的主题。这样做的目的，主要是想在依托各地已有研究力量的基础上，尽可能地吸引更多的学者关注此一区域，或者由此引发出对其他区域相关问题的讨论，通过有意无意的对照和比较，进一步显示各区域之间的地域特色与相互关联，以推动对中国灾害史的总体思考。如此十几年坚持下来，灾害史专委员的队伍一点点地扩大了起来，参会人数从最初的几十人甚至十几人猛增到七八十人、甚至百人左右，参会论文的质量每次也多有很大的提升，参会者所在单位可以说分布于祖国各地，原本由为数不多的科研机构和高校主导的灾害史研究终于遍地开花，灾害史之作为历

史学的一门分支学科，也逐渐得到学界的认同。虽然这样的成就是新时期全国各地灾害史研究者共同努力的结果，但作为国内灾害史学者最重要的学术交流平台，灾害史专业委员会在其间所发挥的引领、牵线、汇聚的作用，大约无论如何也是不遑多让的吧。更何况，随着年会的次第举办，我们这些原本埋首于故纸堆的历史学者，也走出书斋、走出象牙塔，自东而西，自北而南，在饱览祖国大好河山、领略各地风土人情的同时，对灾害史研究的现实意义也有着更切实的感受，这反过来变成了我们继续前行的动力。

2014年之后，新一届的灾害史专业委员会，在高先生的指导之下，又连续举办了几届区域灾害史年会，如保定的"海河流域环境变迁与自然灾害"和上海的"江南灾害与社会"等，使专委会的足迹几乎遍及中国东西南北各主要大江大河流域，惟一所缺就是夹在长江黄河之间、古称四渎之一的淮河。适逢安徽大学淮河流域环境与经济社会发展研究中心主任张崇旺教授在上海年会上发出倡议，大家一拍即合，于是"江淮流域的灾害与民生"便成为第十四届年会的主题。此次会议同样得到了各地学者的广泛响应，仅提交论文的老中青三代学者就有80余位，其间围绕着江淮流域的灾害与民生、中国灾害史研究的理论与方法以及其他相关问题展开了深入的讨论，并针对淮河流域的自然灾害与环境治理专门召开学术沙龙，邀请相关专家就该流域的灾害研究和现实问题提出相应地的建议和对策。应该说，此次会议还是取得了一定的成效，其集中的体现就是这本由张崇旺、朱浒主编的年会论文集《江淮流域的灾害与民生》；另据相关消息，在2018年国家社科基金重大项目的入选名单中，由安徽大学淮河流域环境与经济社会发展研究中心申报的"民国时期淮河流域灾害文献整理与数据库建设"赫然在列,这表明至少在属于人文学科的历史学界,淮河灾害史的研究已经得到应有的重视,虽然在此之前,已有诸多学者在此方面做出了巨大的贡献。据该项目主持人朱正业教授在项目开题会上介绍,他们当初之所以申请这一项目,就是接受了有关专家在前述学术沙龙中提出的建议。这大约也算是江淮年会的溢出效应吧。

说来惭愧的是,当张崇旺教授将他编好的论文集发给我,并嘱我作序的时候,我却感到力不从心。作为一个生长在巢湖之滨的农家子女,我对这一块灾害频发的土地太过于熟悉了。我之从事灾害史研究,而且持之不辍,也与我自小对于饥饿和灾害的深切体验密不可分。我也曾目睹故土之民为克服自然灾害、战胜饥饿而作出的艰苦卓绝的抗争,譬如著名的"淠史杭灌溉工程",还以少年之躯投入当时轰轰烈烈的"围湖造田"运动之中,虽然其效果适得其反。此后进城求学,留乡执教,以及北上读研、就职,对家乡的变化,尤其是时或遭遇的灾害既耳闻目睹,也萦绕于怀。可是当我选择灾害史(当时称为"灾荒史")作为自己的学术志业时,我对自己家乡的灾害历史反而没有做过一点点的专门研究,扪心自问,至感亏欠。幸而江淮年会讨论的过程,也就是我的学习过程,而崇旺兄的屡屡"逼迫"更使我不得不抽出相当的时间去请教国内外的相关研究,偶然也会通过无线通讯,求教于生活在那一片土地之上的亲朋故旧,以求释去心中的某些困惑。多管齐下,多途并进,也算对家乡所在之江淮大地的总体历史,尤其是它的灾害以及国家和社会对灾害的响应之历史有了更加全面、更深层次的了解。这并非傲娇之辞,毕竟我接下来所要谈的个人体会和学习心得,主要来源于国内外的前贤和同仁在这一方面取得的成果,我不能否认他们付出的艰辛和智慧。我在此处所要表达的是发自内心的崇高敬意。当然,作为一种体会,总是避免不了掺杂一己之私见,也会多有误读和曲解,如此种种,当然只能由本人负责,而无损于前贤同仁之伟大。惟求方家一哂,于愿足矣。

不妨先从"江淮之间"这一表述开始。据崇旺兄的梳理,其所指范围,有的认为包括今皖苏两省境内西起大别山麓、北抵淮河、南达长江、东至黄海之滨的地带,有的则泛指今安徽、江苏、河南以及湖北东北部长江以北、淮河以南的地区,但总体而言并没有脱出江北、淮南的范围;也有的把它与江淮流域等同起来,指的是淮河以南和长江下游地区,简言之,即江南、淮南。崇旺兄自己选择的是前述第二种标准,但还是注意到这一概念的历史内涵,认为唐宋之前"江淮"和"江淮之间"并用,且泛指江淮之间以及江南的部分地区,但是明清以来仅是特指"江淮之间",不再包括江南地区了。到了近现代,江苏的长江以北地区,习惯上被称呼为"江北""苏北","江淮"一词专指安徽的江北、淮南之地。(参见张崇旺《"江淮"地理概念简析》,《地理教学》2005 年第 2 期。)不过也有研究唐史的学者另有考量,认为"江淮"连称,在先秦至秦,主要指的是淮水流域,"江"字等同于淮或形同虚设;两汉以后确指江北淮南之地,少有例外;唐代以来,其南限越过了长江,把江南也包括在内,而且愈往后,愈以江南为主。(参见张邻、周殿杰《唐代江淮地域概念试析》,《学术月刊》1986 年第 2 期。)新近的研究则倾向于将秦汉时期的"江淮",理解为包括淮河以北部分区域,江北淮南之间,以及长江中下游的广大地区;东汉以后,随着江东地区经济、文化的发展,逐渐被排除于江淮之外。至于先秦时期的"江淮",据考证并非作为地理区域概念,而只是长江、淮河的合称,泛指南方地区。(陈晨:《从边缘到核心——汉晋之间江淮地域社会的演进》,江西师范大学历史文化与旅游学院 2017 年硕士学位论文。)这一研究主要依据的是经史文献,如从考古发掘的甲骨、金石文献出发,则会发现,这一地区在商朝可能属于东夷、淮夷活动范围的"人方";(周书灿:《商代对江淮地区的经营——兼论江淮地区的文明化进程》,《安徽师范大学学报(人文社会科学版)》2009 年第 3 期。)而到了西周时期,又被叫做"南国",其大致范围在今安徽境内之淮水流域、今河南境内之淮水以南地区、南阳盆地南部与今湖北北部之汉淮间平原一带。此"南国"不同于周王国直属的南方国土,即"南土",而是周王朝多次对其进行军事征服却未能有效控制的地区。(朱凤瀚:《论西周时期的"南国"》,《历史研究》2013 年第 4 期。)很显然,同一个"江淮",在不同的历史时期或同一历史时期也都有不同的称呼,不同的含义,如果我们关心的不是某一特定的时段,而是通贯古今,我们最好还是追溯不同时代各自不同的地域认知,去描绘一个变化的、动态的"江淮之间"。下文讨论的江淮,取其广义,主要包括淮北、淮南,兼及皖南等部分长江以南地区(确切地说,应为"江东")。

　　不管其空间范围如何盈缩无常,是大是小,不能改变的是它位处长江、黄河之间的位置,但也正是由于这一夹持之势,使得江淮之间,无论就狭义还是广义来说,其天、地、人、万物及其组合也总是处于一种流动的状态,给人一种捉摸不定的感觉。在我的家乡,"江淮之间"这一说词所表达的,往往指的是这样一种心理状态,一种面临危机和抉择时举棋不定、不置可否、上下忐忑、左右摇摆、前瞻后顾、进退失据诸如此类之犹豫徘徊、踟蹰彷徨的心境。这是一种只有生活于江淮之间的家乡人才能心领神会的特有表述，外地人难以窥见其中的奥妙。这并不表明这里的居民没有主心骨，没有一己之定见，相反，我们拿"江淮之间"作为表达两可之间不确定性状态的隐喻，这一约定俗成的用法本身就是某种确定性的表现。而之所以如此，除了在发音上这个"江淮"与"徘徊"一词有点相似外，更关键的因素还在于我们生活的这片土地，亦即江淮流域、江淮大地，其自身的自然生态以及以此为基础而展开的人文生态之过渡性、中间性和多样性、多变性特征。作为华夏大地之南北、东西、天地（气候、地貌、植被）、海陆的多方位、多层次的多元交汇之处，它在长期以来国内外学术话语中，几乎都被表述为自然、人文方面的"过渡地带""中间地带""文化通道""经济谷地"或"生态走廊"等，虽然由于学科背景或研究视野的不同，人们给予它的名号各有差异，但是作为"中间物"的过渡性、中介性、多元性、连通性和多变性的特征，却是得到广泛的认同。大凡谈及"淮河文化""江淮文化"者，几乎没有不以此作为分析问题的出发点。

值得注意的是，随着生态学思想的普及，以及新兴的环境史研究的影响，近年来有不少学者开始把当代环境保护专家用以对淮河流域环境问题进行分析的生态学理论，转而用于探讨该地域的人文现象及其变迁，尤其是用"生态环境脆弱带"这一概念作为基本的分析框架（如陈业新著：《明至民国时期皖北地区灾害、环境与社会应对研究》，2008年，第75—79页；徐峰《春秋时期淮北江淮地区的政治生态与地理结构》，《南都学坛》2014年第2期）。从我个人的研究经验和当代生态史研究的发展趋向来看,这一概念的引入,真正把握住了江淮之间生态系统的本质特质,也应使我们对江淮流域的认识进入新的层次。它有助于我们从自然、人文交互作用的角度全方位、多层次地阐释江淮大地的生态演化过程,值得在此方面大做文章,做大文章。不过我个人更偏向于"生态脆弱带"这一说法,并赋予其中的"生态"以人与自然的双重内涵。就其统合的一面而言,这一脆弱带是由人与自然两者交互复合而成的生态系统;就其分析的一面而言,它也可以区别为"环境脆弱带"和"社会脆弱带"这两个相对分离的次级生态系统。(参见拙著《民国时期自然灾害与乡村社会》,中华书局,2000 年。)在我看来,目前灾害学界盛行的"环境脆弱性"概念,亦可作如是解,但那已是另一个需要深入探讨的领域了,此处暂且不表。

回到"中间地带"这一话题,我们完全可以做出这样的判断,正是由于此类过渡性、多变性特征,使得淮河流域这一在过去绝大部分时间原本独流入海、独立完整的巨大水系,以及在其中生活过的人们,在有文字记载以来的数千年华夏历史叙事中,其自身的历史,一直被以黄河流域为主体的中原中心史观以及后来逐渐占据区域研究话语霸权地位的江南叙事所遮蔽掉了。即使人们在这类总体性或区域性叙事中也会单独提及它的名号,但无论是考古文化的探索,还是历史时期的研究,其所指代的地域或文化,要么被其北部的黄河文明所覆盖,要么就是被南部长江流域肢解而去。淮河流域,一分为二,自身特色,消弭殆尽。(杨育彬、孙广清:《淮河流域古文化与中华文明》,《东岳论丛》2006 年第 2 期。)有学者为此而鸣不平,坚定地认为:"历史事实表明,淮河流域在中华文明的发展演进中,不论在史前时期,抑或在历史时期,都有着自身的发展体系,都同样有着特殊的历史地位,只是学者们在研究中未能给予其客观的定位而已。"(张文华著:《汉唐时期淮河流域历史地理研究》,上海三联书店,2013 年。)

这当然是后发之明,因为其所肯定的"历史事实",也就是淮河流域曾经有过的辉煌历史,实际上是一个再发现的过程。令人玩味的是,这一再发现,恰恰是创造此种辉煌历史的先民之后辈,在对他们所承袭之淮河过去,也就是"旧社会""旧山河"进行持续改造之时,在对先民文化遗址有意无意地破坏之中才被发现的,而其得到学界和社会的承认,尚须经过几代考古学人艰苦细致的抢救性辨认和考证。如前所述,曾经有过这样一段相当长的历史时期,人们对于华夏文明起源及其演化路径的认识,主要聚焦于黄河流域和黄河文明。黄河流域,尤其是黄河中下游地区,一直被视为华夏文明的核心生存空间,黄河也一直被当做孕育中华文明的"母亲河"。然而其后,尤其是新中国成立以来,为改变过去一穷二白的社会面貌(或社会生态面向),人们在包括淮河流域在内的华夏国土之上进行了空前规模的水利工程建设,以及相应的工业化、城镇化建设,这一场原本与过去决绝的"重整山河"运动,反而把长期以来被遗忘、被掩盖的史前和先秦历史,让肆意纵横的推土机给掘了出来,长江流域之作为中华文明另一个重要源头的判断,逐渐成为举世公认的事实,尤其是位于长江三角洲的良渚文化在考古学家的最新发现中变身而为"良渚文明",使中华文明之光一下子提前到了距今 5000 年前。兼之东北、西北、西南、华南各处的考古新发现,中华文明起源的"满天星斗""多元一体"的大格局已经牢牢地确定了下来。在这一过程中,淮河流域,尤其是它的南部亦即狭义的江淮地区,其考古文化一开始还是被裹挟在长江文化的谱系之中。之后,主要是新世纪以来,随着越来越多的文化遗址被发现,其与江南、海岱、中原、江汉等区系不同的文化异质性愈发凸显,人们对其与前述各区系文化之间的互动关系也有了新的认识,著名考古学家苏秉琦在 1970 年代初期对淮河流域古文化所做的推测,获得越来越多的证据,于是,一种新的完整的考古文化区系——淮系文化区系,通过考古学家手中小小的"洛阳铲"而被清晰地勾勒了出来。(参见《淮河流域古代社会文明化进程研究(笔谈)》,《郑州大学学报(哲学社会科学版)》,2005 年第 2 期。)差不多与此同时,受 1980 年代以来逐渐盛行的社会史、区域史研究的影响,对江淮大地的历史研究也从对总体性的华夏史学的攀附逐步转向本土化、地方化,旨在展示大一统华夏文化圈之中多样化的地方性特色。起初这样的地方化、本土化还笼罩在江南区域史、华北区域史的阴影之下,但久而久之,这类研究开始呈现愈益浓烈的区域主体自觉性,"淮河文区""江淮文化"等概念也呼之而出。(参见张崇旺:《略论"江淮文化"》,《文化学刊》2008 年第 6 期。)

作为一个地地道道的"江淮人",我们没有理由不对这样的新发现鼓与呼。但在欢喜雀跃之余,我们还是应该直面如此冷酷的事实,毕竟这一段源远流长的辉煌历史,终究还是被来自北方的黄河席卷而来的漫漫黄沙掩埋掉了。此情此景,不禁使人想起唐人杜牧的一首咏赤壁诗:"折戟沉沙铁未销,自将磨洗认前朝。东风不与周郎便,铜雀春深锁二乔。"位处大海之滨的淮河流域从来也不缺东风之便,但其早前的历史却深锁在华夏记忆的最深处,人们只能从层累的黄沙和浩瀚的文海之中才能钩沉索隐,使其大白于世。说实在的,对于此种境况,我们只能借用一个不那么妥帖可又没有比它更合适的说法来概括之,那就是"沦陷区",一个中华文明的"沦陷区",尽管自华夏文明成形伊始,它就是其中不可分割的一部分,但至少从南宋以来的一蹶不振,千年走衰,也是不容否认的事实。因此将其确认为"沦陷区",并非故作高论,危言耸听,当然也不是要否认它曾经有过的辉煌。相反,恰恰是有了这样的辉煌,"沦陷"之义方才确然而显。辉煌臻于顶巅,沦陷归为渊底,相反而相成也。在此之外,我所说的"沦陷"还有另外一重含义,前面所说的"沦陷"还没有脱离中国传统文明的圈子,无论是纵向的沉沦,还是横向的凹陷,都是在这一范围内进行讨论的;而第二重含义的"沦陷",则是针对试图取代传统文明的现代文明来说的,它在改天换地的高歌猛进之中,几乎被其自身的非预期负面效应活生生地毁掉了。

此是后话。我们先来领略一下从"淮河本位"或"江淮视野"出发的新探索,看看它们给我们重绘的"黄金时代"到底是何许模样?借助现有的大量研究,大体上应该可以包括以下几个方面,依序说来——

首先,就旧石器时代而言,这里有亚洲已知最古老的距今最晚四五十万年前的古猿化石,有可能是远古人类的诞生地之一;而到了该时代的中晚期,从上游、中游到下游,整个流域遍布人类活动的痕迹。在我的老家原巢湖地区就有两处这样的发现:一为和县龙潭洞猿人遗址,距今约 30 万年;一为巢湖银山早期智人遗址,距今 20 万年。如果将毗邻的差不多处在同一纬度的皖南地区包括在内,则人类活动的痕迹一下子可以往前追溯到 200 万到 240 万年前,比如在芜湖繁昌人字洞遗址,生活着欧亚大陆迄今发现的最早的古人类。此外还有宣城陈山、宁国水阳江两处遗址,距今约 100 万或 80 万年。

到了新石器时代,这里的文化当然免不了要受到周边各种文化交流、碰撞的影响而呈现出多元交汇的特征,但也有不少考古学家从中梳理出具有自身特色的淮系文化,其中已知最早的是距今 9000—7000 年淮河上游的贾湖文化和裴李岗文化,继而是距今 7000—5000 年的上游大河村文化、中游侯家寨文化以及下游的北辛文化、大汶口文化(北部黄淮地区)与南部江淮地区的龙虬庄文化,之后是距今 5000—4500 年的上游谷水河三期文化、中游大汶口文化尉迟寺类型以及下游大汶口文化花厅类型,最后是距今 4500—4000 年的上游龙山时代王成岗类型、中游造律台文化和下游的龙山文化。据考证,这些文化,在居住址、遗物、文化传统、自然环境、原始信仰、精神文化等方面都具有相当多的共同因素,尤其是到了距今 5000 多年的仰韶文化时代晚期与之后的龙山文化时代,从上游到下游,大量城址的发现如雨后春笋,表明这里"与黄河中游的伊洛地区、长江中游的江汉地区、长江下游的太湖流域和杭州湾区、内蒙古中部的长城地带等地同步进入了以城邦为标志的早期文明阶段"。(参见高广仁《淮河史前文化大系提出的学术意义》、张居中《略论淮河流域新石器时代文化》,均载《郑州大学学报(哲学社会科学版)》,2005 年第 2 期。)

与此相应,当人们把这里的的考古发现与现存古文献结合起来,并引入族群视野,1930 年代傅斯年提出的"夷夏东西说"便由此获得了更多的证据支持,进而也面对越来越多新的质疑和挑战,有人提出"夏即东夷说",有人提出"新夷夏东西说",尽管这些新的探讨并不一定会得到学界的广泛认同,但至少表明潜藏在傅斯年假说中比较僵硬的东夷西夏二元对峙格局已经动摇,以淮河流域为主要活动空间的史前部落或族群,作为"东夷"或东方族群之一部分,其对华夏文明的诞生确乎发挥了至关重要的作用,已经得到越来越多的肯定,中原中心的华夏正统史观逐渐得以修正。

接下来进入了夏商周三代的先秦历史时期。曾经共同参与华夏文明创生的东方族群开始发生分异,一部分融入中原,成为新的华夏族群,一部分则依旧作为东夷族群或者说是因应华夏族的形成而分化为东夷。(参见朱继平著:《从淮夷族群到编户齐民——周代淮水流域族群冲突的地理学考察》,人民出版社,2011年。)这些族群,尤其是从中分化而来的淮夷,虽然在中原王朝的压迫下逐步南迁,但其势力之大,不仅深深地影响了夏王朝的政治走向,也与曾经共处一地的商人所创立的新中原王朝长期对垒,而且直至西周一代,其对周王朝是否能够有效控制东国、南国影响巨大,其中的徐夷甚至一度迫使周穆王承认其为东南各族的盟主,而西周的灭亡也与淮夷的反叛脱不了干系。至春秋末年战国之时,吴楚争霸,淮夷仍然活跃于政治舞台,直至被纳入楚王国的一部分,成为与西秦争霸的劲敌。(参见李修松主编:《淮河流域历史文化研究》,黄山书社,2001年。)

除此之外,更重要的是,对后世中华文明产生决定性影响的诸子大家,大多出于此一地域空间,诸如管子、老子、孔子、孟子、庄子、墨子、韩非子及神农学派的许行等,正是他们提出的学说以及相互之间的对话,在群星璀璨的中华文明的轴心时代发出了最耀眼的光芒,在生产工具、矿业开采、稻作种植、水利工程及天文历法等方面,此一地域曾经取得了先进成就。

大一统之后,"淮泗之夷皆散为民户",江淮大地走入全新的华夏时代。依据司马迁、班固的描述,其中的淮北大部是中原文化不可分割的一部分,其余的部分乃至整个淮河南部,则被归入江南楚越之地。不过,历经秦汉魏晋乃至隋唐的持续开发,兼以北方中原持续的战乱和衰败,以淮河流域为主导的江淮大地在隋唐之际迅速崛起,成为其时中国最重要的基本经济区,尤其是唐代辖境内包括今江苏淮北、皖北、鲁南、河南省的河南道,据称是当时全国最重要的产粮区,稻鱼桑麻,远胜长江流域。也就是说,此时的淮河流域才是真正的鱼米之乡,或者说是之后举世称羡的"水乡江南"的前生。"江淮熟,天下足。""走千走万,比不上淮河两岸。""扬一益二。"诸如此类的民谚,足证江淮流域的富裕与繁华。(参见马俊亚著:《区域社会发展与社会冲突比较研究:以江南淮北为中心》,南京大学出版社,2014年。)

这样的"黄金时代",理所当然地要让今日的江淮人引以为傲,引以为大傲。从古人类的起源到华夏古文明的曙光,从三代之时号称人文觉醒的轴心时代到唐宋变革之际江淮新经济区的崛起,一切的一切,无不彰显江淮大地的辉煌与荣耀。如果将叙事的终点在此而刹车,它的过去虽然也曾有过顿挫,但总体而言,还称得上是一曲延绵不绝、昂扬奋进的"欢乐颂"。然而历史的脚步无以阻挡,人类在这一片土地上继续弹奏的乐章,其主调很快便发生了急剧的变动,迄今犹有余响。也就是说,在这之后八九百年的时里，无论我们选择什么样的节点或事件来作为故事的终局，也就是说无论我们采用什么样的主观立场来建构我们对淮河流域的叙事，几乎都改变不了传唱至今、凄凉哀怨的"凤阳悲歌"。当下涌现的有关淮河流域水利史、灾害史、环境史的各类研究，无不以其铁一般的数字和活生生的事实，再现了在这一地域上演的一幕幕惨剧。谁能想到，这一片多灾多难、十年倒有九年荒的广阔大地，最终居然可以成为质疑、颠覆甚至埋葬激进后现代史家海登·怀特之"元史学"的历史世界。就我所知，综观海内外的一众研究，无论是出自自由主义者，还是马克思主义学者，对这一地域的这一段历史，似乎都呈现出浓重的抑郁色调。

不过南宋前后这样一种截然不同的世界，并不应该让我们把南宋以前的淮河史或江淮史浪漫化、诗意化；我们应该清楚地认识到，无论是史前"东夷"的活动空间，还是先秦夷夏、夷楚的共享之地，以及秦汉至宋中原汉民稻香四溢的"沃土"，实际上都未曾改变这一地域之作为过渡性的"生态脆弱带"的基本特质。而这样一种脆弱带，就其自然生态的一面来说，本身就是一个充满风险、危机和灾害的不确定性的生态系统。相比于南宋黄河夺淮之后的八九百年，早先的淮河两岸，虽然目前还很少见到对淮河流域古生态系统展开独立的环境考古研究，但如下表述应该没有太大的问题，那就是气候更为温暖，雨量更加丰沛，森林广布，湖沼众多，动植物资源多样而丰富，其总体自然环境远比现在要优越得多。（参见徐峰《史前江淮地区的生态环境与生业经济》，《中国农史》2013 年第 2 期。）但是，尽管如此，随着气候的冷暖波动，作为气候过渡带的淮河两岸显然要经历更大的波动，兼以淮河干流自西而东从山麓向平原的冲涮,北部黄河频繁的南泛,东部海洋灾害(如海平面上升、海水入侵、台风风暴潮等)不时的侵扰,还有从山东到庐江横贯南北的郯城地震断裂带间歇性的活跃,生活在这里的史前人类和上古先民显然要遭受无数大大小小的灾害冲击;另一方面,淮河两岸独特的"中间地带性",也使这一片多样化的地域空间,成为周边各类人群南来北往、东迁西徙的大通道,由此固然有助于不同文化的交汇与融合,但这样的融合主要的还是在相互的竞争、冲突乃至战争的过程中展开的,这是从人文生态的角度而言两淮地区必得面临而实际上也一直遭遇的重大灾难之源,不管是夷夏之间的东西之争,还是华夏分裂时期的南北之战,这都是两淮流域周期性上演的人间悲剧。把黄河夺淮之前的两淮地区书写成无灾无难、平和繁荣的乐土,不过是一厢情愿的想像。当然,从一定意义上来说,正是这样一种不确定性的环境以及面对这一环境挑战所做的应对,才是包括两淮地区在内的华夏文明诞生和演进的重要动力,我们从孔孟、老庄、墨子、韩非以及其他诸子百家的思想世界中,也都能捕捉到他们对于灾害问题的思考,以及这种思考对华夏文明构建的重要性,只是它的重要性几乎被现时代所有的思想史家或历史学家大大的低估了。两淮地区从先秦的邹鲁渐次扩展,进而蜕变成唐宋的"江淮",也是不同时期国家和民众应对战祸和天灾的产物。

之后的历史,就是众所周知的客水来袭、黄河夺淮的惨剧了。上个世纪末以来国内出版的一系列优秀成果,比如韩昭庆《黄淮关系及其演变过程研究》(复旦大学出版社,1999 年)、吴海涛《淮北的盛衰:成因的历史考察》(社会科学文献出版社,2005 年)、汪汉忠《灾害、社会与现代化——以苏北民国时期为中心的考察》(社科文献出版社,2005 年)、张崇旺《明清时期江淮地区的自然灾害与社会变迁》(福建人民出版社,2006 年)、陈业新《明至民国时期皖北地区灾害环境与社会应对研究》(上海人民出版社,2008 年)、胡惠芳《淮河中下游地区环境变动与社会控制(1912—1949)》(安徽人民出版社 2008 年版)、马俊亚《被牺牲的"局部":淮北社会生态变迁研究(1680—1949)》(台湾大学出版中心,2010 年;北京大学出版社,2011 年),以及最近的吴海涛《淮河流域环境变迁史》(黄山书社,2017 年),等等。对于该流域尤其是淮北地区在黄河长期夺淮的背景下,水系的演变、地貌的变迁、灾害的演化、民生的困顿,以及社会关系的恶化和经济结构的畸变,都做了极为细致、深入的探讨,从中尽显作为黄泛对象之"淮域沦陷区"的沧桑巨变。不少研究更进一步,从自然、社会等不同侧面多方位探讨淮北地区由盛转衰的历史动因,读来令人唏嘘,其中尤以马俊亚"被牺牲的局部"这一富有洞察力的表述,振聋发聩,发人深省。

当然,淮域走衰,动因不一,诸如气候变冷,人口过剩,植被减少,战乱频仍,等等,无疑都是不容忽视的重要方面,但最关键的原因还是人为造成的黄河夺淮。这一"人为"至少体现在如下三大事件之上,依次而言,首先是南宋建炎二年、公元 1128 年东京留守司杜充在今河南滑县的决河之举,为确保偏安一隅之南宋朝廷,不惜将曾为沃土之"淮南"变成后日贫瘠之"淮北"。就连南宋新儒家之鼻祖朱熹也将黄河"自西南贯梁山泊,迤逦入淮来"看做是南宋国运不衰之吉兆,即所谓"神宗时河北流,故金人胜;今却南来,故其势亦衰"。(清胡渭《禹贡锥指》卷十三下引《朱子语录》,转引自韩

昭庆前引书,第 27 页。)面对拱手相让的新"国土",金人自然喜不
自禁,"我初与敌国议以河为界尔,今新河且非我决,彼人自决之以
与我,岂可弃之?"为何?因为"河北素号富庶,然名藩巨邑、膏腴之
地,盐、铁、桑麻之利,复尽在旧河之南"。此处的"旧河之南"当然
也包括其时的淮北,故此,"今当以新河为界,则可外御敌国,内遏
叛亡,多有利吾国"。(《三朝北盟会编》卷一百九十七,转引自韩昭
庆前引书,第 23 页。)宋金两国一拍即合,黄河岂有北归之理?如
果说这时的淮北还是一个"敌国"艳羡之地,那么到了明清时期,
它——确切地说,它在今河南、山东、安徽的大部分及江苏淮阴以
东的淮河两岸,似乎都应归为黄河平原方为妥当——就像马俊亚
痛切直陈的那样,是两家王朝为了捍卫祖陵、保卫运道或治河保漕
而以"国家"的名义完全牺牲的"局部"地区,被大大缩小了的淮河
流域彻底丧失了在唐朝获得的经济中心地位,而被后开发的江南
稳稳地取代了。第三个则是距今 80 余年的黄河花园口决堤事件,
当时的抗日"领袖"蒋介石以其"空间换时间"的防御战略,将 1855
年铜瓦厢改道之后的黄淮地区再次变成了"人间炼狱"。显而易
见,黄河,这条中华民族的母亲之河,之所以又变成中华民族的忧
患之河,固然与其桀骜不驯的自然特性密不可分,但是更与人类对
它的"驾驭"或利用有着不解之缘,它汹涌咆哮也好,它安澜顺轨也
罢,往往都可能是人类尤其是掌控着巨大权力的国家对它的有目
的干预或刻意安排,而且都会给它所辐射到的或大或小地域范围
的无数民众带来巨大的灾难。从这一意义上来说,两淮地区之成
为中华文明的"沦陷区",主要还是国家力量自我操纵的结果,借用
当代后殖民理论的时髦用语,这种情况多多少少也算是一种"自我

殖民"。如果从区域或地方本位的角度来看,这实际上是国家借用黄河的力量对江淮大地所推行的一种内部殖民,是国家在自然生态和社会生态两个方面对两淮地区的资源与民众进行压制和压榨的"内殖民主义"行为。

此种生态内殖民主义,使两淮地区的生态系统发生了根本的转向。当然,作为中华大地南北之间的"生态过渡带"或"生态廊道",由于大运河的贯通,它的地位不但没有被削弱,反而进一步强化了,但也正是这样一种"生态一体化"的进程,使其作为"生态脆弱带"的角色更加凸显。干旱化、单一化开始成为这一"生态脆弱带"的主色调。与早先广大的水域世界相比,今日黄河故道南北的广大淮北地区,在日积月累的黄河泥沙不断的淤积、侵占之下,水系紊乱,河湖萎缩,逐步沙化、碱化、干旱化,吴海涛称之为"黄淮化";而为了蓄清敌黄、束水攻沙以致人为扩大的洪泽湖,则如同悬釜一样,成为苏北里下河地区的洪灾之源;至于淮河中游今河南、安徽境内的淮河两岸,也因洪泽湖水位的顶托而增加了洪水爆发的频率。所以自然生态系统并非静止不变,或变动甚小,以致在历史研究中可以忽略不计。同样,人们通常所说的作为中国旱地、水田作物分界线的秦岭—淮河一线,从来就不是固定不变的,也不是纯自然的产物。它一方面因应气候的冷暖变化而在南北之间往来摆动,而此一时期恰好进入长达数百年的明清小冰期,气候转为不宜,另一方面则因黄河南泛,水地旱化,土质沙化,自然使得水乡稻作向南不断退缩。如果说,沦陷之前的两淮地区在遭遇重大战祸之后往往在不长的时间内还能够得到一定程度的恢复,甚或有所发展,其关键的原因,大约就在于其水资源相对丰富的多样化生态系统内在的减灾韧性,而随着这一系统之生态多样性的丧失,它的应灾能力自然也就大大萎缩了。

另一方面,从人文生态的角度来说,自从华夏中国于元代再次一统之后,除了在元明、明清等王朝交替之际还会周期性地遭遇来自外部的战争灾难,这里的绝大部分时间都处在和平年代,这原本有利于此一过渡带的生态修复,但是和平红利带来的是人口的数量增长和空间扩张,人口压力与资源承载力之间的矛盾愈益凸显,人与人之间的社会关系也因资源的贫瘠化而趋于紧张,两淮地区各地域之间,由于灾害与资源(主要是水资源)这一对利害关系在空间分布上的不均衡,致使生活于其间的同一族群往往也会产生分裂,形成利害互异的利益共同体,不仅村与村之间,县与县之间,甚至省与省之间,因为所处河流水系的上下游或左右岸之别,而在水资源或灾害风险分配过程中产生竞争、纠纷和冲突,时常引发大规模的械斗;(参见张崇旺著:《淮河流域水生态环境变迁与水事纠纷研究:1127—1949》,天津古籍出版社,2015 年。)或者就像美国学者裴宜理的研究所揭示的,在淮北这同一片空间,主要是源于资源匮乏导致的资源竞争与冲突,各地会相当普遍地催生资源掠夺型的土匪集团和资源防御型的联庄会等基层组织,两者之间武装对垒或军事交锋,成为淮域大地一道抹不掉的风景线。(参见裴宜理著:《华北的叛乱者与革命者:1845—1945》,商务印书馆,2007 年。)这是明清民国时期江淮内部族群之间一种内生的战争,它可能暂时性地缓解了某些利益群体的生存危机,但更多的时候还是两败俱伤,最终结果就是从整体上削弱了两淮地区的抗灾减灾能力。它与上述自然生态系统的衰变交叠在一起,给该地域的人群打上了不可磨灭的文化烙印,虽然在行政区划方面,两淮地区并未能像清末曾经尝试过的那样作为一个完整的"江淮省"来进行治理,但至少在省一级,如今日的豫南、豫中,皖南、皖中和皖北,以及苏南、苏北,明清以降大体上一直都被放在同一个行政区划之中进行管理,但这种自上而下的政治力量并不能阻止上述各地在地域认同或地方性族群认同方面形成互相区别的文化界标,如江苏省内与江南人似乎有着天壤之别的"苏北人"等,这种族群分化更在不均衡的区域等级秩序中得以维持和巩固。当然,黄河夺淮,对这一地区似乎并非有百害而无一利。至少其携带的大量泥沙在入海口堆积的三角洲,以及在苏北海岸线的延伸,也算是给多灾多难的苏北人平添了一片稍可回旋的资源空间。

新中国成立之后,这里和全国其他地方一样,在自然和人文两个方面均发生了翻天覆地的变化。其中之一是随着淮海战役的结束,新的政治力量迅即介入,将在其他地区业已轰轰烈烈开展的"土改运动"在此予以推广;而另一方面,新生的国家除了从量的分配方面对江淮流域的人地关系进行重新配置之外,还从质的方面对该地区的地表生态系统进行人为的改造,这就是发端于皖北的"旱改水"或"稻改"运动(参见葛玲:《天堂之路:1859—1961年饥荒的多维透视》,华中师范大学2014年博士学位论文),与其相应的就是在淮河流域实施大规模的水利工程建设和水土治理。"一定要把淮河修好!"正是从这里拉开了新中国水利工程建设的序幕。长期以来人们对新中国成立初期的土地革命运动,完全都是从量的平均分配角度去理解的,而实际上必须把这样的"土改"和与此同时展开的战天斗地的"改土"结合在一起,方能构成完整意义上的土地革命。这样的革命,不仅涉及人与人之间的关系,也涉及人与自然之间的关系,以及自然与自然之间的关系,因此称之为新中国最初的"生态革命"或许更为恰当。

不过,这样的生态革命,其在景观意义上的目标是将其"江南化",或者说在农业灌溉和农作物种植方面通过"学江南"而使其变成"小江南",其在生存意义上的目标,则是根治灾荒,消除饥饿,构建温饱社会,而其在发展的意义上的目标,则在于为以城市为主导的工业化进程提高商品粮基地,提供资本积累,也提供更广大的工业品消费市场。不可否认的是,由于这一运动的激进化、简单化和教条化,这条大踏步迈向"天堂"的道路,遭遇了众所周知的重大挫折和大饥荒,当时的河南、安徽和山东等地,无疑是受害最严重的地区之一。此后经过相当长一段时间的调整,两淮地区绝大部分民众摆脱了饥饿,但也未能更进一步地走出贫困的陷阱,饥饿的威胁依然笼罩在江淮大地上。1978年,贫困的驱动力再一次激发了江淮人的主体性和创造性,因一场旱灾而在安徽凤阳小岗村发起的农村改革,开始席卷全国,也第一次使包括两淮地区在内的中国广大农村逐步摆脱贫穷,赢得温饱,进而走上富裕之路。遗憾的是,这样一种成就之所以达成,除了思想上的解放、制度上的大胆变革之外,还有一个被不容忽视的因素,就是工业化大潮对它的支撑,然而也正是伴随着这样一种工业化浪潮喷涌而出的"三废"污染,使这一地区农村改革面临越来越严重的环境危机。与周边其他地区,特别是其南部的长江三角洲相比,两淮地区在国家的宏观经济规划之中一直都是作为商品粮基地而存在的,在工农业产品剪刀差的价格机制主导之下,它的经济增长远远跟不上其对面的江南及东南沿海的发展速度,而且由于这一地区恰巧又是各所在省份相对落后的农业区,以致人们形象地把江淮大地称之为新时代中国的"经济谷地"或"经济洼地"。这反过来推动着当地的人们把追求的目标从"小江南"转向"小上海",迫不及待地去发展形形色色落后的重污染工业,甚至不惜采取各种优惠措施迎接和拥抱来自东南沿海发达地区的"产业大转移",结果抬高了 GDP,却也摧毁了原本就很脆弱的生态系统,淮河流域这一华夏东部的后发展、欠发展地区反而最先走向工业化、城市化的死胡同,或者叫做"生态瓶颈",传统的、非传统的灾害与风险纷至沓来。淮河,又从一条无水之河变成了全国最严重的污染之河。(参见偶正涛著:《暗访淮河:新华社记者揭出淮河污染真相》,新华出版社,2005年。)虽然经过十多年的治理,这里的环境质量有所改善,但未来毕竟还有很长的路要走。山清水秀、碧水蓝天,到底什么时候才能重新光顾这片远古人类的起源地,这片中华文明的发祥地,以及这片中华原典思想的轴心地带?

或许我只是杞人忧天。因为就在我们的江淮年会于安徽省会合肥召开的前一年,亦即 2016 年,一个新的大型水利工程——引江济淮工程已经在我的家乡破土动工了;到 2018 年,随着长江流域作为国家生态保护带的大战略开始全面实施,"淮河区域生态走廊"这一设想,也在家乡有识之士的倡导之下进入国家战略规划的视野。虽则生我养我的老家,一个不起眼的村庄,很快就要沦为引江济淮工程的一段河床,但我还是衷心地希望我所热爱的那一片故土,在不久的将来可以重新焕发绿色的生机;我同样热切地期盼这些新时代的伟大工程,能够落到实处,能够持之以恒,能够变成真

正意义上的生态革命。果真如此,大概也就应了唐代诗人刘禹锡在与友人白居易初逢扬州时所写的那首著名的七律了:

沉舟侧畔千帆过,病树前头万木春。

是为序。

北京世纪城

2019 年 8 月 15 日

从"自然之河"走向"政治之河"

——被误解的"魏特夫模式"与贾国静的清代黄河史研究

这几年因缘际会,可以有更多的时间专心于自己的学术志业,也就是灾害史和生态史,故此一方面如饥似渴地狂读各类先贤、同仁的著作,一方面如鱼得水般地在大数据时代日趋膨胀的文献之海中肆意冲浪,只是由于生性懒散,以致在长时间的阅读和文献搜集过程中固然不乏创获,且不时迸发出新的思想火花,可一旦拿起笔来,准确地说,是动起手来,顿觉千钧之重,怎么也敲不出像样的文字来。万千思绪,成就的不过是"茶壶里的风暴"。就如这篇序言,著者早在数年前就已将她的书稿电邮给我,希望我这个师兄给几句"美言",我居然也一拖再拖,屡屡失约。好在她的大作即将付梓,我再找不到像样的借口,只好硬着头皮,谈几点感想,也算了了一笔宿债。当然,以我个人的秉性,这里都是实话实说,算不上什么"美言",希望著者不至于太失望。

　　如果没有记错的话,贾国静是在 2005 年秋季进入中国人民大学清史研究所,师从我的导师李文海先生,攻读博士学位。其时先生正主持一项教育部人文社科重大项目"清代灾荒研究",后又受托担任国家清史纂修工程《清史·灾赈志》的首席专家,当然希望自己的学生也能参与这一事业,从而壮大灾害史研究的力量。尽管贾国静在四川大学读硕士时做的是近代教育方面的研究,对灾荒史原本十分陌生,但考虑到她的老家距离山东黄河不远,对黄河灾害多少也有直接间接的体验,而黄河灾害又是近代中国灾害史研究,乃至整个中国历史研究都无法回避的重大话题,所以先生建议她以此作为博士学位论文的选题。没想到一晃十四五年过去了,李先生离开我们也有将近六年的时间,而贾国静却依然耕耘在这片学术园地之上,始终不辍,此种执着,不能不令人钦佩;特别是她不辱师命,不仅对自己的博士学位论文进行反复修改,还在取得博士学位之后不久,就将研究的时段从 1855 年黄河铜瓦厢改道之后晚清河政转向对整个清代河政体制的探讨,足见其勇气和魄力。迄至今日,这两项研究终将同时付梓(《水之政治:清代黄河治理的制度史研究》,中国社会科学出版社,2018 年;《黄河铜瓦厢决口改道与晚清政局》,社会科学文献出版社,2019 年),对于著者而言,这当然是其学术生涯中最重要的突破性瞬间,而对于曾经开创中国近代灾荒史研究的先生来说,这应该是此时此刻同门之中奉献出来的最好的纪念。先生泉下有知,亦当释然。

　　实际上,作为她的师兄,贾国静的清代黄河灾害系列研究也算是弥补了我对先生的一份缺憾。当我早于她入学前十多年,追随先生攻读博士学位之时，李先生就希望我从事这方面的研究。记得当时他给我出了两个题目，其中一为民国救荒问题，另一个就是近代黄患及其救治。他还就后一个选题给我开出详细的提纲来，建议从近代黄河灾害的总体状况，黄河灾害的演变规律及其自然、社会成因，黄河灾害对当时社会的影响，以及国家和社会如何救治和防范黄河灾害等诸多方面，对以黄河为中心的灾害与社会的相互作用进行较为全面、系统和深入的探讨。由于我在读硕士的时候曾以铜瓦厢改道后的黄河治理为题写过学年论文，所以先生明显倾向于我应以后者为题。但那一时期的我，虽然与同年龄的其他学者相比，不过是个"半路出家"的"老童生"，却也算年轻，"胆肥"，不甘于先生圈定的"套路"，最终选择了当时学人研究较少的民国救荒问题（实际上连这一任务也没有完成，而只是对民国灾害及其影响与成因做了一些初步的探讨）尽管后来有一些学者对我那篇讨论晚清黄河治理的论文有一些我自认为不甚妥当的批评，但我还是弃黄河于不顾而言其他了。

谁曾想，我所弃者，正是大陆社会史学界一个新兴领域的成长繁荣之处，这就是从这个世纪初迅速崛起而今成果累累的"水利社会史"。如若当年依循先生的指示，把精力放在近代黄河水患之上，或许我也可以在今日颇负盛名的水利社会史领域有一番作为。人们常说，历史不能假设。我要说的是，如果没有假设，我们的历史研究又将从何谈起？况且说什么"历史不能假设"，在我看来，本质上也是一种假设，它所假设的就是"历史不能假设"，只是这种假设总是把多元复杂的历史过程封闭住了，也因此总是把后来的历史结局当成不以人的意志为转移的单向度的"铁律"了。幸运的是,我之辜负先生之处,正是贾国静以其持之以恒、孜孜以求的努力报谢先师之所,而且也正由于她对先生倡导的灾害史研究"套路"的坚守,才使她的新著在很大程度上区别于今日水利社会史研究的主流导向,从而以清代黄河治理为突破口,在探索历史中国水与政治的互动关系方面进行了颇具启发意义的尝试。

我之作出如许判断,主要是基于中国水利史研究之学术流变的脉络而言的。大体说来,我国现代意义上的水利史研究,当然包括黄河史在内,本质上属于一种以工程技术为主导的水利科学技术史,自民国迄今,名家辈出,成就非凡。与此形成对话的地理学者,主要是历史地理学者,从 20 世纪二三十年代的竺可桢对直隶水利与环境之关系的探讨,到五六十年代的谭其骧、史念海等对东汉王景治河以后黄河八百年安澜之成因的争论,基本上都是立足于人地关系的层面挖掘人类影响下的流域环境变迁对河流水文的影响,每多惊人之论。改革开放以后,尤其是 1990 年代以降,这一流派影响日著,成为中国水利史研究最重要的学术生长点之一。

另一种水利史,也是这里要重点探讨的,则既关心水利工程,也看到河流与环境变迁的关联性,但更注重围绕着水利工程而展开的人与人之间非平等权力关系的构建及其演化,这就是德国学者魏特夫受西方学术传统,尤其是马克思的相关论述的影响而构建的"治水社会"和"东方专制主义"理论(参见魏特夫著:《东方专制主义:对于极权力量的比较研究》,中国社会科学出版社,1989年)。但是这一理论以其意识形态上过于强烈的反共冷战色彩、过于明显的他本人声称要予以超越实则根深蒂固的地理决定论甚至种族主义特质,而在中国学术界遭到强烈的批评。这种批评,在魏

特夫著作的中文译本出版不久,亦即1990年代初期达至高潮,最集
中的体现就是李祖德、陈启能等主编的《评魏特夫的〈东方专制主
义〉》(中国社会科学出版社,1997年)。不过这些批评,虽然表明
要采取实事求是的态度,要从学术而非政治的层面展开,但总体上
运用的还是一种论战式的二元对立逻辑,以至于在去除魏特夫理
论中极端意识形态色彩的同时(按美国环境史家沃斯特的说法是
"魏特夫Ⅰ号"),也使有关水与国家政治之间相互关系的研究
("魏特夫Ⅱ号")似乎成了某种学术上的禁区,很难纳入当时中国
学者的研究视野之中。就连上一世纪三十年代中国学者冀朝鼎在
魏特夫影响下完成的博士学位论文《中国历史上的基本经济区与
水利事业的发展》(中国社会科学出版社,1981年),也被大多数学
者从经济史、水利史、历史地理学或地方史、区域史的角度去理解,
去阐释,而在很大程度上忽视了冀氏所关注的区域水利建设和经
济演化过程中的国家角色及其政治向度。

　　到了21世纪,学界对魏特夫的治水理论逐渐有了新的认识,
更多是从学术上提出各自的质疑。然而有意思的是,不管是1990
年代旨在整体否定的理论批判,还是新世纪以来从实证的角度对
其进行的批判性借鉴和由此提出的对"水利社会"概念的阐释,两
者实际上都是建立在对魏特夫理论充满误读的基础之上。在前一
场批评中,绝大部分学者仅仅把灌溉类的水利工程与专制国家的
兴起和维系挂起钩来,指责魏特夫所谈论的中国治水工程,在中国
国家早期起源之时,主要目的是防洪或排涝以除害,而非灌溉以取
利;而且即便存在少量的灌溉工程,也基本上是地方所为,与国家
无涉。后一场批评,承认了治水与权力运行之间密不可分的关系,

承认了水利对理解中国社会至关重要的意义,却又质疑魏特夫这位忽视"暴君制度"剩余空间的学者"企图在理论上驾驭一个难以控制的地大物博的'天下'",把"洪水时代"的古老神话与古代中国的政治现实"完全对等,抹杀了其间的广阔空间",并从区域史的角度,批评魏特夫只谈所谓"丰水区"避灾除害的防洪工程,却忽略了"缺水区"资以取利的农田灌溉,特别是华北西北干旱半干旱地区的水利灌溉,因此建议放弃或搁置魏氏所提出的"治水社会",转而采用"水利社会"的概念,更多地发掘普天之下中国各地区"水利社会"类型的多样性。(参见王铭铭《"水利社会"的类型》,《读书》2004 年第 11 期;行龙《从"治水社会"到"水利社会"》,《读书》2005年第 8 期。)但是前一场批评,更多是从先秦时期的上古立论,而对秦汉以后,尤其是明清时期的中国治水事业忽焉不提或论之甚少。这样做,固然有其学理上的逻辑,也就是从国家起源的角度否定治水社会和专制主义的存在,由此掐断魏特夫所谓"东方社会"之专制主义传统似乎先天而生、后天持久的逻辑链条,姑且不论这种对先秦历史的论述是否妥洽,其中对秦汉以降中国历史留下的空白,恐怕并不像秦晖所说的那样有效地颠覆了魏特夫的"治水社会"论(秦晖:《"治水社会论"批判》,《经济观察报》2007 年 2 月 19 日),相反在很大程度上倒是默认了中国封建社会或传统中国后期治水与国家体制的关系,至少承认了专制集权体制作为一种历史现象在中国的存在,以及这种存在对治水活动的影响。后一场批评以及以此为基础而展开的实证研究,以其对于魏特夫理论的误读,一方面将"治水社会"的国家逻辑悬而置之,一方面又延续了魏特夫理论中不可或缺且着意强调的存在于干旱半干旱地区的灌溉逻辑,其不同之处在于魏特夫是从大一统的自上而下的宏观视角立论,关注的是大规模的灌溉工程,而新时期的水利社会史则落脚于区域基层社会,聚焦于中小型灌溉事业,从地方史的微观角度自下而上地进行探索。这样的探索,涉及宗族、村落、会社、产权、市场、民俗、文化、信仰、道德等地方社会的诸多面相,勾勒了国家与社会复杂多样的关系,涌现出诸如"库域社会""泉域社会",以及与"河灌""井灌"甚至"不灌而治"等有关的地方水利共同体的新表述,自有其学术上不可否认的重大贡献。(参见张俊峰著:《水利社会的类型:明清以来洪洞水利与乡村社会变迁》,北京大学出版社,2012年。)

对于这样一种走向民间、深入田野、自下而上的研究路径,学界在追溯其源流关系时,要么归之于上一世纪五六十年代美国人类学家弗里德曼的宗族研究,要么是更早的四十年代日本学者提出的"水利共同体"理论,然而即便如此,这样的讨论也未见得完全超越了魏特夫的论证逻辑。这一点连"水利社会"概念的鼓吹者如王铭铭也无从回避,毕竟魏特夫眼中治水体系也有不同的类型,如"紧密类型""松散类型",有"核心区""边缘区"和"次边缘地区",而对于像中国这样"庞大的农业管理帝国",则属于包括治水程度不一的地区单位和全国性单位的"松散的治水社会",其治水秩序"存在着许多强度模式和超地区性的重大安排",而且看起来不受限制的"治水专制主义"的权力也不是所有地方都起作用,大部分个人的生活和许多村庄及其他团体单位也未受到国家的全面控制,只不过这种不受控制的个人、亲属集团、村社、宗教和行会团体等,并不是在享受真正的民主自治,至多仅是一种在极权力量的笼罩下有一定民主气氛的"乞丐式民主"。相比之下,单纯地聚焦于日本学者发明的地方性"水利共同体"或弗里德曼的"宗族共同体",也就是秦晖所说的"小共同体",反而有可能忽略了国家这一"大共同体"的角色,也不利于更深刻地探讨大小两种共同体之间在水资源控制与利用这一场域的复杂互动关系。从这一意义上来说,不管是"治水社会",还是"水利社会",这两个概念看起来内涵不一,其实大体相同,都可以用一个表达来概括之,即"hydraulic society"。而且,相较于"水利社会","治水社会"概念反而更具包容性,防洪、灌溉及其他一切与水的控制、开发、管理、配置、维护等有关的技术、工程、制度、文化等均可囊括其中,只是对于治水的主体,不能仅仅局限于国家这一"大共同体"或地方社会这种"小共同体",而应该兼举而包容之,如此方能真正呈现出一个上下博弈、多元互动的治水共同体的面貌来。

国际学界对魏特夫的理论反响不一,赞同者视之为超越马克思和韦伯的伟大作品,质疑者如汤因比、李约瑟则直指其对所谓"东方社会"的意识形态偏见,可是无论如何,由魏特夫大力张扬的治水与权力之间的关系仍是后续研究者绕不开的话题。其中一个引起中国学者较多关注的趋向,是由法国著名中国史家魏丕信倡导的,从国家与地方力量动态博弈的角度出发对"魏特夫模式"所做的反思与挑战。这一批评,首先是从地方环境的多样性、差异性入手,从空间层面质疑"水利国家"在权力结构上的一体化、普遍化和均质性,认为不同的地区治水与灌溉问题千差万别,国家机器在各地承担的职责及其干预程度各不相同。其次是从长时段的时间维度挑战"魏特夫模式"在权力结构上的长期延续性,在他看来,由于水利灌溉建设本身引发的诸多内在矛盾所导致的非预期效应,包括各种不同利益群体之间日趋激烈的冲突以及水利工程建设与水环境之间日趋紧张的关系,使得明清以来"中华帝国晚期"的"水利国家"实际上经历了一种发展—衰落(魏丕信名之为阶段 A 和阶段 B,两者之间有时还夹者一个"危机"阶段)的王朝周期,在发展阶段,国家在水利工程建设中担当直接干预者的角色,其后随着各种矛盾的展开,国家更多的是运用权术,在水利利益冲突的不同地区、不同力量之间维持最低限度的平衡和安全,国家与水利的关系类型也从大规模的"国家干预功能"转为"国家的仲裁功能"。何况即便是在发展阶段,水利政策的目的也不是要建立一个"仅由国家"负责的制度,即完全由官僚管理运作,由官帑提供资金支持,而是试图寻找一条置身事外的"最小干预"原则,尽可能地限制直接干预的领域及官僚机器的范围,努力提倡和组织地方社团对其各自的福利和安全负起责任,及至后期,除了发生特大水灾等紧急状态之外,国家干预从日常维护方面逐步退缩,一个由或多或少具有某种自治意味的中间群体作用日显。魏丕信据此认为,应该将"东方专制主义"反过来加以解释,亦即"水利社会"比"水利国家"看起来更为强大。(参见魏丕信:《水利基础设施管理中的国家干预——以中华帝国晚期的湖北省为例》,原载 Stuart Schram 主编《中国政府权力的边界》,东方和非洲研究院、中文大学出版社,1985 年;《中华帝国晚期国家对水利的管理》,1986 年 9 月,澳大利亚国立大学远东历史系。译文分见武汉大学出版社,2006 年,陈锋主编《明清以来长江流域社会发展史论》第 614—647 页,第 796—810 页。)

　　显而易见,魏丕信在 1980 年代中期对"水利社会"所做的定义,以及他所采取的研究取向,与后来在中国兴起的"水利社会史"的追求大为契合。由于魏丕信赖以立论的基础主要还是长江中游的两湖地区,他在行文中有时又特别提及该处与黄河平原的差异与不同,以致很多学者都把他的研究和纯粹的地方史取向完全等同起来,并认为这样的研究忽视了国家曾经扮演的角色,因而呼吁在水利史研究中"把国家找回来"。这就是任职美国的华裔学者张玲在其新近出版的大作中(《河流、平原和国家:一出北宋中国的环境戏剧(1048—1128)》,剑桥出版社,2016 年)努力为之的学术工程。不过,张玲的目标不只是要与当前盛行的水利史的地方化取向展开对话,她更大的抱负是在"把国家找回来"的同时,对魏特夫的国家取向和魏丕信及其前驱日本学者的地方取向进行双重的反思。在她看来,这两种取向都是从治水的生产模式("hydraulic mode of production")出发的,都忽略了治水的另一种模式,即消耗模式("hydraulic mode of consumption")。而从后一种模式出发,"魏特夫模式"的局限,尽显无遗。黄河北决,不仅危及民生,更是事关国防,因之治黄灌溉,是北宋王朝几代君主的梦幻工程,但就总体而言却非国家事务的全部;而且这样的工程,极大地消耗了当地及邻近区域,乃至其他地区的大量人力、物力和财力,也给当地的环境、社会带来巨大的破坏,结果不仅无助于国家集权力量的凝聚和巩固,反而犹如一个巨大的人造黑洞,造成国家权力的急剧削弱和地方生态的衰败。张玲由此得出结论,治水不仅无关于国家专制,反而削弱了已然集权的国家力量。

　　平心而论,不管是魏丕信对"水利国家"的反转,还是张玲对水利与国家之间相互关联的剥离，从各自的论证逻辑来说，似乎都未能从根本上颠覆"魏特夫模式"，反而在一定程度上为后者添加了新的注脚，我们完全可以把两者的研究看作是"魏特夫模式"的变形。就魏丕信而言，他的确从时、空两方面把魏特夫、冀朝鼎确立的国家与水利之间的关系复杂化了，但这种复杂化破掉的更多是一种僵化的国家想象，相反倒是树立了一个更具弹性和生命力的中央集权体制。他从地方入手，却并未拘囿于地方，而是把国家干预置于地方权力网络之中，着力探讨国家职能和不同区域地方势力相互博弈的动态演化机制，而且也没有完全排除在发生特大灾害等紧急情况下国家大规模干预的事实，更不用说在论证过程中反复声明要避免对中国的政府管理和水利之间的关系做出草率的概括性结论，认为在"环境更不稳定且危险，水利则直接影响漕运"的黄河平原，"大规模的国家监督和组织是非常必要的"。同样，他所提出的有关水利兴废的"王朝周期"论，也没有局限于某一特定时段国家或地方的治水实况，而是从一个更长的时段探索国家治水职能的周期性变化，但是这种变化似乎也没有为某种新的水利管理模式打开缺口，而只是一种循环往复的周期性振荡，一种难以逾越的"治水陷阱"（hydraulic trap），尤其是他所关注的在治水周期的衰败阶段崛起的地方自治势力，最终往往还是失去控制而陷于无序状态，故从这种王朝周期中，我们所看到的并非中国历史的断裂，而是中华帝国晚期与现代中国之间值得关注的延续性。这与魏特夫的相关判断似乎也没有太大的不同。更重要的是，魏丕信的治水周期论和他在对治水周期的论证中发掘出来的追求成本最小化的"国家理性"，也可以从魏特夫对治水政权在管理方面采行的"行政效果变化法则"所做的论述中找到理论上的源头。据魏特夫的阐释,此种变化法则,包括行政收益大于行政开支的"递增法则"、行政开支接近行政收益的"平衡法则"以及收不抵支的"递减法则"三个方面,三者又各自对应治水过程的三个阶段,即扩张性的上升阶段,趋于减缓的饱和阶段以及得不偿失的下降阶段,虽则这种理想的变化曲线与实际的曲线并不能完全吻合,而是因地质、气象、河流和历史环境等诸种因素导致无数的变形,但大体上还是"表明了治水事业中一切可能的重大创造阶段和受挫阶段"。在这样一种"治水曲线"中,魏特夫一方面揭示了治水社会维持政治秩序之和平与长久的"理性因素"或治水政权"最低限度的理性统治",另一方面也注意到了治水扩张有可能带来的结果,即"水源、土地和地区的主要潜力耗竭用尽"之时,从而在一定意义上提示着魏丕信着意强调的国家治水行为的"非线性逻辑"。

如果这种对于"魏特夫模式"的理论考古能够成立的话,张玲的研究也完全可以从反面进行同样的解读。也就是说,正是由于黄河治理的重要性,事关王朝的安危存亡,才使北宋政府几乎倾国力而为之,在北徙黄河流经的区域(即张玲所说的"黄河—河北环境复合体")内外乃至全国范围进行国家总动员,所谓动一发而牵全身,虽然其结果不尽如人意,甚至适得其反,但这一过程本身正好极其生动地展示了北宋王朝水与政治之间的深刻关联。何况北宋王朝在黄河流域的所作所为,至少在王安石变革时期,也只是它正在自上而下推行的全国范围的农田水利运动的一部分。此时的中原国家,其对地方水利的干预程度远超后世。进一步来说,把生产和消耗截然分开,无论就学理,还是实践,似乎都不大行得通,我们大可以把所谓的消耗看成是生产的成本,只是北宋时期这种大规模的生产性水利付出的成本看起来过于高昂,且得不偿失,最后以失败而告终。实际上,魏特夫的研究并未将"灌溉工程"与"防洪工程"混而视之,而是作为"生产性工程"和"防护性工程"区别对待,并对两者与国家权力构建关系的异同做了比较清晰的界定。

把眼光再拉回到魏丕信关注的明清时期,尤其是被其视为清朝水利周期衰败阶段的嘉道时期,继之展开的相关研究,如 Jane Kate Leonard 的《遥制》(*Controlling from Afar*: *The Daoguang Emperor's Management of the Grand Canal Crisis*, 1824—1826. University of Hawai'i Press, 1996),兰道尔的《御龙》(*Controlling the Dragon*: *Confucian Engineers and the Yellow River in Late Imperial China*. University of Hawai'i Press, Honolulu, 2001)等,对清廷在黄河、大运河等河流治理的方略、投入和技术创新提出了不同的解释,力图修正魏丕信有关"水利国家"的"王朝周期"论。即便是 1855 年黄河铜瓦厢改道之后,清王朝及国民政府对曾经的国家治理重心黄运地区逐渐疏而远之,甚至弃之不顾,也就是从传统的国家建设的重大任务中退出,使其成为为国家新的战略重心服务而牺牲的边缘性腹地,这样的情况,在美国著名历史学者彭慕兰看来,亦非国家治理能力的衰败和下降,而毋宁是新的历史时期国家构建战略的转移,因为此次河患发生之时,正值中国面临着一个竞争性的民族国家的世界体系的威胁和冲击,国家治理的方略不再是旧的儒家秩序的重建,而是趋于新的"自强"逻辑。(参见彭慕兰著:《腹地的构建:华北内地的国家、社会和经济(1853—1937)》,社会科学文献出版社,2005 年。)如果说张玲对北宋时期"黄河—河北环境复合体"的研究提供的是国家失败的案例,在彭慕兰的笔下,晚清民国时期生态上同样衰败的黄运地区,则是国家建设有意为之的产物。我前面提及的于中国人民大学攻读硕士学位时完成的学年论文,也注意到了晚清朝廷以洋务运动为起点的富强战略对黄河治理的重大影响,可惜并未引起太多学者的注意。这里需要强调的是,晚清、民国基于"自强"逻辑的区域重构战略,看起来使治水与国家建设暂时脱离了关系,但是也正是这一被国家重构的衰败之区,正如彭慕兰的研究所揭示的,最终成为动摇乃至颠覆这些相继而起的践行自强逻辑的国家政权的一系列重大"叛乱"或革命的重要策源地。这无意中印证了与水之利害密不可分的"民生",自始至终都是中国最大的"政治"之一。

很显然,国外的中国水利史研究似乎并没有因为地方史、社会史的兴起而把国家抛诸脑后,而是对国家权力与水利的关系进行了延绵不绝的多元化、多层次的思考;而且随着研究的不断深入,这种对国家的关注,其焦点逐渐地从国家能力或国家建设(即英文"state building")延伸到意识形态和文化象征建设的层面,也就是从政治合法性的角度展开讨论。彭慕兰在研究中已经留意到这个问题,并对涉及国家能力或行政效率的国家构建与关乎政治合法性问题的"民族构建"("national construction")做了区分,只是由于彭的重点是从社会、经济的角度进行分析,故此只好把后一视角舍弃掉了。这在一定程度上削弱了他的"区域建构"论的解释力度。好在这一遗憾很快就由另一位美国学者弥补了,这就是戴维·佩兹关于二十世纪上半叶的淮河和下半叶的黄河这华北平原上两大河流的治理。(参见氏著《工程国家:民国时期(1927—1937)的淮河治理及国家建设》,江苏人民出版社,2011 年;《黄河之水:蜿蜒中的现代中国》,中国政法大学出版社,2017 年。)可见在这些海外学者的笔下,政治或者权力,犹如挥之不去的幽灵,始终游荡在历史中国源远流长的大江大河之中。

当然,张玲所批评的"去国家化",在国内的水利史研究,包括后来兴起的区域水利社会史研究中,或多或少是一个长期存在的事实。但同样令人欣慰的是,进入新世纪以来,这一局面已经在一批中年轻学者的努力之下逐步得以改观。就我比较了解的清史研究领域而言,较早在这一方面进行探索的,是曾在中国人民大学清史研究所攻读博士学位而后供职于中国水利水电科学研究院水利史研究室的王英华女士,从最初讨论康熙时期靳辅治黄到后来对明清时期以淮安清口为中心的黄淮运治理的研究,都尽可能地将国家治河的战略决策、治河工程的规划及其实施,以及治河技术的选择,放到中央与地方、地方与地方的权力网络之中,从帝王与河臣、帝王与朝臣、帝王与督抚,以及河臣与朝臣、河臣与漕臣、河臣与督抚、河臣与河臣等诸多相关利益主体间的关系和冲突中展开论述,从而使"自然科学领域的黄淮关系研究,充实了'人'这一关键环节"。(谭徐明语,见王英华著:《洪泽湖—清口水利枢纽的形成与演变》,中国书籍出版社,2008 年。)确切地说,这里的"人"应为"政治人"。同样是清史研究所毕业的和卫国博士,选取江浙海塘这一为区域社会史研究排斥在外的关乎大江、大河或大海等重大公共工程作为研究对象,更自觉地对"水利社会史"的地方化和脱政治化取向进行反思,重新提出水利或治水的"政治化"问题,同时又不满于传统政治史研究局限于制度沿革、权力斗争的习惯做法,改从政治过程、政治行为的角度,力图为读者勾勒出一幅十八世纪中国政府职能或国家干预全方位、超大规模加强的鲜活画面。(参见氏著:《治水政治:清代国家与钱塘江工程研究》,中国社会科学出版社,2015年。)这一研究秉承的是一面倒的"正面看历史"的立场,希望读者看到的是十八世纪大清王朝之为民谋利的"现代政府"特质。与此相反,南京大学的马俊亚教授受彭慕兰黄运研究的启发而撰写的《被牺牲的局部》(北京大学出版社2011年版),从一条被比其更大的河流蹂躏了近千年的河流——淮河,一个被最高决策者作为"局部利益"而为国家"大局"牺牲了数百年的地区——淮北出发,对1680年以来清朝频繁兴建的巨型治水工程作出了截然不同的判断,认为这些工程"与农业灌溉无关,与减少生态灾害无关,主要服从于政治需要",服从于远在这一区域之外的中央政府维持漕运的大局,因而完全是"政治工程",而非"民生工程"。此处无意对这些不同的声音做是非论定,但从这样一种客观上展开的学术争鸣中,不难发现国内学者对水与政治之关系日趋增强的研究兴趣,也表明在当今中国的水利社会史研究几乎趋于饱和状态之际相关学者对寻找新方向的渴望。

走过如此这般冗长乏味且多有遗缺的学术之旅,我们终于可以对贾国静的新著说三道四了。

从研究旨趣、研究方法和研究内容来看,贾国静推出的成果无疑是属于上述新的水利政治史研究的一部分。不过如前所述,她对这一问题的探讨已非一日之寒,有关认识在其博士学位论文、博士后出站报告以及此前的相关发表中有着较为系统、深入的阐述。她对水与政治之间的关系,也没有局限于权力博弈、政府职能或国家能力建设等方面，也就是仅仅关注国家权力在治水领域的单向度扩展，而是在尽可能地吸纳此类视角之外，同时关注治水过程对国家政治的影响，并将其上升到王朝国家政治合法性的高度，从更深的层次探讨治水与国家的互动关系（其对于"治河保漕"论这一国内外学界几成确定不移之共识提出的质疑，就超越了一般意义上的"国家建设"逻辑），进而以此为基础与美国"新清史"中有关治河问题的论述进行对话，此为贾国静新著之最大特色。另一方面，她对清代治水过程的探讨，固然是以国家最高政权为核心，但同时也兼顾到了中央与地方、地方与地方，在黄河或南或北的大尺度迁流过程中，围绕着黄水之害（即"烫手的山芋"）在地域分布上的不均衡而展开的竞争性政治规避行为，以及这种政治竞争对治河体制的影响，在很大程度上也丰富了人们对清代政治及其变迁的认识。她之所以能够做到这一点，当然是其自觉地追踪国内外学术前沿的求新精神的结果，也与她始终坚守的李文海先生的灾荒史研究"套路"有莫大的关联。这就是从自然现象与社会现象相互作用的角度，重新思考和解释近代中国历史上发生的一系列重大政治事件。当然李先生和他的团队先前主要讨论的还是晚清的灾荒与政治，包括黄河灾害与鸦片战争进程等相互之间的关联，作为弟子的贾国静则将其延伸到鸦片战争之前的前清史，使读者对整个清代以黄河灾害及其防治为中心的治水事业及其演变过程，以及这种治水事业与国家政治在从传统向近代转换这一波澜壮阔的历史大变动中两者错综复杂、不断变化的互动图景，有了相对清晰的认识。就此而论，她在结语中得出这样的判断，即黄河不再是单纯的"自然之河"，而是被赋予了很强的政治性的"政治之河"，大体而言,还是言之成理,言之有据的。

毋庸讳言,贾国静的研究,尽管取得了不小的成就,提出了不少值得深入探讨的话题,但仍有诸多未尽成熟之处,有待于以后进一步的思考和拓展。这里不妨再来做一种假设——

如果作者在集中探讨清代治河体制之时,能够兼顾这一体制及其兴废与地方基层政治和民间社会的深刻关联;如果在着重分析黄河下游干流治理的同时,留意一下它与流域内支流水系治理之间的矛盾与冲突,并对黄河上、中、下游(包括黄河源、入海尾闾和黄河三角洲在内)不同河段在治理过程中的不同地位及其内在联系有一定的关照;如果在强调黄河之区别于其他河流的特殊性之外,也对黄河之于长江、永定河等河流在河流特性、河道治理在国家和地方权力介入上存在的共性有所认识,并进行相应的对比;还有就是,如果在更大的程度上正视黄河自身的真正特殊性对河道变迁和黄河治理的影响,进一步地突出河流的自然特性对人间社会与政治的作用力度……那么,在其笔下呈现的黄河,可能就不是目前给我的一种感觉;这样的黄河,就如同其在现实的区域生态系统中显现的那样,依然是一条"悬河",一条悬浮在流域生态系统和基层社会之上、交织于以省为单位的地方行政权力网络之中的"政治之河"。可能的原因,或在于作者相对忽视了水利社会史学界在区域研究方面已然取得的成就,亦未能更加充分地借鉴新世纪以来方兴未艾的水利环境史研究可能提供的方法论优势。如何把这一条横贯东西的"悬河",真正地植入千百年来被其深刻地型塑反过来又型塑其本身,且在空间上极为辽阔的由自然、人文纠结而成的网络状生命体系之中,进而对杂糅其间的人与自然的关系、人与人的关系以及自然与自然的关系,进行更加详尽和深刻的描绘,让黄河变得"悬而不悬",从而有可能真正超越魏特夫的理论构造,这将是一项值得为之持续奋斗的志业。事实上,纵览神州,恐怕也没有哪一条河流能像黄河这样可以为我们从事此项志业提供如此难得的实践平台。借用贾国静的话,黄河就是黄河,但需要补充的是,黄河的这一特殊性,正是源自黄河之型塑中国的广泛性、深刻性和持久性,从而也凝练了中国历史的关键特质。

我知道,我在这里提出的种种批评,对于这部即将面世的新著来说的的确确是过于苛求了;但令人高兴的是,就我目前的了解,这部新著的作者已经对自己过去的探讨进行了自觉的反思,并开启了新的黄河研究的征程。作为她的师兄和同行,我期待着作者在不久的将来写出更加精彩的黄河故事。

搁"笔"至此,已为凌晨。悄然之间,距离业师李文海先生逝世六周年祭日又近了一天。作为一众后辈,我们所能做的,就是以加倍的努力,继续耕耘于他所重新开辟的这一片灾荒史园地,耕耘于他一生为之奉献的中国历史世界。是为序。

2019 年 5 月 19 日
草于北京世纪城

新时代的"山海经"

——2018 年 5 月 24 日中山大学"太平洋的环境史"国际学术研讨会开幕式发言

经过一年多来的筹备,"太平洋的环境史"国际学术研讨会今天正式开幕。作为此次会议的合作者之一,首先请允许我代表中国人民大学生态史研究中心向尊敬的麦克尼尔教授和来自世界各地的专家学者表示衷心的感谢;同时,我也要转达我们中心的名誉主任、著名的环境史研究奠基人之一唐纳德·沃斯特教授,向各位表示歉意。他因为今天上午必须参加一项比较重要的颁奖典礼,不能参加我们的开幕式,也不能亲自主持麦克尼尔教授的主题报告。他说,他会在今天晚上赶过来,而且会按照中国人的习俗,晚宴之时,向大家自罚三杯,以酒致歉。

接下来,我还要借此机会向此次会议的东道主——中山大学历史系以及对于此次会议给予鼎力支持的中山大学各位领导表示诚挚的谢意。尤其是年轻有为的谢湜主任和热情洋溢的小伙子费晟博士在此次会议的筹备过程中付出了大量的辛劳、汗水和智慧，使此次会议得以顺利召开，我对此深感钦佩。

我们中国人民大学自上一世纪八十年代中期，就在已故中国历史学会主席、著名历史学家李文海先生的倡导下开展中国灾荒史研究，试图从自然与社会相互作用的角度对近代中国发生的诸多重大政治事件进行新的探讨，从此开辟了中国灾害史研究的新阶段。进入 21 世纪，我们又和国内其他同仁一道，大力倡导开展环境史研究，并在 2012 年成立跨学科研究平台，即中国人民大学生态史研究中心，其中一个重要的目标就是在中国大陆把它打造成一个国内外环境史学者进行学术交流的重要基地。六年来，因为有了沃斯特教授的指导，有了德国慕尼黑大学蕾切尔·卡逊环境与社会研究中心克里斯多夫和赫尔穆特两位主任的强有力的支持，也因为有了环境史研究的新星侯深博士艰苦卓绝的工作，我们在这一方面已经取得了比较大的成功。此次与中山大学历史系的合作，是我们第一次走出北京，但是我相信，正是有了中大领导的支持，有了各位专家学者的参与，尤其是有了著名环境史家麦克尼尔教授和海洋环境史家 Poul Holm 教授的光临，此次会议一定会取得圆满成功。

对于此次会议的主题，也就是海洋环境史，我完全是个外行，是地地道道的井底之蛙。庄子有云：井蛙不可以语于海也。我现在居住的地方叫做海淀，名虽为海，却不过是些稍大一点的水塘而已，何况今日早就被高楼大厦所取代。但是我相信，此次会议所引发的话题，对于推进中国的环境史研究，甚而对于推动中国的历史研究,理应发挥它应有的作用。伟大的哲学家黑格尔在他的《历史哲学》一书中,将东西方文明分别视之为内陆文化和海洋文化,换言之,即农耕文化和商业文化,认为中国人不管在航海事业上曾经发展到什么样的程度,也不曾"分享海洋所赋予的文明"。这是一种充满霸权色彩的欧洲中心主义的论述,然而遗憾的是,它却在相当长的历史时期中一直主宰着中国的历史叙事,其中最典型的表达就是上个世纪八十年代流行的"蓝色文明"与"黄土文明"二元对立模式,以致有学者把它叫做"大陆话语霸权"。

直到1990年代中期,随着中国改革开放的进一步拓展,随着国内外海洋资源开发竞争的进一步加剧,随着海洋环境问题的日趋严重,尤其是随着中国申请加入世界贸易组织WTO,以及正式批准《联合国海洋法公约》,对海洋史的研究才开始引起中国学者的关注。其先驱人物就是与中山大学历史学研究有着割不断的姻缘关系的著名学者,厦门大学历史系的杨国桢教授。他先是倡导"中国海洋社会经济史",继而呼吁建设"海洋人文社会科学",并对海洋史的概念给出了自己的界定。在他看来,所谓的海洋史学,就是海洋视野下一切与海洋相关的自然、社会、人文的历史研究,它包括海洋的自然生态变迁的历史,包括人类开发利用海洋的历史,也包括海洋社会人文发展的历史,因而它也就是以海洋为本位的整体史研究,是以海洋活动群体为历史的主角,并从海洋看陆地,探讨人与海的互动关系,海洋世界与农耕世界、游牧世界的互动关系,从而重新"发现"中国从陆地走向海洋,认识、利用、开发海洋环境资源,调整人与海洋之间,人与人之间的关系,创造海洋物质文明与精神文明的历史。

在他的倡议和推动之下,海洋史研究在中国大陆逐渐引起越来越多的关注,并取得相当程度的进展。近二十年来,我们的东道主中山大学在国内外史学界一向以其历史人类学特色的"华南学派"而驰名——在我看来,这也是改革开放以来中国大陆唯一可以称之为学派的史学研究团体,但是他们的研究领域并不局限于华南,而是走出华南,走向华北,走向全国,当然也走向海洋,大力拓展海洋史研究,在座的主持人谢湜教授就是其中最突出的代表。同在一市的广东省社科院也成立了专门的海洋史研究中心,创办《海洋史研究》学刊。这里实际上已经成为中国海洋史研究的中心地带了。对海洋的环境史研究,自然也包容与其中。不过,平心而论,在中国大陆明确地把环境史视野引入海洋史的,要数北京大学的包茂红教授。他不仅在国内创立了第一家海洋环境史研究中心,也培养了不少杰出的从事这方面研究的青年人才。在座的除了费晟博士之外,还有好几位都是他的学生。很遗憾,由于要务缠身,包教授不能莅临会议。我们的生态史研究中心也非常关注这方面的研究,而且非常荣幸地邀请到著名的海洋环境史专家 Poul Holm 教授担任我校海外高层次文教专家。他在中国人民大学开设的"海洋环境史"课程,已经吸引了将近 30 名的学生听课,可见其影响力。各方面的努力凑在一起,才有了我们今天这样的会议,也算是因缘际会了。我也相信今天的讨论,一定会在中国的海洋环境史研究历程中留下坚实的脚印。

当然,作为一个中国史的研究者,我更希望我们的研究,既要质疑欧洲本位的霸权论述,也不要滑向另一个极端,也就是以所谓"中国本位"包装起来的狭隘的民族主义论述;既是自然的,也是人文的;既是大陆的,又是海洋的;既是中国的,也是全球的;既是过去的,也是关乎现在和未来的。一言以蔽之,是古今、天人、陆海、中外诸方面交错互动的大历史。我把这样的历史叫做"山海经"。事实上,当我们来到这一片土地,来到珠江三角洲,我们就已经进入到这样一个堪称宏大的有着沧海桑田般巨变的历史现场之中,而且也已经参与到了这一尚在进行着的历史过程之中。

距今 6000 年左右,这里还是一个岩岛罗列的浅水湾;今天不少地区地面以下 1—3 米处,还时常发现新石器或西汉时代人类活动的文化遗址。

公元前三世纪,秦始皇统一中国,在此设置南海郡,因其面临南海,故为其名。大约一百年后,这里"负山带海,博敞渺目,高则桑土,下则沃野";如登高远望,可见"巨海之浩茫"。

距今一千年左右,这里出现了珠江三角洲第一个人造堤围。从此之后,一个不知什么时候叫做"岭南"的区域在中国的文化版图上逐渐崛起,且引人注目。

170 多年前,被黑格尔称颂的欧洲海洋文明也是从这里开始其对古老的中华文明的征服之旅,从此改变了中华文明的运行轨迹。

大约三十年前,一位老人从北京来到此处,深圳特区随之横空出世,中国的改革开放进入新的时代。

今日中国又有了"一带一路"倡议,这里再次成为中国式全球化进程的前沿之一。

我还是那只青蛙,但是如果允许我从脚底之下打一口井,一层一层地挖下去,这只青蛙必将穿越古今,穿越层累着的沧海桑田的变迁史,而与曾经的海上社会共居一处。看来,庄子时代的那只青蛙,原本就与它不曾见过的大海不可分割地联系在一起。所以在这一点上,我比我最钦佩的中国哲学家庄子要聪明,我看到了庄子没看到的那一面。不过,如果这只青蛙是只贪得无厌的蛙,当它向愈来愈深的地下搜索水资源的时候,最终有可能引来的就是倒灌的海水,一个快乐的哲学家就有可能遭遇灭顶之灾了。这就是人与自然,当然也是人与海洋之间交互作用的辩证法。我们在创造历史的同时,也埋下了终结自身历史的种子。还是让我们对大海保持庄子般的敬畏之心吧。

最后就让我这只井底之蛙向来者五湖四海的朋友们献上我的祝福。祝大家心情愉快! 祝会议圆满成功! 谢谢。

2018 年 5 月 23 日

草拟于北京世纪城

专题四

救荒活民

古今救灾制度的差距与变迁

——专访中国人民大学清史研究所副所长夏明方教授①

清朝的救灾制度是亮点

《南风窗》(以下简称《南》):在没有发达的资讯和信息传递网络的年代,是怎样应对灾情、统计灾情的呢?

夏明方(以下简称夏):灾情上报制度至少从秦代开始就有了,清代更加完备。比如某一个地方闹了灾,地方官必须在45天之内,将勘灾的结果汇报给朝廷,制度还是非常严格的。民国时期军阀混战,制度难以为继,具体的灾情往往都是根据媒体报道,数字

① 此为《南风窗》记者阳敏所做的访谈,特此致谢。原载《南风窗》2006 年第 19 期,第 48—50 页。

不一定很可靠,但是有大规模的死亡,这一点是没有疑问的。

《南》:45 天是不是有点慢? 清朝的灾情上报是一个什么样的体制呢?

夏:按照当时的交通和通讯条件来说,速度还是比较快的。如果遇到特大灾害,地方政府也没有必要遵守这样公式化的程序,可以采取特殊的措施,根据受灾的情况,先临时做一些赈灾工作,同时向上级汇报。

从康熙朝开始,皇帝就要求地方的督抚,就是省一级的地方官,每年必须有两次向朝廷汇报当地的雨水粮价,这是一个最基本的制度。时间一般是夏、秋两季,比如降雨量多少,粮食价格多少,收成多少。这样,皇帝就能够判断什么地方发生自然灾害。一旦灾害发生,地方必须在规定的期限内把灾情逐级上报,逾期严惩。这是报灾。报灾之后还要勘灾,也就是确认灾害的等级,是重灾、次重灾、还是轻灾、没有受灾。包括粮食收成也有等级,收成是十分还是八分,一般来说,五分以下都属于受灾。

《南》:朝廷和地方政府一般会采取哪些赈灾手段?

夏:遇上大灾害,朝廷一般是蠲免钱粮,有时候全免,或免一部分,有时候缓征。另外,地方上或多或少都要有粮食储备,遇灾时就可以用来赈济或平粜。如果本地粮食不足,可以请求朝廷到外省去调粮或采买,朝廷也会根据情况把南方的漕粮截留下来调拨灾区。平时的米粮贸易,经过一些关卡是要收费的,这时候朝廷就颁布一些命令免税,鼓励商人把粮食送到灾区销售,还要求当地军队加以保护,因为闹灾的时候米粮容易被劫。有时,官府主要是发放一些银两,让老百姓自己买粮。

其余还有各式各样的救济手段,今天看来非常细致,无微不至。比如,灾民是整个房间倒塌,还是半间房屋倒塌,或是一面墙倒塌了,朝廷都会根据损失情况的不同,给予不同的救济。再比如,地方政府办的粥厂就是一个临时性的收容机构,一般会设在交通比较方便的地方,方圆五里、十里的灾民就会过来。有的地方是"放粮",灾民把粮食领回去自己煮食。灾民逃荒外出,就变成了流民。流民多了,会影响社会治安,也会导致瘟疫流行,所以流民多的地方,也会办粥厂收留流民。为了防止瘟疫爆发,政府和地方的绅士、绅商会制备中药丸子散发,也会组织人员把死去灾民的尸体收集起来掩埋。还有的地方会专门设立"医馆",收治病人。

不过,严重的水旱灾害常常会引发农民暴乱或起义,朝廷就会一手拿粮、一手拿刀,加强军事戒备和武力防范。比如,1878年光绪年间的大旱灾,陕西是整个灾区的一部分,正在督军西征的左宗棠就指示陕西巡抚谭钟麟,要他一方面赶紧救济灾民,另一方面严厉镇压饥民的骚乱。所以,左宗棠是两手抓,一手硬一手软。

《南》:以现在的眼光来看,清代救灾制度是否有可取之处?

夏:清朝从报灾、勘灾到赈灾、善后有一套完备的程序,这实际上是我们现在很多的地方政府都难以做到的。因为中央没有明文规定,往往是灾害来了,大家才反应。

像李鸿章搞洋务运动的时候,因为他整天要搞海防、办工厂,把雨水粮价的事儿忘了,有时候拖到很晚才上报给朝廷,光绪皇帝就骂李鸿章,说你直隶省近在咫尺,雨水粮价汇报居然比新疆还要晚。可见,即使晚清,朝廷对这些制度还是比较关心的。当然清朝的制度在执行过程中也有问题,但至少有这个制度在,而现在许多地方,往往是头疼医头、脚疼医脚,与古人比起来还有不小的差距。

国外一些学者通过对18世纪清代救荒制度的研究,对以往流行的有关中国古代政治制度的认识提出了质疑——原来一谈到中国的官僚制度,就会想到"东方专制主义",就会认为皇权高压、灭绝人性,但是通过研究清朝的救荒制度,却发现其中还有这么一抹令人拭目的光亮色彩。所以有人把18世纪的中国称为"福利国家",认为这是当时其他西方国家不可比拟的。

公开透明的民间义赈

《南》:晚清时期,除了政府组织救灾,民间力量有参与吗?

夏:这要从光绪初年的大灾荒说起。当时,皇帝年幼,两宫太后主政,华北五省的救灾工作实际上是由李鸿章居间主持的。由于灾情严重,朝廷财力不足,除了截留漕粮、发放帑银外,还买卖官职(那时候叫"捐纳制度"),筹集钱粮。同时,李鸿章也很支持、鼓励地方绅士捐助钱粮。国外传教士也组织了赈灾队伍,到中国灾区救灾。总之,社会各个方面都参与救灾,不光是官府。

《南》:晚清或民国时期,民间力量参与社会救灾的情形是怎样的?

夏:民间救灾在刚刚兴起的时候,有很多不足和缺陷,但是,到

1920 年代的时候，基本上就比较完善了。光绪年间，除了李鸿章组织的救灾，东南沿海，主要是上海、扬州、苏州、杭州、镇江，还有宁波，以上海为中心，地方上很多绅士、买办，自己组织起来到社会上捐款，捐完款以后派人送到灾区直接赈济灾民，完全是民捐民办的形式——这在历史上是头一次出现，当时说是"开千古未有之风气"。

其实以前也有民捐民办，比如明末清初崇祯和顺治年间的灾荒，可以说是中国历史上最大的一次灾荒，那时就出现了民间的救济活动，特别是在江南地区很普遍。但那时都是当地人救济当地人，不会超越地域的范围。而光绪年间的民间救灾，是江南人跨越了江南的地域界限到华北救济，利用的主要是江南的地方资源，这种形式叫"义赈"，是社会力量自己组织起来赈灾。

相比之下，今天很多的民间救灾行为，实际是由政府组织的，包括社会捐款，也往往是政府行为，换言之，是政府主导民间救灾行为。两者有很大不同。

《南》：近代义赈的出现与当时特殊的国情脱不了干系吧？

夏：当时组织义赈的人，在当地有很高的威望，有许多常年从事慈善活动，经验很丰富，人们也相信他们。另一方面，西方传教士在中国的救灾活动，使这些中国绅士很警惕，他们担心西方传教士借用救灾进行文化侵略，"盗窃中国人的心"，就起而与传教士对抗，并且提出一个口号，叫"跟踪赈济"——传教士到哪里救灾，我们中国人也到哪里救灾，而且我们一定要比他们做得好，要把中国人的人心拉回来。

所以,义赈的出现跟民族主义的情绪有关。当时《申报》上也有很多宣传,有社论、灾区通讯、灾区报道,也有广告。捐款人的姓名、数目,都会登出来,也就是《征信录》。登报以后,大家都会知道,募捐的人有没有贪污,有没有把钱用到实处。

《南》:这样一来,整个募捐和救灾的过程就公开化了,可以赢得民众的信任。

夏:对。完全公开,从捐款到最后的支出细目,到派什么人去救灾,整个过程都非常透明。事后,出一本书,书中内容包括当地的灾情、救灾的措施、捐款人姓名以及捐款的去向,在社会上公开让大家监督。

《南》:义赈的一整套机制是不是模仿西方传教士的? 比如《征信录》等。

夏:很多人以为是这样,实际上不是。《征信录》我国早就有了,至少清前期就出现了,我们找到了很多鸦片战争前的《征信录》。不仅是救灾用它,一些慈善组织也用。后来,《征信录》只不过是借了《申报》这样的媒体,更加公开化了。

《南》:当时民捐民办与官府没有任何干系吗?

夏:民间救灾的人知道当地官府会欺瞒灾情,像地保之类,所以他们到了村里根本不理地方官,自己挨家挨户去调查,一旦发现哪家有人已经奄奄一息,就马上把钱粮发下去,效率很高。李鸿章当时是持默许的态度,他忙着海防、洋务,有人管他很乐意。

《南》：在救灾这个问题上，中国民间的救灾机构与传教士之间一直处于对抗的状态吗？

夏：刚开始是不合作的态度。传教士把他们的救灾经验告诉中国绅士，希望他们照做，但是中国这边说，我们有的东西比你们还好，不采纳。后来双方渐渐有了合作。到1920年华北大旱灾的时候，成立了正式的"中国华洋义赈救灾总会"，它是全国统一的民间联合救灾组织。实际上，局部合作更早时已经开始了，比如清末的"上海华洋义赈会"。

民国时期，很多政府官员、学者和社会名流都参与了民间救灾，比如中国华洋义赈救灾总会的4任会长梁如浩、颜惠庆、王正廷、孙科等，后面的3位先后在北洋政府或国民政府担任过要职。有些专门搞义赈的人，后来也被国民政治委托办灾，比如章元善。1931年长江水灾的时候，国民政府邀请他参与管理水灾救济方面的工作。

政府主导模式不可或缺

《南》：解放后，这些义赈组织都被改编或取消了，采取了政府主导的救灾模式。

夏：对。解放后，我国主要是通过政府来组织力量进行救济的。但救灾的基本模式早在战争年代就已经创建起来了，而且也取得了很大的成功。例如1942到1943年，太行山边区发生了大灾荒，当时在那里主持工作的邓小平，依靠边区政府的力量组织救灾,非常成功。

当时是抗战最艰苦的时候,国民党实施经济封锁,日军也扫荡,外来的资源基本上被切断,整个边区处在政治、经济最艰难的时候。饥荒影响很大,很多地方死了人,也有人逃荒,甚至跑到敌占区,有的地方还发生了骚动,形势十分严峻。刚好那时候延安在搞"大生产运动",太行边区积极响应,并和救灾度荒联系在一起,包括组织合作社、互助组等形式,最终扭转了局面。

通过政府组织,把全民的力量调动起来,可以有效地抵御灾荒。比如,以前吃野菜,一般都是灾民的自发行为,但太行边区是通过政府组织,大家统一把树叶采集起来分配给灾民。这样做的好处,就是人多力量大,收获大,分配也比较公平。先前你剥树皮,不是你家的树你还不能剥,但是如果有政府组织,这样的问题也就不存在了。

《南》:政府主导的救灾模式有无不足之处?如何改良?

夏:任何一种救灾的模式都有自己的特点,也都有自己的局限。从历史上看,民间自主的救灾机制,总的来说的确比"官赈"的效率要高得多,清末民国时期甚至取代了官府而成为救灾领域的主导性力量,有时连国家的赈济行为也要依赖前者。但民间救灾最主要的人力、物力资源是靠劝募、捐赠和民众的志愿才获得的,其规模毕竟受到很大限制,尤其在经济不发达的时候。因此,对于那些特大型的或毁灭性的灾害,单纯依靠民间的力量远远不够。

政府主导的救灾模式,恐怕在任何时候都是不可或缺的,尤其在面临特大灾难之时。但如果没有完善的制度和有效的监督约束机制,那么救灾活动就会和其他领域一样,极易于成为官僚主义和贪污腐败的温床。长此以往,不仅极大地抑制了民间救灾力量的培育和成长,不利于充分动员社会的力量,还会造成灾民对政府的依赖心理,不利于从根本上提高自身的防灾意识和抗灾能力,形成恶性循环。

所以,问题的关键不是要不要政府救灾形式,而是建立一个什么样的政府救灾形式,如何更有效鼓励、扶植和培育独立自主的民间救灾力量。这样一方面可以相互合作,大大减轻政府负担,另一方面也可以互相竞争、监督,共同促进中国减灾事业的发展。

用历史的眼光看待慈善

——李喜霞著《中国近代慈善思想》代序①

近年来,国内外学术界对于中国慈善事业之历史的研究已经取得了长足的进步,但是人们对其研究对象之概念的界定并未形成一种较为一致的看法,可谓纷纭不一,甚或截然相反。争鸣与对峙,原本是一种健康的学术研究理应呈现的正常状态,但从中国慈善史目前的情况来看,更多表现为学者的自说自话,未曾有过广泛、深入和系统的讨论和辨析,其在理论上存在的诸多认识误区以及理论主张与学术实践的混乱与背离,显然不利于更加清晰地探讨中国慈善事业或慈善文化在历史上的动态演变过程,不利于在描述这一过程的基础上更深刻地揭示中国慈善文化的内在意蕴,更不用说其间大量重复性的劳动所导致的学术资源的耗费。故此很有必要对国内外学术界有关中国慈善概念的讨论与争鸣进行一

① 原载《中华读书报》2016 年 11 月 30 日第 013 版《文化周刊》。

番认真的梳理,进而从中寻绎某种共识。

1980 年代以来中国慈善史研究领域中最具影响力的学者,当属中国台湾的梁其姿、日本的夫马进,以及美国的司徒琳、玛丽·兰钦等人。尽管他(她)们无一例外地都将民间自主举办的社会救济(包括道德教化)事业作为自己最主要的研究对象,但是对于慈善的定义,尤其是对从事慈善事业的主体所持的立场,却有很大的不同。夫马进极其明确地将"由民间人经营的慈善团体及其设施"——善会善堂,与官方经营的救助机构如明代的养济院等区分开来,把后者称之为"国家救济"或"国家福利行政";尽管两者之间难免发生这样那样的影响,但是在他看来,"无论是救济的理念还是经营的方法,双方的出发点是完全不同的"①。梁其姿的代表作《慈善与教化:明清的慈善组织》,开宗明义即表明其着重研究的内容,是地方绅衿商人等一方善士共同组织的善会善堂,既不包括主要由政府参与的"以赈灾为主的社仓、义仓、粥厂等",也不讨论"个别善士修桥铺路式的善行"以及"义田义庄类的家族救济组织,政府和宗教团体的赈济活动"②,以致有学者误认为她也是主张"民间慈善"的学者之一。实际上,从这一说明本身以及后来的论述来看,个人、家族、庙宇以及政府,都可以是承担慈善活动的主体,尤其后三者更是自古有之的"传统慈善团体",只是在不同的历史时期其在社会救济领域各有不同的角色而已,如汉唐之际宗教性的慈善团体,宋以后的官办慈善机构,至于由地方人举办的民间慈善

---

① 夫马进:《中国善会善堂史研究》,北京:商务印书馆,2005 年,第 30—67 页。
② 梁其姿:《慈善与教化:明清的慈善组织》,台北:台湾联经出版事业公司,1997 年,导言第 1 页。

团体,则是明清以来兴起的新现象,也是"最具'中国特色'的慈善组织",故此也成为梁氏论述的焦点①。

这样的区隔在大陆学者的研究中表现得更加突出,乃至存在于同一学者不同时期的相关论述,甚而同一本著述之中。国内慈善史研究的先驱者周秋光,在其先后出版的《中国慈善简史》《近代中国慈善论稿》等著作以及他所指导的博硕士学位论文中,其一以贯之且广泛流传的看法是:"慈善是一种社会行为,是指在政府的倡导或帮助与扶持下,由民间的团体和个人自愿组织与开展活动,对社会中遇到灾难或不幸的人,不求回报地实施救助的一种高尚无私的支持与奉献行为。"实质上"也是一种社会再分配的形式"。②针对1998年中国抗洪救灾过程中某些人视慈善为政府行为的看法,他还特别撰文区分两者之间的关系与界限,认为政府从事灾害救济、举办一些社会福利事业,如残疾院、敬老院、孤儿院等,收容社会中的无告之民,是"它应尽的一种职责",不能划归慈善的范畴,用他自己的话来说,"慈善不是政府行为"。③然而,在随后展开的历史叙述过程中,除了个人,以及宗教、宗族及善堂等民间组织之外,历代官府实施的灾荒赈济即"荒政",各类官办的救济机构,无一不被网罗在内④。一部原本有所限定的慈善史,俨然变成了"社会保障史"或"社会救助史"。或许是意识到其中的矛盾与歧异,在其后来主持编撰的《湖南慈善史》一书中,周又认为,"慈

---

① 梁其姿:《慈善与教化:明清的慈善组织》,第9—25页。
② 周秋光、曾桂林:《中国慈善简史》,北京:人民出版社,2006年,第6页。
③ 周秋光:《近代中国慈善论稿》,北京:人民出版社,2010年,第3页。
④ 周秋光、曾桂林:《中国慈善简史》。

善史一个历史的概念,其内涵随着社会历史的变迁而又不同的界定",在研究过程中,"既不能用完全现代的也不能用完全古代的概念去生搬硬套,而是实事求是地去研究,是什么就是什么"。而在中国这样一个国家,长期以来,"政府与官方势力巨大,而民间公共社会力量弱小",所以中国传统的慈善救济行为主要是由政府承担,系当时"社会形势所使然",因而他主张应该"求同存异,承认慈善的多元化","不拘泥于概念的差别,采取相对模糊的处理方法",将同属于传统慈善的"官方慈善"与"民间慈善"予以"一体论述"。在他看来,"官方慈善也好,民间慈善也罢,都是中华民族的传统美德,都是积德行善,调节、和谐、补救、福利人群和社会";"在一个经济发展不充分,社会力量还弱小,相关条件不具备的情况下,慈善可以是官方与民间共同关注和参与的对象与领域"。① 至于先前做过的有关慈善的定义,他认为,只适用于西方社会或西方政治学的范畴②;近代以来因受外力的冲击和影响,中国原有的慈善思想和慈善行为,也由传统向近代嬗变,其慈善机构"已由完全隶属于政府的官办慈善机构发展演变为独立的民间慈善团体为主体,辅之以附于其他社会组织的慈善团体"③。就湖南一省而言,官办慈善一度走向衰落,或者流于形式,但是到南京国民政府十年黄金时代,大量慈善机构又被纳入官方轨道,对民间慈善也加强管理,因而进入一个新的阶段,可谓"官办慈善的典型"④。如此定义的官

---

① 周秋光:《湖南慈善史》,长沙:湖南人民出版社,2010 年,绪论。
② 周秋光:《湖南慈善史》,绪论。
③ 周秋光:《近代中国慈善论稿》,第28—65 页,第128 页。
④ 周秋光:《湖南慈善史》,第470 页。

办慈善,包括"灾害救济、日常救济、慈善教育"等方面,实际上是用"慈善事业"涵盖了"社会保障"或"社会救助"的各方面内容,如果将其称之为"社会保障研究的慈善化",当不为过。实际上,在此之前,岑大利就认为所有社会救济都属于广义的慈善范畴,救助主体包括政府与社会力量两大类别①。在王娟看来,岑的看法代表了目前多数学者的研究取向②。

中国慈善史研究的另一位中坚人物王卫平及其研究团队,则将慈善事业纳入"社会保障"的范畴之内展开论述。这样的"社会保障",据其定义,指的是"国家或社会通过国民收入再分配,对生活困难的社会成员予以物质帮助从而保障其基本社会的制度"③。其中由"社会"承担的部分,主要指的是以社区为中心的"民间慈善事业"(此外尚有由宗族施行的面向族内贫困人员的社会救济),它与"政府救济行政"如荒政制度、养老和恤孤贫残政策等,"同为社会保障事业的有机组成部分,都具备保障民众生活的作用"④。这一立场,实际上导源于夫马进的研究,只是在实际的史事分析过程中,不曾像后者那样彻底,而是多有犹疑,以致在对某些慈善组织的定性问题上前后不一,如将清代苏州的慈善事业分为"官设慈善机构"(或"官方主持的社会慈善事业")、"地方社会创立主持并得到官方支助的慈善机构"以及"士绅或地方有力者主持的慈善活

---

① 岑大利:《清代慈善机构述论》,《历史档案》1998 年第 1 期。
② 王娟:《近代北京慈善事业研究》,北京:人民出版社,2010 年,第 13 页。
③ 王卫平、黄鸿山:《中国古代传统社会保障与慈善事业:以明清时期为重点的考察》,北京:群言出版社,2004 年,第 1 页。
④ 王卫平、黄鸿山、曾桂林:《中国慈善史纲》,北京:中国劳动社会保障出版社,2011 年,第 41 页。

动""工商业者举办的慈善活动"等四种形式①,对于民国时期诸多自称为"慈善事业"的官办救济机构亦未曾留意或辨析。他们自己也认识到,"中国历史上的民间慈善团体往往得到政府和民间两方面力量的共同参与,有时很难确切地判断其究竟属于政府机构还是民间组织",而且在非常悠久的中央集权的传统体制之下,"民间慈善事业很难完全取得独立于政府救济行政的地位,而是始终处于政府的监督和管理之下。在政府的眼中,民间慈善事业有时也可视作政府救济行政的组成部分",且随时可以被其转变为"官办"或"民办"②。如果情况确实如此,那么从逻辑上来说,所谓"民间慈善事业",在中国的历史长河中大约只是"镜中花""水中月"了。

也有不少学者无论在学理探讨还是实证研究上,均始终坚持慈善的民间特性。如以研究宋代社会救济见长的学者张文,不主张将"社会保障"这一概念套用到宋代历史之上,认为这一概念是建立在充分承认公民权利,强调国家责任的基础上而形成的现代福利概念,且带有强烈的主动性、防护性意味,宋代尽管已经存在广泛的社会救济,也有较普遍的社会福利设施,且有类似福利服务的济贫项目,但并无公民权的概念,更不具有为推行社会保障所必须的法律基础,其所实施的救济总是贫困发生之后的补救性行为,是被动性的社会救助,故而使用"社会救济"一词来形容更为合适③。其中,民间慈善与政府性社会救济都应看做是社会救助(而

---

① 王卫平、黄鸿山:《中国古代传统社会保障与慈善事业:以明清时期为重点的考察》,北京:群言出版社,2004 年,第 260—280 页。

② 王卫平、黄鸿山、曾桂林:《中国慈善史纲》,第 41 页

③ 张文:《宋朝社会救济研究》,重庆:西南师范大学出版社,2001 年,第 2—4 页。

非社会保障)的一部分,于是,所谓的社会救济,就是"国家和社会通过对国民收入的分配、再分配,对社会成员因各种原因导致的生活困难予以物质救助的社会安全制度"——这与王卫平有关"古代社会保障"的表述相似,提出的时间却更早一些——但是他强调,政府对社会成员予以救济属于职责范围内的事,具有强制性质;对于社会而言,则属于自愿行为,且就其动机而言,并不能完全将其归结为一种利他行为,有时也夹杂着一种追求个人利益最大化的功利主义的理性算计,因而是一种纯粹出于恻隐之心或功利之心而发的善行,是社会自发进行的"社会安全机制"①。这一定义,不仅以其行为特征而将政府救济与民间慈善明确区分开来(在具体研究中,他将那些"名曰慈善,但实际上属于政府性社会救济范畴的"官办事业,"略去不论")②,还从行为动机的角度阐述了与周秋光等学者的不同看法。于是,有关慈善的争议,不仅限于救济主体的官民身份,更涉及救济动机的利他与利己。

在慈善的民间特性上态度最为坚决的还是秦晖。他曾断言,"民间公益组织,即提供公共物品的民间组织,显然不仅是'后现代'才有,也不光在传统社会现代化的过程中才有,而是传统时代源远流长的事物"。"无论中国还是'西方'抑或是任何文明区,国家(政府)与企业之外的民间组织形式都是自古迄今种类繁多的",而且从逻辑上讲,"时代越古,社会越'传统',它就越兴盛。我们的祖先(西方人的祖先也一样)活动在'衙门与市场之外'的形形色色的组织——宗族、部落、村社、教会、帮伙、行会等等中的时候,实比

① 张文:《宋朝民间慈善活动研究》,第1—4页。
② 张文:《宋朝社会救济研究》,重庆:西南师范大学出版社,2001年,第7页。

259

如今的人们为多";而且,"无论传统时代还是当代,由民间组织提供公共物品都只能以'志愿'与'公益'为基础","以志愿奉献从事公益事业的个人慈善精神因而也一脉相承地成为第三部门与'前第三部门'的灵魂";"我国古代民间公益设施'义聚''义仓''义学''义舍'等皆以'义'为名,西方中世纪公益设施几乎都与教会有关,就是因为它们都离不开利他主义或普济主义的价值观"。"比较而言,传统时代由于国家与企业能提供的资助较少,民间公益事业就更依赖于个人慈善"①。就"慈善""公益"等现代概念在历史研究中的运用而言,秦晖之中西无别论,与周秋光等学者并没有太大的差别,但也正是这一点,使其有关历史上中国慈善之演化实态的判断,与前者截然相反。依据他的主张,中国的慈善史将是另一番完全不同的模样。

将以上各家的讨论归置一处,大体上可以看到以下几个方面的歧异:一是有关"慈善"和"社会救济""社会保障"等概念使用的适应范围,二是慈善的主体属性,三是慈善的动机,四是慈善的中外特性,具体而言即"中华性"和"西方性"的问题。第一个方面,涉及慈善的功能问题,即慈善仅仅属于消极的事后补救,还是可以作为一种积极的预防或社会建设来看待?与此相关的是,慈善到底仅仅是一种物质救助,还是可以包含更多的内容,如人们经常连带提及的"教化"?第二个方面,则更多显示出学界普遍存在的慈善主体"民间"化的倾向,有的甚至把这一类型的慈善视为中国独有的传统,而非近代化的新业,即便是承认"官办慈善"的学者,也将

---

① 秦晖:《政府与企业以外的现代化——中西公益事业史比较研究》,杭州:浙江人民出版社,1999年,第27—29页。

民间慈善视为未来中国慈善事业的唯一形态或总体目标。但是自古以来中国慈善事业中似乎总也摆脱不掉的官方身影，又让各位学者大费周章。有的只好采取折衷的做法，把古代的官办、民办社会救济都叫做慈善，近代的慈善则归之于民办，果真如此，我们有什么理由不去承认当代中国由政府一力主导的社会救助活动是一种慈善行为？毕竟在许多政府官员以及一部分学者看来，政府从来就是担当慈善活动之重要的乃至最主要的角色。或许就像古代中国那样，这也正是中国慈善活动的特色呢？如果仅仅从民间主体的唯一性来理解慈善，我们又将如何处理那些官民力量纠结一起的社会救济机构和救济活动？实际上，持官办、民办截然二分的学者，对此大都深感棘手。至于第三个方面，目前最应该关注的是大多数学者对慈善活动所持的浪漫主义和理想主义的情怀，即完全从正面的、利他的角度来理解慈善，仅少数学者如梁其姿对明清时期江南的慈善活动采取了较为审慎的分析立场。从过往教条化的革命史观对慈善事业的彻底否定走向今日的完全肯定，显然都不是一种历史主义的态度。第四个方面则涉及中国慈善事业的发展道路或转型动力的问题，尤其是中西文化碰撞之后来自西方的冲击与中国自身的传统究竟在中国慈善活动的推演过程中发生了什么样的作用，迄今仍然是一个有待深入探讨的领域。

显而易见，我们已经不能停留在现有研究的基础之上。鉴于各家在讨论此类问题时，其所用于采信的史实时空范围各有不同，或限于明清，或偏于近代，或仅仅涉及某一断代，也有纵观全史的，而慈善在不同历史时期实际上各有不同的表现，这是几乎每一位学者都无法否认的，因此，如果仅是罗列各家论述，然后做一综述，有时总免不了"关公战秦琼"的嫌疑;更加合理的做法,还是把它们归入到各自的历史场景之中,并将其置放于历史演化的长河之中进行比较,从而在较为确切地显示其轮廓与脉络之时,领略其内在的意蕴。当然,几乎所有的历史学家,都会否认将自己的研究排斥于这种历史化的道路之外,不少学者甚至明确地倡导要从一种动态演变的过程来审视当今所说的社会保障与慈善,这也正是历史研究的魅力之处,但是这样的研究大都未能将慈善行为与慈善思想,尤其是慈善话语结合在一起进行讨论,或者只是就历史上的某一阶段或某一地区展开研究,并不曾勾勒出一幅相对完整的图画。我们需要的是暂且抛弃当代人的意识和概念范畴,首先看看历史时期不同时代的人们究竟是如何看待诸如此类的救助行为,或者说这些历史的当事人或即时旁观者到底用的是什么样的名词或概念来谈论此类行为,然后再将这些概念与不同时期的当代话语勾连起来。这样做的目的,除了揭示两者的区别与联系,用以确定这些当代话语的适用范围之外,更主要的还是要解释这些当代话语据以产生的历史过程,以便更加深入地探讨中国的慈善——包括思想与实践——历史及其在近代的嬗变。

这将是一项颇为艰巨的任务,非三言两语可以解决,但是根据我们目前对历史时期有关"慈善""善举""义行"以及"社会救济"等诸多概念的梳理和考察,大体上可以把中国历史时期的慈善活动限定在民间救助与社会互助的范围,并把它看成一种融物质救助、道德教化、修身养性、知识传承与社会团结于一体的社会自我调节机制。从慈善的主体来看,这样的行为,自始至终以民间团体与个人为主,在一定的历史时期也存在所谓的"官办慈善",只不过限制在社会救助领域,通常动用的是官员的个体资源或民间的人力物力,有官倡民办、官助民办、官督民办、官民合办等多种结合形式,与那些纯粹由"政府"举办、动用国家财政资源的社会救济活动有很大的区别。至于那些由国家或政府出面对他国受困或遇难人士实施的救助行为,因其超越了国界,自当归为"慈善"之列。这样的慈善活动,从其动机来看,利他主义固然是题中应有之意,但是在一个相当长的历史时期内,并不能排除"利己"性的功利主义价值观在救助行为中的作用,否则中国历史上绝大部分慈善活动都将被排除在外,一部慈善史将浓缩为一部现代慈善史。鉴于现代民间公益活动中此类功利主义特色的不容磨灭,纯粹利他主义的"慈善"只能变成一种乌托邦了。或许,利他式的利己主义才是慈善活动长盛不衰的基本动力。"利他"本身也有不同的形式,或利于他人,或利于集体与国家,或利于普遍的人类,甚或利于包括动植物、乃至无生命的大地在内的生态共同体、地球共同体,并在不同的时期呈现出不同的风貌。这样一来,其在行为方面的表现,就不止是物质救助,而是与伦理培育、社会建设多元并行,利"人"济"物"各有担当。

由此出发,我们对中国历史时期的慈善或许会有一种别样的理解和阐释——它不再只是聚焦于物质性的救助,而是偏向人文性的关怀;它不再局限于救急性的或局部性的社会救助,而是关乎全局的总体性社会建设;它也不局限于人与人之间相互关系的调适,而是扩展至人与自然之间相互关系的构建;它还不再偏重于对慈善行为、慈善实践的讨论,而是将思想、观念与行为实践放在一起进行综合性的探索;就近代以降的慈善而言,它不再只是对纯粹的中华传统的慈善特质进行抽象的演绎,而是将其置于中西文化对峙与碰撞的大背景之下,透视其间的互动与融合,以及在这种冲突与融合之中浮现出来的新形态。

大荒政：中国救荒史的新篇章

——《民国赈灾史料三编》序言①

近代以降，尤其是民国时期，"饥荒的中国"一词，经由美国人马洛里的同名著作问世之后，便不胫而走，闻名海内外。直至今天，它仍然是广为引用的有关饥荒频仍、贫穷落后的旧中国之代名词。此前的中国，固然不乏所谓的太平盛世以及对这些太平盛世的讴歌与颂扬，但其最高标准，不外乎孟子所说的"黎民不饥不寒"，也就是温饱而已；其所映衬的，正是一个饥荒荐臻的灾害意象，实际上隐含着的也是对于曾经发生的饥荒的恐惧。著名经济史家傅筑夫先生曾一语道破："一部二十四史，就是一部中国的饥荒史。"毕竟对于统治者来说，这样的饥荒以及对饥荒的应对，不仅关乎民生，同样事涉国计，更重要的是，它还和任一王朝和某一王朝之任一最高统治的政治合法性有着莫大的关联。在延绵数千年

① 文见夏明方主编《民国赈灾史料三编》，北京：国家图书馆出版社，2017 年。

的以天命论为核心的灾害话语之中,灾害的发生——当然不止于自然灾害,对个别统治者来说,意味着德政有亏,需要反躬自省,而对于一家一姓的王朝而言,则有可能意味着天命转移的末世之劫了。故此对于灾害的观察与研究,对于饥荒的应对与防救,不用说会让那些悲天悯人,素有济世之怀的庙堂、江湖之士时常萦绕于怀,对稍具清醒头脑的最高统治者来说,也大多慎重以待,甚有为此殚精竭虑,视其为国家大政的重中之重。

古人对于这样的行为,通常称之为"荒政",在具体的实践中频繁使用的则是"救荒"一词,当然还有其他各种表述。但是自从邓拓《中国救荒史》于1937年面世以后,后者几乎成了一个专有概念了。尽管邓拓先生在他的这部"扛鼎之作"中,对"救荒"这一概念的外延做了非常宽泛的界定,其中既包括天命主义的禳弥活动,更是指现实主义的救灾实践,而在这些救灾实践中,既有消极的灾时之救助,也有积极的预防和善后,但有一个不容否认的事实是,这样一种"天命"与"现实","消极"与"积极",甚至"迷信"与"科学"的区隔式的,甚至是对立性的表述,毕竟将其间的关联性、统合性有意无意地给遮蔽或解构掉了。其后的绝大部分研究者,在相当长的时间内,对于历史时期的灾害应对,不论是思想观念的层面,还是制度、实践的层面,则更进一步,仅用一个极其狭窄的"灾时之救"的框架去剪裁,去理解,以至于将古人在此一原本更为广泛、更为基本的领域里的所思所想、所作所为,以及在这种所作所为、所思所想之中凝结的更深层次的经验与智慧,也有意无意地遮蔽甚或阉割掉了。对当前始终强调为现实服务的中国灾害史研究来说,这不能不说是一个莫大的遗憾。

翻阅先人留给我们的荒政文献,一个突出的感觉就是,自有文字记载以来,他们就不曾在灾时之救的囹圄中把自己束缚住,而是有着更为宏大的关怀。《周礼》的"荒政十二条"理应看做是对先民此前经验的系统性概括,也理所当然地被后世救灾者奉为不易的原典。它的最终目标是"聚万民",也就是防止百姓离散,用今天的话来说,就是凝聚民心,维护社会的稳定与团结。具体做法,除了第一条"散利",也就是散放救灾物资,后世叫做筹赈或赈济之外,其他如"薄征","缓刑","弛力"(放宽力役),"舍禁"(取消山泽的禁令,开放资源),"去几"(停收关市之税),"眚礼"(省去吉礼的礼数),"杀哀"(省去凶礼的礼数),"蕃乐"(收藏乐器,停止演奏),"多婚","索鬼神"(向鬼神祈祷),以及最后的"除盗贼",大体涉及政治、经济、军事、法律、宗教、人口、礼制等各个方面,它实际上是把救荒当做一个综合性的系统工程来对待。何况这些还只是针对灾时救济和灾后恢复所提出的,此外还有灾前和日常时期应该采行的诸多举措,如"养万民"的"保息六政"——"一曰慈幼;二曰养老;三曰振穷;四曰恤贫;五曰宽疾;六曰安富"(《周礼·地官·大司徒》),以及自上而下在城乡各处遍设的备荒储备,即"委积"之政:"遗人掌邦之委积,以待施惠;乡里之委积,以恤民之囏阨;门关之委积,以养老孤;郊里之委积,以待宾客;野鄙之委积,以待羁旅;县都之委积,以待凶荒。"(《周礼·地官·遗人》)从灾前的"委积""养民",到灾时、灾后的"聚民",构成一套完整的防灾备荒系统。很显然,这样的机制,用今日学界习惯上理解的"救荒",也就是狭义的荒政,已经很难予以统括了,我们不妨把它称做"大荒政"(参见拙文《救荒活民:清末民初以前中国荒政书考论》,《清史研究》

2010 年第 2 期）。

此后历代明王硕儒对此一问题的思考或实践大体不出此一范围，至明末祁彪佳以一人之力编撰迄今为止所见最宏伟的荒政巨帙之一《救荒全书》，先民有关大荒政的构想最终被体系化了。对这位被当时的灾民叫做救苦救难的"祁老爷"的宏大又严谨的设想，这里当然没有篇幅做非常细致的介绍，但仅仅罗列其各章各卷的标题，就可以有一个大体的印象了。全书分八章，起首第一章"举纲章"，下设圣谟，前政，古画，今言，通论，汇敷等项；"治本章"有修省，祈祷，崇俭，厚生，重农，编甲，崇官，预计，水利，修筑，垦田，广麦，蚕桑，纺绩，钱钞，盐屯，核饷，裁冗，节食，止酒，禁戏，运陆等；第三章系"厚储章"，包括庚制，储说，义仓，社仓，常平仓，预备仓，广惠仓，惠民仓，丰储仓，济农仓，翼富仓，义社田，内储，外储，官积，民积等。接下来第四章才是针对灾时紧急状态的"当机章"，所列各项有巡行，安众，勘灾，报灾，重都，重乡，救水，救旱，戒缓，戒烦，杜侵，慎发，择人，隆任，恤劳，炤价，劝富，核饥，警谕，纠劾，和籴，告籴，召商，禁遏，饬贩，捕蝗等；此外还有"应变章"，含擅发，借拨，就食，劝囤，持法，用恩，禁抢，治盗，纳爵，赎罪，搜藏，核田，捐俸，节馈，截漕，折漕，籴漕，带漕，抵粮，折粮，放粮，征粮，兴工，募卒，便邮，通海，留班，度僧等；救济之外，还有"广恤章"，涉及免赋，蠲逋，停征，薄敛，厘蠹，甦役，减税，省耗，宽租，宽债，省讼，省差，清狱和革行等，以及"宏济章"，主要有发帑，留税，官粜，民粜，商粜，转粜，官借，民借，里赈，族赈，祔流，招佃，给米，散钱，善贷，崇救，赡士，赡兵，赐衣，设寓，借种，蓄牛，设粥，市粥，养孤，赎鬻，安老，保婴，尚德，掩骼，药局，病坊，米当，义当，备种，立方等。

最末是"善后章",有告成,会计,推赏,旌功,福报,覆鉴。救灾,已经被楔入政治、经济、文化等社会生活的方方面面,而灾前的备荒之政,更被置于前端,可见在这样的体系之中,防灾之于救灾,其重要性不可同日而语。当代中国直至二十一世纪的第二个十年才从西方世界借来类似的理念,并付诸实践,从而形成中国减灾体制的重大创新,这毫无疑问是时代之幸,人民之幸,但从另一重意义上来说,它也是历史之悲哀,毕竟这样的理念已在中国存续了数千年了。今日之创新,就其中包含的技术含量而言,与过去相比,自有天壤之别,但究其核心理念而言,则并无多少不同之处,这与其说是全新的构造,还不如说是"传统的发明"。

其实,此书虽因明清易代而未曾公开付梓,但贯穿其中的核心理念却在有清一代的相关著述中有着不绝的共鸣与回响。同一时代的魏禧曾提出救荒三策,即先事之策,如重农,立义仓,设砦堡,酌远粜之禁,严游民之禁,制谷赎罪,预籴,教别种等八条;当事之策,如留请上供之米,借库银转籴等,共二十八条;事后之策,如施粥,施药,葬殍饿等三条。但在他看来,"救荒之策,先事为上,当事次之,事后为下"。他的理由是,先事之策,"米价未贵,百姓未饥,吾有策以经之,四境安饱而吾无救荒之名,所谓美利不言是也",颇类似于近代著名思想家严复提出的所谓"隐赈",或者诺贝尔经济学奖获得者阿玛蒂亚·森提出的发展导向的救荒之道;当事之策,"米贵而未尽,民饥而未死,有策以济而民无所重困,所谓急则治标是也";至于"事后之策",则是"米已乏竭,民多殍死,迁就支吾,少有所全活,所谓害莫若轻是也"。后两者大约就是森的援助导向的救荒之道了。康熙年间得到皇帝首肯且在全国颁行的陆曾禹《钦定康济录》,同样设有"先事之政""临事之政"和"事后之政"。诸如此类,可以说与"减灾"这个从上个世纪九十年代以降逐步流行开来,而今成为国家防灾救灾活动之最具统合性的概念,若合符契。

作为对策性、制度性和方针性的建议,所有这些文献本身就是自古以来中国减灾活动的思想结晶,而其背后则是对文献的搜集、整理活动,以及分类和提炼等考证和思维的实践过程,这同样也都是减灾文化的一部分。事实上,包括历代正史、方志等诸多文献对于灾异的记录和书写,并不仅仅是对灾害的客观记述,实则体现的是司马迁"究天人之际"的政治追求,承继的是孔子作春秋的微言大义,是传统中国政治文化中极为重要的一部分,也是古代减灾文化不可或缺的内容。有学者名之为"灾害政治",一点也不为过。其中灾害对于政治的影响和政治之于救灾的关联,两者不可偏废,而且不论怎么强调也不过分。今天的灾害社会学,有一个非常重要的说法,叫"灾害学习"。我们同样可以把历史时期一应灾害文献的生成、刊布和流传,都当做一种灾害学习的过程与实践。顺此而论,我们今日对过去相关文献的整理与出版,将深藏于故纸堆中的史料发掘出来,使之重现于世,重建被掩埋的灾害记忆,则不仅仅是一种学术价值的重要体现,它本身也构成了减灾行动的一部分,是名副其实的以减灾为职志的公共文化工程。

对荒政文献本身的整理,当然也不是从今天才开始的。早在清中叶的俞森,就编纂了一部《荒政丛书》;此后中国的荒政体制,因应国内外情势的巨变,也开始发生重大的变化,尤其是随着近代义赈的涌现,开始了从传统向近代的转化过程,相应地也出现了各

270

类形式多样的记录这些变化的文献,可惜再无有心之人汇而总之了。民国初叶,1920 年代,上海广仁堂的冯煦先生,尽管已届耄耋之年,但是有感于十余年来灾祲频仍,而"旧有荒政各书不免失之高古",于是另辑《救荒辑要初编》,并打算"俟有余力,尚拟赓辑续编"(参见《救荒辑要初编·总序》),遗憾的是这一任务似乎并未完成。其初编收录的 7 种文献,如《广惠编》《救荒备览》《粥赈说》《义赈刍言》《办赈刍言》《救荒一得录》《慈幼编》等,多为道光以后新出,且偏重于近代义赈,故此颇为珍贵;其后懺盦于 1939 年编纂的《赈灾辑要》,以前书为基础,"专辑赈灾名家富有经验、切于实际之方策,裒集成书"(参见该书《编辑大意》),也算是了了冯煦先生的心结,但总体上还是很有限的。其间在中国救灾领域至为活跃甚而扮演关键角色的中国华洋义赈救灾总会,也曾有过宏大的计划,打算将历史时期的相关文献尽皆聚拢,汇成《中国荒政全书》,可同样未果而终。直至新世纪肇始,在近代中国灾荒史研究之开拓者李文海先生的指导之下,中国人民大学清史研究所清代灾荒研究团队决计赓续这一使命,其间几经曲折,历时十余年之久,最终在天津古籍出版社的鼎力相助之下,完成《中国荒政书集成》的编纂和出版任务。值此之际,国家图书馆出版社在殷梦霞、李强两位同志的主持下,相继出版了《民国灾赈史料初编》和《续编》,且规模愈来愈大,从最初的 6 册 12 种,到后来的 15 册 67 种,即将出版的三编更是收录了 150 余种文献,随后尚有四编,五编,其规模之巨,气魄之大,非前人所可比拟。除此之外,该出版社还组织编纂了《地方志灾异资料丛刊》《民国善后救济史料汇编》等大型资料丛书。所有这些已出和即出的文献,不仅为包括民国在内的中国救灾史料的整理打开了新的局面,也在很大程度上推动了,而且势必在将来,还会以更大的力度去推动民国乃至更长时段的中国救荒史的研究。我们期待一个全新的灾害研究时代的到来。

当然,在此之前,李文海先生于1980年代中期牵头成立的中国人民大学近代中国灾荒研究课题组,在编纂出版《近代中国灾荒纪年》之后,又再接再厉,查阅利用后来被《民国赈灾史料初编》及《续编》收录的大部分有关救荒的官书私籍,此外还有大量的报刊、档案和其他文献,编纂出版了《近代中国灾荒纪年续编》,从此开辟了民国灾荒史研究这一新园地,但毕竟就像《近代中国灾荒纪年》一样,偏重于对近代以来各年各省灾情的重建与呈现,对于救灾部分的内容虽有所涉,可非常有限。1990年代中期,我师从李文海先生攻读博士研究生,而先生给我的题目之一就是民国救荒问题。我最终选定了这个题目,还为此专门做了开题报告,得到各位专家的认可。我当初的设想,是以中国的荒政近代化为核心,探讨在民初至解放前夕这短短三十八年的时间,中国的救荒体制是如何从传统走向近代的,并力图给所谓的"荒政近代化"确定几种表现,这就是从迷信到科学,从救急到治本,从农耕到工商,从国家主导到国家、社会多元参与的社会化。与此同时,还依据其时所掌握的资料,提出了三条道路,其一是官方道路,即"在经过几千年演变发展之后,传统荒政体系至此已然腐朽不堪,并与清王朝一起归于崩灭。继之而起的北洋政府和国民政府迫于各种社会压力,从巩固自身统治的利益出发,为重建救荒体制进行了不同程度的努力,进而于30年代初期以后借鉴西方模式逐步建立起一套形式上比较完整的新型赈灾制度";其二是民间道路,即"生长于19世纪70年代末期、主要由中国新兴社会力量即民族资产阶级发起和主持的民间社会新型救灾活动——义赈,经过几十年的探索和发展,终以1920年中国华洋义赈总会的成立为标志,进入成熟阶段,从此在一个相当长的历史时期内活跃于中国的荒政领域,在救灾防荒方面发挥了至关重要的作用";其三就是,"随着马克思主义在中国的广泛传播、中国共产党的成立及其领导下的新民主主义革命的发展,另一种全新的救灾形式应运而生。她萌芽于第二次国内革命战争阶段,成熟于抗日战争时期,为新政权战胜天灾人祸、取得最后胜利提供了必不可少的社会保障,最终则取代了其他一切救灾模式,成为新中国独一无二的社会救助制度"。我当时认为,这"三种模式,三条道路,三个方向,代表着三种不同的社会集团及其政治理念,恰好体现了民国社会分野鲜明的三种不同的社会改革方案,而它们各自相异的命运,又恰好反映了民国社会新旧交替、新陈代谢的一般历史趋势"。因此"从这样一种理论嬗变和制度演进的历史运动之中,完全可以借此更深刻地透视近代中国的发展历程;而且比较总结这一段与新中国相连的历史时期社会各阶级、各阶层防灾救荒行动的利弊得失和经验教训,也应具有更为重要的现实借鉴意义"。(参见拙著《民国时期自然灾害与乡村社会》,中华书局,2000年)但是在写作过程中突然发现,如果不把民国时期的灾情状况及其对社会的影响从总体上搞清楚,则很难对这些救荒观念和实践做出客观公允的评判,于是调整了研究重点,而把原定的主题暂时舍弃一旁了。

不料想此一暂时,一晃就是二十余年,杂务缠身,宏愿不了。好在这一期间,中国灾荒史研究已然取得了长足的进步,当代中国

273

逐步建设中的防灾救灾体系也需要历史的智慧支撑,处于传统与近代铆接处的晚清民国,尤其是民国时期的救灾问题得到学界越来越广泛的关注,我最初设想的几个方面,几乎都有相关的论文论著,而且在其他方面还有不小的突破,可谓林林总总,成就斐然。然而从资料利用的角度来说,尚有极大的拓展空间;从研究的深度而言,同样也有众多有待进一步发掘的可能。当此之际,民国灾赈史料的相继出版,无疑为以后的研究夯下了坚实的基础。尤其是将这些文献与已经出版的早期文献归置一处做纵贯式研读和比照,从中往往可以得出不同寻常的新认识,进而也可以对古人,对近人,乃至对当今中国的新人在防灾救荒方面的努力,也会有更深刻的把握。

以荒政近代化而论,看起来是今日研究者设定的话题,其实当时的从事一线救灾的先贤,对于自身的行为也有不一般的自我期许。1870年代走出江南的东南各省义赈领袖,也就是江浙绅商,一方面与同一时期进入灾区的以英国新教传教士李提摩太为代表的洋赈展开竞争,指其一应做法,均未跳出江南已有的地方性传统,一方面又反复强调自己正在从事的跨区域赈济,将自此开辟"千古未有之义风",从中已然显现今日学界争论不休的中西之争、古今之争,而其倡导的价值取向,固然不曾抛离古代的传统,却也指向了背离传统的新时代了。到民国时期,人们则更加自觉地把两者做了明确的界分。前述《赈灾辑要》的编者懒盦,在该书"编辑大意"所订的第二至第四条选文标准,其实就是他对古今荒政进行一番比较之后作出的取舍。其一是国家专治与社会参与之别。在他看来,在"君主时代,以备荒之政救灾视为国家专政,非人民所得干预";"迨前清光绪初年,南省善士,集款筹赈,始开义赈之端","民国以来,慈善家先后组织健全团体,遇有巨灾,立有拯救,以辅政府之所不及,不惟于国计民生所关甚巨,即影响于社会亦至重且大"。其二是"办赈有缓急之分,标本兼施",而"根本之计,尤重工赈",如堵口复堤诸工。其三是新旧道德之别,他认为,"我国旧道德囿于故习,博施济众,未敢轻举。自经世变,民智增进,欧风东渐,公义亦见发扬,今年每遇灾赈,咸能泯绝畛域,不分中外,共同集合,惟以救灾救彻为目的";其中如华洋义赈会、世界红卍字会等"成绩昭著,博大众之信仰"。这第三点,实际上还给出了造成古今之别的各种缘由,那就是来自西方的冲击,以及与传统灾赈的另一重区别,即国内外的合作,故此编者也把自己的汇纂工作看成是"树世界大同之先声"。懒盦之所重,显然在于民间,故其书所编"以义赈为多"。

懒盦说的这几条,其实也是民国时期最大的民间救灾组织——中国华洋义赈救灾总会始终不懈的追求。除了临事救急的"天灾赈济"之外,该会所推行的根本救济之法,即"防灾工作",远远超过懒盦所聚焦的堵口、复堤等应急性水利修复工程,而是进入一个更加广泛的经济、社会领域。1990年代初,我们在初步触及该会的前身即1920年成立的北京国际统一救灾总会的工作报告之后,即为其从事的如下工作感到震惊:其一,设立实业学校或灾民工厂,组织极、次贫妇女从事发网、草编、被褥以及其他物品的制造,扶持农村手工业,帮助灾民"自为工作以维持其家计";其二,发动工矿农垦等各方面实业家,增加资本,招募灾民进入各地工厂做工;其三,植树造林,改善植被环境;其四,兴工筑路,改良灾区的水利建设和交通条件。(参见《北京国际统一救灾总会报告书》,该会1922年编印,收入《民国赈灾史料续编》第六册。)此后,这一方式被当做"最科学之原则及最适于实用之救灾方法"得以推广,其最终目标在于"增进社会生产力及铲除灾源,并筹各地永久福利"。该会更在华北以及其他灾区农村大力推进农业改良,乡村教育,特别是信用合作事业,志在培育和提升农民自觉自主的经济发展意识和能力,从一定程度上可以看成是后来闻名于世的乡村建设运动的先导,也称得上今日社区参与式减灾建设的前驱。该组织自己打出的口号,即"建设救灾",其所蕴蓄的意涵,对今天的很多读者来说,大约也极具新鲜之感。故此该会虽然将自身的工作定性为对政府及地方当局防灾、救灾工作的襄助,但也颇为自豪地认为,其组织乃当时"以科学方法,从事灾荒救济与预防之惟一机关"。(参见该会1934年编印《建设救灾》,第10页。)

国民政府对于自己在社会救济领域的制度建设,在自我期许方面更是不遑多让。在1947年9月行政院新闻局编纂的《社会救济》一书,首先把先贤提出的礼运大同推崇为"古代仁政哲学之最高理想",并认为历代统治者"莫不标举博施济众,为得民行仁之本",但又明确断定,古代中国未曾确立社会救济制度,而"仅凭慈善观念,从事于消极救济工作,其病在于范围狭窄,标准散漫,时间短促,财力浪费,效果稽核,更为困难"。在编者看来,直至1940年国民政府社会部成立,于1943年9月正式颁布社会救济法,一种新的"整个社会救济制度乃大致完成"。据其归纳,它主要由以下四个特点:第一是以"实现大同之治为理想",于"社会应受救济者殆以包举无遗";第二是以制度建设为目标,大凡中央、省、团体或私人以及财力充裕之乡镇,均得依法举办;第三是"由慈善观念进为责任观念",认为"拯困恤穷,乃政府应尽之职责";第四是"以积极方法代替消极方法","不仅在解除受救济人之痛苦,尤着重于受救济人之辅助,使其能独立生活",从而"变消费为生产,化无用为有用,使扶助受救济人能达到自谋生活之境地"。这里的表述与懒盦的理解颇多一致,不同的地方在于,被懒盦推重的民间义赈,或者说团体或私人举办的救济事业,在社会救济法的制定者眼中,原处于一种放任状态,此后须"经主管官署之许可始得举办",且"主管官署有视察及指导之权"。(《民国赈灾史料续编》,第1册,第149—152页。)事实上自国民政府当政以来,这样的整合工作一直未曾停止过,它反映的是一条以中央集权式政府为主导的救灾或救济事业近代化的道路。

此一套理念与方法,也被其时的日伪政权经常挪用和标榜,以此作为日本侵略者在华推行的"王道政治"之佐证(参见华北救灾委员会总务处1939年10月刊印的《华北救灾专刊》第一期,收入《民国赈灾史料续编》第9册)。这是一条唯侵略者马首是瞻的殖民化路径。而与这样两条道路相抗争,同时又汲取民间经验之长处的另一条道路,也就是中国共产党的救灾实践,也随着苏区、边区和解放区的政权建设而不断地趋于完善,最终在1942—1943年的华北大饥荒时期臻于成熟,形成我所说的"太行模式",从此确立了中华人民共和国成立以后我国救灾制度的基本框架。不过,原来由民间自主组织的救灾、减灾活动,被政府主导下的群众运动所取代,直至1990年代末期才重新萌动,且逐步活跃起来。

如此一来,自然就产生了一个非常重要的话题:如果我们的先人早在几千年前就已经把今日归之于现代化范畴的诸多方面都包容其中,自晚清以降国人的思考与实践到底有何超越之处? 到底是什么才是"荒政近代化"或现代性的减灾体制? 亦或许在中西各方存有两种并行的现代救灾之路? 亦或许所谓的古今之别不过是在纸面上有着相通之处,而在具体的实践中,就如国民政府行政院《社会救济》一书所说的那样,并未制度化地付诸实施,有待今人克尽其功? 亦或许两者之间自有另外的关键性的区分,这种分别,可能既不是救急与治本之分,也不是重农与重商之别,而且也不完全在于国家与社会之分,最重要的可能在于所谓科学与迷信之分。这样的科学,的确带来了中国救荒技术和减灾工程的飞跃式发展,可是在这种以征服自然为主导的减灾模式甚或社会发展模式狂飙突进之时,似乎又打开了另一个潘多拉之盒。另一方面,我们也许可以撇开传统与现代之争,从公共管理、社会治理等实用主义的角度,对这些文献反映的减灾救荒的具体实践过程做新的梳理和解读? 所有这些,当然不是此处应该详加讨论的,只是想提出来,供有心者思考而已。

这样的思考,如果脱离了已刊、未刊的各种救灾文献,大约总有些缺憾。从已出和即出的三编史料来看,就文献编纂的主体而言,除了中国共产党在革命根据地、抗日边区以及解放区的政权建设中生成的救灾文献有待他日搜集、收录之外,其他三种道路都有相应的文本,尤以北洋政府、国民政府以及中国华洋义赈救灾总会的文献为主,除此之外,还有一些私人著述,如梁庆椿《中国旱与旱灾之分析》,蔡清泉等《荆沙水灾写真》,于树德《合作讲义》等,就即出的三编来说,重中之重则是中国华洋义赈救灾总会在其活动期间出版的各类文本,与前两编合起来,大体上涵盖了此会最活跃时期的重要活动。如果我们将所有这些文献,按其出版时间顺序来排列,由于这些文献本身就是历次救灾活动的有机构成部分,或为通讯报道,或为灾情调查,或为政府公文,或为灾区写真,或为对策建议,或为赈灾指南,或为培训讲义,或为总结报告,或为学术著作,总而言之,除少数是在事后相隔一段时间编纂而成,或一部分法规性的文件之外,绝大部分都是在灾时或救灾工作结束不久就出版问世的,可以说,从民国肇建到中华人民共和国成立前夕,整个民国时期各地发生的重大灾害及其救治活动,或多或少,几乎都有文献被收录,哪怕只是粗略地浏览一下,也能感受到近代中国散布于社会各阶层的防灾减灾活动的时代脉搏;如果将其与历史时期的文献联结起来,我们所能感受到的,就是一部中华民族绵延数千年的,不屈不挠的,与种种灾害不懈抗争的宏大历史画卷。这样的抗争,不管是经验,还是教训,不管是内在的动力,还是外部的冲击,不论古今和中西,都将是中华文明极可宝贵的一部分,也是中华文明在延续之中不断革新、不断超越的根本动力之一。

2017 年 7 月 25 日
于东京大学东洋文化研究所

专题五

现实的历史之境

人无远虑，必有近忧：从灾荒史研究得来的启示①

从"饥荒"进入"灾害"

诚如邓拓先生所言，我国自有文献记载以来的四千余年间，"几于无年不灾，也几乎无年不荒"，以致近世西欧学者径直称之为"饥荒的国度"。新中国成立后，特别是改革开放以来，随着经济建设的高速发展、科学技术的突飞猛进和救灾制度的不断完善，我们终于打破了已经延续数千年的"每灾必荒"的铁律，摆脱了令人恐怖的饥荒魔影的笼罩。这的确是值得每一个中华民族子孙为之骄傲和自豪的伟大成就。

然而长期以来，由于我们的经济建设在很大程度上又是以牺

---

① 原载《学习时报》2004 年 11 月 8 日。

牲人类赖以生存的资源与环境为代价的,结果,它在带来无量的物质财富的同时,又进一步加剧了人口、社会与资源、环境之间的矛盾和冲突,造成了极其严重的生态危机。其中既有伴随着工业化、城市化和乡镇企业的迅猛发展而产生的可以说是遍及全国的环境污染灾害,也有因人为因素的强烈干扰致使自然界发生变化而给人类带来的渐变性灾难,如土壤沙漠化、盐碱化、水土流失、森林破坏、水资源匮乏及物种多样性的减少等。除此之外,大自然本身也会发生相对于人类而言是剧烈的周期性变化,而我们目前恰好处在这种周期性变化的一个高潮阶段,比如地震活跃期、火山活动期、气候变暖期等。自然的,人为的,各种各样的灾害,已经成为制约我国社会经济发展和威胁人民生命安全的头号敌人之一。我们走出了"饥荒之国",却又进入了"灾害之国",或者用时髦一点的话来概括,就是走进了一个正在孕育着巨大危机的"风险社会"。

澄清史料,正视历史

当然,出现危机并不可怕,可怕的是面对危机的态度。由于当前的自然灾害和环境危机主要是伴随着经济增长和科技发展的凯歌行进的过程而出现的,而经济和科技的发展本身的确又提供了前所未有的抗御各类灾害的能力,这就使得许多人对当下的危机往往不大在意,至多也只是把各种环境问题当作是经济发展过程的必然产物,是可以通过国民经济的进一步发展自然而然就得到解决的,因而对于未来总是保持一种盲目乐观的态度。如果有人特意强调上述各类灾害的严重后果及其未来的强化趋势,即使不被当作是无稽之谈,也会被指为"杞人忧天"。有学者甚至从中国历史文献记录的可靠性入手,对"自然灾害次数越来越多"的结论提出质疑,以期化解当今的人们对于未来的所谓不必要的"过虑"。事实究竟如何呢?

根据这位学者的论证,所谓"自然灾害次数越来越多"实际上是历史记录的偏差造成的,而与灾害实际发生的次数不相符合。其原因有二:首先是"详近略远"。即灾害发生的时间和地点越近,人们对它的印象越深,灾害被记录的几率越大,灾害记录的次数与灾害发生的远近成反比。例如在无人区发生的灾害,无论多么严重,都不会有多少人注意,而在人口稠密区、政治经济中心及大都市,即使很轻微的灾害也会引起社会比较广泛的关注,留下大量的资料。同样,出现在远古、上古的灾害至多只留下一些真伪参半的传说,发生在中古以后的灾害的影响也无法与近代相比。其次是历史资料的缺失,年代越久,留下的记载一般越少,统计到的灾害次数也就越少。正是这两个方面的原因,让人产生了灾害的次数越来越多的错觉。否则,根据目前有关论著的统计,从现代到远古,朝代越前,灾害次数越少,到了先秦,有的年份完全是空白,"能说那时没有灾害吗"?

这样的分析固然不无道理,但如果我们对中国史料记载的特殊性有所认识,同时将人类活动与灾害形成的关系考虑进来,对上述史料记载的真实性就不至于太悲观,特别是对那些连续性强、资料丰富的地区来说,相反应该更具信心——当然还需要我们更进一步的挖掘史料。这种特殊性就是明清以来中国史料记载的完整性及清代报灾制度的完善性,而恰恰是明清以来的大量统计表明了灾害次数不断增加的趋势。这样的分析还存在着另一个很大的漏洞，即无视甚至误解了人口增加、生产扩大与灾害次数的正比例关系。这就是，随着历史上中国人口的不断增加，人类生产生活区域的成倍扩大，遭受到或记录下来的灾害当然也会相应的增加。同理，从空间分布上来说，越是人口稠密的地区，越是政治经济文化发达的地区，自然变异成灾的机会就越多，灾害的次数也越多；相反，人口越是稀少的地区，成灾的机会就越少，记录下来的自然也不多。至于无人区发生的自然变动现象，如果其后果最终没有波及人类的话，那就是一幅大自然的奇观，而谈不上是一种灾害了。

早在 20 世纪的二三十年代，竺可桢先生就已经解决了这一难题。他在当时发表的《直隶地理的环境与水灾》一文中，对 17 世纪以来的三个世纪直隶水灾特多的原因作了精辟的分析。他认为造成这种情况的，既不是因为直隶是首都，所以记载特详，因为 17 世纪以前直隶同样是首都，但记录下来的灾害并不多；也不是因为永定河的河道发生了变更，以致泛滥更加频繁，因为后人对于永定河的治理力度要远超前人。真正的原因是直隶人口的增加和农业的勃兴。因为在宋代以前，直隶省的低洼之处都是淀泊沼泽，尚未开垦，元明以后，以前的沼泽逐渐变成了良田，水灾因而随之增多，"因为以前即使有水，也不成灾，至此是有水非成灾不可。这样一来，直隶水灾在史籍上的记载，当然也突然增多了"。竺可桢认为，这应该是一个"比较的最圆满的解释"。他虽然没有提到人类对环境的破坏作用与灾害形成的关系，但他思考问题的方法，毕竟给我们这些后人提供了极其有益的启示。

多一点"忧患意识"

也有学者认为,自然灾害在时间上的分布往往是周期性的,因此我们不能以某一时段的灾害状况来推测未来的发展趋势。然而如上所述,由于当前的自然灾害并不只是自然界本身变动的产物,而是越来越多地搀杂进了人类活动的影响,而后者所引起或加剧的自然环境的变化往往又是一个逐步累积、不断扩散的不可逆的过程,所以,灾害的周期性变化与灾害次数的累积上升趋势并不矛盾,在当前的情况下,则是交错在一起,叠加出一个并非那么确定的未来社会。因此,对于这样的社会,我们与其抱持一种所谓"不能无忧,亦不必过虑"的"豁达"的态度,还不如老老实实地信守古人的箴言:"人无远虑,必有近忧。"

其实,推动人类思想嬗变和社会进步的,忧患意识要远远大于所谓"豁达"的心境。这并不是说我们不应该豁达。当我们在考虑某个个人的未来命运和人生态度时,我们尽可以豁达。但是当我们把眼界放宽,把眼线放长,来思考由许许多多的个人组成的人类社会以及她的命运时,我们的神经中应该更多一些忧患意识。在人类历史上,人类对环境与灾害问题的态度一向是存在着"乐观"与"悲观"两派的。中国几千年前就流传着"杞人忧天"的故事,然而正是大多数人对于"天"的高度信任以及对那个"杞人"的嘲笑,使我们的天文学很难再向前迈出决定性的步伐。而在当代西方国家,是悲观论学派而不是乐观论学派一直推动着环保事业的发展,直至"可持续发展"成为全人类的共同理念。居安思危,危可以转化为安;居危处安,安则可能渐变为危,危上加危,大约就不可收拾了。因此,多一点忧患意识,我们或许还是无法走出"灾害之国",但对于避免再次掉入"饥荒之国"的轮回,却应该是大有裨益的。

祸福相倚：浅谈灾害后果的利害双重性^①

　　自然灾害,顾名思义,就是大自然的异常变动给人类的生命财产和生存环境带来程度不等的破坏和损害,然而由于这一变动过程的复杂性,它又不总是"惟害无利",有时乃至常常也会给饱经其蹂躏的灾民或邻近地区的人们送去一份不薄的意外收获。中国古来对于灾祸问题有许多颇具乐观色彩的习语民谚,如"失之东隅,收之桑榆",如"天无绝人之路",等等,而且大都与气候、地理因素有关,认真推究起来,其中确有不可否认的生态学依据。人的思维中的朴素的辩证法不过是自然辩证法的一种主观反映而已。

　　不妨以洪灾为例。世界上已经发现的几大文明古国几乎都离不开大河流域,其原因就在于洪水泛滥会给周围的地区带来丰富的淤肥,其水源也可用来洗盐或灌溉。在埃及,年年泛滥的尼罗河伴随着埃及人度过了几千年漫长的岁月,可是阿斯旺大坝建成之

---

① 原载《学习时报》2004 年 11 月 22 日《灾荒史研究二》。

后,由于河水被阻挡在水库堤坝之中,尼罗河两岸的土地得不到河水的灌溉、洗盐和施肥,也日益贫瘠化了。在中国的主要江河流域,洪水泛滥携带而至的淤泥,往往被当地人称做"金铺地"(桑干河流域)、"西江麸"(珠江三角洲)、"运地血"(黄河后套地区),可见宝贵之至。1931年的江淮大水灾应该说是惨绝人寰了,但就在第二年,大部分灾区均获得大丰收,一般农民没有一个不是"喜形于色"。这固然缘于当年"雨水润调",但也与水泛后淤泥的肥效有很大的关联。据近代著名水利专家张謇披露,江苏运河一带的下河之地,"本有以水为肥料之经验谈",其中的兴化县,地势最低,受灾亦最酷,"然千百年来,遇灾何止数十百次,而居民安忍其毒而不去者,甲年灾,乙年必大熟,得犹足以偿其失故也"。

洪水的泛滥还可促进鱼类资源及茭芦菱藕等水生植物的生长和繁殖。清宣统二年(1910)石印的《湖南乡土地理参考书》对两湖湖区水灾与渔业的关系有一个很好的总结:"滨湖水溢稼败,而鱼虾聚焉;若水旱不侵,年谷顺成,则鱼稀至。"光绪十三年(1887)常德、汉寿、安乡、沅江等县低洼田地被淹,湖南巡抚卞宝第甚至以此为借口,拒绝对灾民实施赈济。而在1954年大水期间,湖北荆江县委则号召各级机关尽力购买灾民捕捞的鱼虾,结果家家户户几乎餐餐吃鱼,吃厌了还咬着牙关继续吃,因为在当时吃鱼就是救灾。

这样一种利害转换关系在其他类型的自然灾害中也同样存在。有学者对广东省历史上灾害性台风天气与农作物关系进行研究之后发现,台风次数则与当地农作物的丰收程度呈正相关,也就是说台风愈多,愈能获得丰收,因为台风在夏季副热带高压下干旱缺水状态时带来的雨水,可以满足作物对水分的需求。即使是盐碱地,也会给当地的居民提供赖以生存的盐业资源。黄河花园口决堤以后,残留于泛区的民众也大都"利用池滩盐土制晒硝盐为生"。在太康县,"凡产盐之地,皆不适于树艺,贫民从事制造,借图微利",只是"遇天气潦而复旱,始有此产物"。山东农民也是敛土熬"小盐"、淋"芒硝",赖以糊口。河北盐山县有一种"非斥卤之地不能生"的黄菜,在光绪初年的大旱灾期间,不但是当地乡民"赖以为生"的救命草,"且运往他县,数百里活人无算"。蝗虫吃毁了庄稼,但蝗虫本身也可聊以充饥佐食。据曾任八路军一二九师参谋长的李达同志回忆,1943年太行区飞蝗成患时,蝗虫"成为风极一时的食品"。今宁夏海原地区在1920年大震后,地里的庄稼长势格外喜人,据当地父老称,可能是由于地震疏松了土壤层,对庄稼生长有利。寒潮冻害也能冻死土壤中的部分害虫,并能给干旱的北方地区带来雨雪。所谓"瑞雪兆丰年",这是每个中国人耳熟能详的谚语。从广泛的意义上来说,土壤流失灾害固然恶化了上游、高地的生态环境,但其产生的泥沙被流水搬运到下游,淤积在河道、海坦形成的沙洲、沙坦、沙滩,又为沿岸人民拓宽了生存的空间。几千年来,中国的小农经济之所以屡经灾害的摧折却能维持简单再生产而历久不衰,除了其自身的韧性与活力外,灾害与环境之间的这种利害转化机制理应是不容忽视的关键因素之一。

当然,我们排列这么多的例证并不只是为了进一步地揭示中国传统社会长期延续的奥秘,更主要的还是希望借此表明这样一种立场,即在遭遇各类自然灾害的威胁和打击之时,今天的我们应该充分认识到自然变动过程的复杂性,辩证看待灾害后果的双重性,真正从自然规律出发,主动地趋利避害,化害为利,以期最大程度地减轻灾害造成的损失。

长期以来,我们已经习惯于那种"抓住一点,不及其余","兵来将挡,水来土掩"式的单向度的灾害防御策略,一味地与自然为敌,向灾害开战,对各类所谓的自然灾害总是亟欲除之净尽而后快,结果不但防不胜防,有时还会招致意料不到的灾难,蒙受更大的损失。在这一方面,人类已然吞下了太多的苦果和教训。若是转换一种思路,在防灾减灾过程中力求尽可能地把握上述种种利害转化机制,从逆自然规律而动到顺自然规律而为,或许,古人那些意料不到的收获就能够变成我们可以常年预期的囊中之物了。

正是基于这一认识,时下不少有识之士呼吁当事者借鉴欧美等国在"自然防洪"(即利用自然界本身的力量防御洪水)方面取得的成功经验,逐步放弃以往那种不屈不挠的"抗洪抗到水低头"的堤坝策略,从"抵抗洪水"转向"善待洪水",还河流于自然,重建河流生态系统,从而在与洪水的共生之中发挥其生态系统的多样性功能,达到减灾效益的最大化和最优化。

平心而论,我们的祖先并非只是被动地接受大自然的"意外礼物"。至迟在两千多年前,他们就已经在探索如何有效地利用河流系统的自然规律为民谋利。都江堰一朝而立,成都平原从此"水旱无忧";关中白渠竣工,老百姓歌以"且溉且粪,长我禾黍"。这些都是让今日自以为无所不能的堤坝建设者倍感汗颜的先例。明清之际,河南临颍境内的颍水,如遇"数年不决,地即硗",于是"民伺其水弥,乃盗决,用肥其地"。这种做法因其总是以邻为壑而不值得提倡,但至少表明当地的老百姓早已洞悉"河有损益"的底蕴。

至于其他类型的灾害,又何尝不是如此?例如土壤的盐碱化、荒漠化,对于"以粮为纲"的单一种植体制而言,对于几千年来仅仅将淡土植物当作粮食主要来源的人类而言,这无疑是巨大的威胁和灾难。然而如果我们能够像河北盐山县的灾民那样,将适应于此类环境的盐生植物如黄菜(即碱蓬,又叫盐蓬、盐吸、碱吸、黄须菜、蓬子菜、盐蒿等)之类也纳入粮食这一范畴之内,不再像先前那样不惜代价地改造盐碱土,而是顺其自然,将盐生植物改良为优质农作物,那么,遍布全国的 6 亿多亩的盐碱地势必对缓和未来有可能出现的粮食危机作出难以估量的贡献。正如多年来潜心研究盐碱生物的科学家邢军武先生所说的,盐碱土、盐渍环境、地下咸水或海水对淡土作物是克,是生长的逆境和禁区,将导致作物的衰落以至绝迹,但所有这些环境条件却又是盐生植物生的基础,甚至是必须的条件,将促使盐生植物蓬勃繁衍。"植物之生于天地间,莫不各有所用;土壤之存于天地间,亦莫不各有所用。"

需要说明的是,我们承认自然灾害之"利"的一面,并不是要淡化对灾害危害性的认识,因为这样的"利"毕竟是以"害"的一面为前提的。而且,害与利的转化也是有条件的。"塞翁失马,焉知非福?"但他毕竟失去了一条腿。这一不幸之所以变为他的福,是在把它与另一个更大的灾难相比较的情况下才感觉到的,也就是说在主观上已经置换了主客体的评价环境,即所谓"两害相权取其轻"。因此,我们对于灾害之"利"的获取,无论如何也必须建立在对"害"尽可能地实施有效控制的基础之上。倘若因为贪念黄河壶口瀑布的壮丽而对间接造成此种景观的水土流失灾害也听之任之,抑或因为温室效应的增强可能对农作物的生长和发育大有益处,就不再控制二氧化碳的排放,我们未来的生存空间究竟会变成什么样子,恐怕就难以想象了。

一个篱笆三根桩：从北京电网到"阳光经济"①

　　"本报最后消息：村民疯狂盗挖沙土，两座 500 千伏电力高压塔几成孤岛，北京电网面临瘫痪威胁！"

　　这是不久前《北京晚报》(2004 年 12 月 17 日)上登载的一则新闻，读完以后着实吃了一惊。这里自无必要担心有关部门的管理能力，以致部分村民的非理性行为得不到有效的制止，真的引起灾难性事故；这里真正让人忧虑的却是北京电网本身居然是如此的脆弱。而其潜在的根源则不仅仅是因为全市只有四座 500 千伏变电站，一旦连接这些电站的线路被切断，后果即不堪设想，更为重要的因素大约还在于其能源供应的单一性、集中性和对外依赖性。

---

① 此文原为 2004 年应《学习时报》之约所撰写，后因故未发。现时过境迁，特此发表，以备方家一哂。

据报道,北京地区 60% 以上的电力是由外省市输送的。这种"异体供应"现象,意味着全北京大部分地区的生产生活都和外部世界一起被几根电线捆成了"一条绳上的蚂蚱",其结果自然是"一荣俱荣,一损俱损"了。

当然,这类情况并非北京所独有,世界上凡是所谓现代化的大都市几乎都存在同样的问题。自从工业革命以来,一种以矿物能源为代表的"无机经济"或者叫"生化经济"逐渐取代了传统的以生物资源和可再生资源为代表的有机经济,而矿物能源和生化材料的流动无需像后者那样主要依赖生物气候和地理条件,这使得城市规划和建筑设计可以不受地方条件的限制而自由发展,城市一体化的规模越来越大;但是由于这类资源仅仅集中在地球上或一国之中相对较小的区域之内,分布极不均匀,而其需求却是跨区域的甚至是全球性的,由此导致资源供给的链条越来越长,其影响的范围也越来越广。正如德国经济学家、《阳光经济》一书的作者赫尔曼·舍尔所说的,工业现代化对于生化资源不断增长的需求是唯一的和真正的全球化压力,也是一个地区或一个国家国民经济无法独立自给的唯一具有说服力的原因。结果,生化资源的集中化促成了城市一体化和全球一体化,而城市一体化的高度扩张和全球化进程的迅猛发展又使得这一类可枯竭资源越来越少,最终必然是城市化自身的危机和衰落。

借用美国一位著名的环境史学家的说法,这样一种经济一体化和集中化的过程本质上又是一种生态系统高度单一化的过程。人类一旦迷恋上生化资源,往往就会对生物资源或有机能量的存在显示出极端的蔑视,进而有意无意地干扰或侵害后者赖以生成的自然生态系统。在前生化资源时代,人们总要根据当地的生物气候条件和就地取材来营造自己的生存空间,例如利用阳光或阴影作为保温和降温的措施,利用树木来挡风,用通风口来冷却,或者使用本地的石块和泥土作为建筑材料。但是生化资源时代的到来,却使人们感受到自己已经从自然冷却系统中解放出来,因而也就可以不再顾及甚至完全忽略自然热量的供给了。再比如现代化的城市供水系统,它改变了以往一家一户单独取水的方式,也使人们对水资源的最终补给毫不关心,于是,随着钢筋混凝土建筑和硬化半硬化街道不断的延伸和扩展,曾经令人流连往返的池塘、湖荡、沼泽、湿地乃至井泉、溪流等多样化的生态体系几乎荡平无余,而当地内在的水循环系统也随之被彻底地破坏了,被过度抽取的地下水得不到充足的补给,地面上的水系也因雨水的过度蒸发而变得干涸,再加上环境污染导致的水质破坏,城市化几乎变成了水资源缺乏的代名词。

与城市化的扩张相适应,广大的农村生态系统也在生化经济和工业化农业的进攻下越来越简单化了。在这里,为适应市场需求而形成的大规模单一作物种植应是一个最典型的例子。由单一作物种植引起的农作物病虫害的增加和土壤肥力的丧失,又导致化肥、农药的破坏性使用,结果不仅进一步加剧了土壤生态系统的贫瘠化进程,反过来又大大增强了农业本身对生化资源的依赖。"人们总是先去促成一种疾病,之后又来兜售解药。"进入二十一世纪,一种名之为"基因控制"的生物技术也开始向农村进军。农民种植了这类含有抗害虫基因的农作物,固然可以减少花费在农药上的成本,并提高产量,从而增加收入,但是研究表明,凡是种过这类转基因植物的田园,就再也无法种植其他的作物,所以,从长期来看,这样的生物技术显然是以进一步牺牲物种多样性为代价的。

其追求的目标看起来似乎是为了消除粮食危机，防止饥荒，但事实上究竟如何，至少到目前为止还是一个未知数。

生态多样性的损失往往意味着灾难的到来。中外历史上已有太多的例子可以帮助我们认识这一问题。美国历史学家威廉·麦克尼尔写过一篇《马铃薯如何改变了世界历史》的论文，认为16世纪以后马铃薯在包括英格兰在内的北欧地区的传播和种植，对英国工业革命的进程发挥了一定的作用，因而"是解释西方世界以令人惊奇的速度迅速崛起的一个必要但不是唯一的因素"。然而就在这同一时期，由于爱尔兰人把这种高产作物当作唯一的粮食作物，以致在1845—1847年，当一场突发的植物枯萎病几乎摧毁了所有的马铃薯时，他们就进入了历史上最黑暗的时期，两年之内，有近一百万人被饿死，另有一百万人移居国外，而当时爱尔兰的总人口不过八百万人左右。大约三十年之后，中国的华北地区爆发了规模更大的饥荒，约有一千三百万人被夺走了生命，其中尤以山西省损失最为惨重。然而当代一位森林史专家在研究过程中发现，当该省非林区赤地千里、饿殍载道之时，其林区各县却成为孤岛式的无灾区，还吸纳了大量逃荒人口，成为灾民的"安乐窝"。

事实上，中国古代的先哲们早就在总结农民经验的基础上，把植物的多样化种植作为应付饥荒的重要手段。徐光启在《农政全书》中通过引经据典对"百谷"一词的解释，很值得今人玩味。何谓"百谷"？即梁、稻、菽"三谷各二十种，为六十种；蔬果各二十种，共为百谷"。之所以把蔬果之类视为谷类，则在于它们可以"助谷之不及也"。他指出："夫蔬熟，平时可以助食，俭岁可以救饥；其果实，熟则可食，干则可脯，丰歉皆可充饥。古人所谓'木奴千，无凶年'，非虚语也。"此处的"木奴"，指的是柑橘一类的果树。

即使在通常的情况之下,农作物多样化种植所获取的总体效益也不见得比现代化农业逊色多少。一位生态学家曾经比较了墨西哥的印地安农民和现代化农场的产出,得出的结论是:虽然就玉米种植而言,前者每公顷土地只能出产 2 吨玉米,而后者可以达到 6 吨,但是在同样的一公顷土地上,前者还可以生产出各种农作物,例如豆类植物、水果、南瓜、番薯、西红柿以及各种蔬菜、谷物和草药,还饲养着鸡和牛。这样,他们实际上生产了 15 吨粮食,而无须任何商业性的肥料和杀虫剂,也不需要银行、政府和跨国企业的支持。相反,后者的 6 吨产量,却是这块土地上的全部产出。其收入确是增加了,但是用于生产和生活的费用也因无法自给而提高了,更不用说这样的生产方式给生态环境增加的沉重负担。

反观工业革命以来的城市化历史,可能也恰恰是那么一点可怜的在钢筋混凝土的魔爪下依然幸存的生态多样性,在一定程度上迟滞了现代城市文明的衰落进程。研究表明,在许多发展中国家甚至发达国家的大城市里,越来越多的人利用所谓的"城市种植业"来降低日常的生活费用。在德国,人们通过在城市内部种植粮食而获得的收入,大约是城市最低就业者收入的两倍;在俄罗斯的大城市里,如果上一年没有自己种植粮食,就会有数百万人面临饥饿;甚至在 1980 年代的美国,其城市粮食的种植也增长了 17%。

国外大城市中这种不断增长的粮食自给趋势似乎昭示了未来城市发展的某种走向,亦即在重建生态多样性的过程中,强化对太阳能等各种可再生资源的利用程度,最终实现城市能源的自给供应。这也正是《阳光经济》一书给我们描绘的理想蓝图。

生态学视野下的"非典"问题[①]

对于类似"非典"这样的现象,不管是把它叫做突发事件也好,危机也好,或者径直称之为灾难,也不管它到底是由什么原因造成的,自然的也好,人为的也好,或者自然、人为的因素交互作用也好,实际上都指的是人类社会运行过程中所出现的某种极端形式,是事物内部各种矛盾的激化状态。从人的普遍期望来说,我们当然不希望这种极端的形式最后会演变成一场灾难,但事情的发展往往又不会如我之所愿,而仅仅停留在"事件"这一阶段,给人一个大团圆的美好结局。所以,我们不妨走一条中间路线,用"危机"一词来概括它。用"危机"一词,还可以拓宽我们的研究视野,因为它不仅包括持续时间较短的所谓突发事件,还可以包括那些持续时

---

① 此系 2003 年 9 月 29 日"非典"之后,应邀参加北京市科学技术协会和北京市社会科学联合会共同主办的"科学应对突发事件"首次高峰论坛所写的发言稿。虽时过境迁,但其中一些想法,至今仍在思考中,故予留存,以为鞭策。其中所提建议第七、九、十条,据当时的发言略作补充,特此说明。

间较长的趋势性事件或渐进性灾难,而且由于后一类的危机的隐蔽性和难以觉察性,以致一旦爆发起来,往往即不可收拾,其影响较之于突发性的事件或灾难大都有过之而无不及。

一位著名的法国年鉴学派历史学家曾经对历史时期的危机问题作过比较深入的研究。他指出,从社会经济史的眼光来看,危机总是表现为"某种类型的突破,即长期趋势或趋向当中的否定阶段和短暂阶段。它可以指延缓,即整个成长时期中的停滞或崩溃的阶段。它也可以指稳定时期中的(与之相反的)衰落"。一句话,所谓危机就是社会发展过程中的延缓、停滞或崩溃的现象。

根据危机的成因和危机持续的时间以及危机造成的后果,大致可以划分为这样几种类型:一类是生存危机,这是由于某种物质供应的短缺造成的,这在前现代社会是经常发生的;一类则是现代社会的周期性经济危机,这类危机总是由经济的过度增长造成的,但它往往也蕴涵着某种内在的进步含义,潜藏着或大或小的创造性效应;另一类则是综合性的危机,它按不同的比例把前两种危机结合起来,既表现为类似于旧制度下的某种类型的生存问题,又表现为现代社会的各种危机,其中生态危机就是最典型的表现形式。从社会的发展趋势来看,这些危机往往"处于或可能处于某些节点上,处于社会历史或历史本身的战略要点上",但它们的最终导向是好是坏,则取决于社会本身,取决于其内部的各种不同力量的比例关系,因为危机造成的变化往往"将某种特别的力量给予了那些恰好在危机期间处于单方面和非对称的扩张中的部门",进而引致某种制度创新。由此,以上各种危机,又可表现"倒退性危机"或"成长性危机"两大类。

按照这位历史学家的比喻,危机就像是一场地震,"地震本身不会创造任何东西:他们仅仅揭示了隐藏在地下的力量。这些力量可能是倒退的,也有可能是进步的。他们带来了广泛的破坏,使现有的上层建筑化为乌有,但他们又无疑给予了建设者在如何选择和设计重建时驰骋其想象力的自由"。因此,问题的关键并不在于有没有危机,因为危机是不可避免的,而且往往是人类社会演进的不可忽视的动力;问题的关键在于如何应对危机,如何将危机引导向一个积极的正面的发展轨道上来。一种社会制度的优越性并不在于有没有危机,有多少危机,而在于如何处置危机。何况危机就像是商品质检中的极限(极值)检验法一样,它以一种极端的形式把在正常状态下潜藏不见的各种自然、社会症结以及各种力量之间的碰撞充分地暴露出来,这就使我们有可能更清晰地勾勒出各种自然、社会力量的深层关系和基本特征,并由此去探求更科学、更有效的应对方略。

就危机分类的角度而言,我们目前面临的"非典"事件,是在从传统社会向现代社会过渡的一个较高阶段的现代化过程之中发生的,它更多地表现出的是一种成长型的危机,同时又属于一种由于发展的不平衡而导致的生存危机;它一方面是当前社会运行机制某种内在缺陷的产物,同时又是被破坏了的生态系统对人类社会的一次冲击和报复,也就是这一段时间不少学者曾经提及的生物入侵;由此,它虽然是以传染性疾病这样一类公共卫生领域的突发事件表现出来,但它又不是一个孤立的事件,或许在一定程度上也可以看作是某种综合性的长期危机的征兆。这种危机就是生态危机,是人类发展进程中生态多样化的减少与生态单一化演变的必然结果。因此,对于这一问题,我们固然需要从各个不同的角度,运用各个不同的学科方法对此进行多方位探讨,并提出各自不同的应对措施,但更需要我们从人与自然相互关系的角度,运用生态系统的分析方法去思考,去探索。只有这样,我们才能得出更新的认识,找到更有效的应对方法。

依循这样一种思路,我们在目前的经济发展和城市建设过程中,大致说来,需要处理好以下几种关系:

一是处理好自然科学与人文社会科学相互关系,把技术进步与制度创新有机地结合起来,防止科学研究和建设实践中的"技术至上主义"倾向。在当代人心目中,技术的位置从某种意义上来说已经被神圣化了。在这些人看来,如果有什么问题得不到解决,问题肯定不在技术的本身,而是在技术的落后,技术的不先进。事实上单纯依靠技术途径并不能解决由危机引发的复杂的社会问题,技术运用的绩效其实也取决于特定的制度安排。而且,从生态学的角度来说,有许多看起来非常古老的智慧往往在对付灾难时会更有效。美国三十年代大危机期间,美国南部大平原的农民对付经济萧条和沙尘暴这一生态灾难的有效手段,就是多样化的农业经营。我国华北地区生态多样性总体上来说要比江南差得多,但是在栽培作物的种类方面却又多于南方,这也是华北农民应对更加频繁的水旱灾害和生态单一化风险的一种安全策略。即所谓狡兔三窟,不能把鸡蛋放在一个篮子里。

二是处理好经济增长与社会发展、环境保护的相互关系,树立全新的社会安全观——生态安全观,避免"经济增长至上主义"倾向。从历史上来看,人类的安全观念曾经发生过这样的转变,即从以社会网络为主体的安全观走向以技术发展与经济增长为基础的安全观,随着技术发展和经济增长所带来的负面影响越来越大,人们的安全观念逐渐发生变化,这就是人与自然共生共存的生态安全观。一方面,经济增长与社会发展是手段与目标的关系,而不是第一或第二这同一逻辑层面上的座次关系(顺序关系),按照后者的逻辑,我们可以推导出一个非常荒谬的结论;另一方面,物质财富的数量增长与社会发展之间并不是一种正比例的关系。把物质财富的极大增长和丰富与人的自由与人性实现直接挂钩是一种未经证实的推论,事实上技术进步、财富增长演变到一定的程度,反而成为人类自由的束缚,导致人性的异化。更为严重的是,由于这种增长与进步往往是以环境的破坏和资源的消耗为代价的,这就使得这一类富足的自由往往并不可靠。从环境成本的角度来说,这样的增长更多的是一种虚幻的增长。我们需要建设的是一个以经济的适度增长为基础的,以人性的充分解放与自由为目标的新型社会制度。

三是处理好国家建设、地方建设(经济区域化)与全球一体化的关系,尽可能减轻外来冲击对地方社会的不利影响。当今世界,建立在市场经济体系之上的全球经济一体化进程已经成为不可阻挡的历史潮流,其结果就是范围愈来愈大的生态一体化,而由此带来的弊端在这次"非典"事件中表露无遗。面对强烈扩散和蔓延的病毒,各个国家或地区所采取的最有效的措施实际上就是隔离,隔离疫区、隔离北京、隔离中国,其目的就在于建立一种地域保护的屏障。这一做法有时不无过激,但却无可非议,是面对生态一体化风险所被迫采取的无奈之举,其中还蕴涵着很有价值的生存智慧。

可以说,如何在经济发展过程中既可以充分地汲取全球化进程的外部效益,又能够有效地缓解或消除其所带来的风险,确保地方安全,是一个迫切需要解决的难题。从生态学的角度来说,就是对人流、物流、信息流等能量流动过程进行合理的配置、组合,建立一个高效而又敏感的富有地方特色的生态体系。

四是处理好经济发展或城市建设的规模化和小型化,中心化和分散化、多元化的相互关系。我们在以往的建设过程中所追求的除了越多越好以外,还有一个与之相关联的就是越大越好,越集中越好,规模效应于是成为一种目标,而不再是一种手段。而现代环保主义者则追求一个非中心化的分散型建设目标,即所谓"小的就是美丽的",这是很有道理的,但这种理论也不是任何情况都是适用的。例如"非典"期间私人汽车业的发展显示了人们对个体交通工具的安全偏好,然而这种偏好的过度泛滥又会导致交通效益的低下和更为严重的环境污染问题和安全隐患。另一项安全策略就是建立多元化的人类生态系统,增加并联环节,减少串联环节,减少生态风险。

五是从最坏处着眼,向最好处迈进,处理好日常管理与危机管理之间的相互关系,改善政府管理职能,增强危机处理能力,防患于未然。既然危机是一种常态,灾害不可避免,这就要求我们毋庸讳言危机、厌闻灾难,而是把危机纳入日常行政管理体系之中。其一是建立易损性分析体系,创立风险评价制度;其二,建立报灾制度,完善危机信息管理体系;其三是加强危机影响模式研究,设计应急预案;其四是建立专门的由各个不同学科背景的专家或官员组成危机处理机构,统一协调各部门的行动;其五是鼓励第三部门的发展,建立社会化的危机应对机制;其六,加强公共安全与生存技巧的普及教育。

六是处理好伦理领域利他主义与利己主义的关系,建立符合国情与人性的社会道德新秩序。这种伦理关系一方面体现在人与人之间,大公无私过于理想化,损人利己,人所不齿,只有建立一种利己即利人、损人则损己的功利主义的道德观,才可以转化为可操作性的伦理实践行为。"非典"期间个人和家庭本位的防护行为与他人及社会整体的安全效果之间的关系,就是最好的例证。这种伦理关系的另一个方面体现在人与自然的相互关系之上,要把自然当作一种生命的形式加以尊重,实际上自然本身就是一种充满活力的生命形态。而这种对生命的尊重恰恰是对人类自身最好的保护。因为自然界本身的普遍联系性,我们对自然界的任何不尊重行为,最后都可能反馈到人类自身。废电池的旅行就是最好的例子。

七是处理好政府与公民之间的关系,培养现代公民意识,推进政治文明建设。作为政府,在危机来临之际不应该刻意回避或遮掩日常管理中存在的失误或理应承担的责任,甚至诿过于天,诿过于民,而是具备自觉的自我反省的精神,敢于问责,勇于接受来自公众的批评;另一方面,作为公民,也不应像以往那样只是摆出一副完全依赖国家的"等靠要"姿势,或者采取一致不合作的对立态度,激化危机,而是以建设性的姿态,以合作的态度,在批评和监督政府行为的同时,肩负起一个现代公民应尽的责任和义务,共同推进治道变革。

八是如何处理好危机效应的短期性与制度建设的长期性之间

的关系,使危机管理走向法制化的轨道。俗话说,人只有在关节疼痛时才会想到自己的膝盖,而一旦灾难过后,就又会好了伤疤忘了痛。所以应该充分利用大灾之后群情激奋的有利时机,因势利导,推进制度变革。另一方面,大难当前,人类的各种有效需求往往被压抑,一旦灾情过后,总会出现补偿性的反应行为。对此,若不加以合理引导,就有可能使危机过程的创造性效应消除殆尽,甚至还会引发新的自然、社会危机。

九是处理好城市和乡村的关系。长期以来,我国的城市建设往往是以牺牲农村为代价的,而对乡村的城市化改造也是我国经济建设和社会发展的主要目标之一。此次"非典"期间,乡村作为一种减震器,对缓解大城市的疫病危机发挥了明显的作用,而这一时期围绕针对返乡农民工、学生和过往市民而采取的强制隔离或封闭性措施,也凸显了当前城市化进程中城乡之间的矛盾和冲突。故此应该改变当前过度城市化策略,同时也应该改变城乡之间在医疗、教育、社会保障等各方面的不平等关系,使两者按适当的比例协调发展。

十是处理好中心区与边缘区、环境脆弱带,以及与此相关的社会分化与脆弱群体的关系。其中之一是"城中村",人口集聚,卫生条件差;其二是城乡结合部或者铁路与居民区交叉部,既是农民工集中居住的地带,也是城市垃圾随意堆积的区域,环境更为恶劣;其三则是所谓的"环京津脆弱带",这是一个更需要花大力气解决的问题。

总而言之,当前的中国就如同神话传说中的夸父,在高速行进的现代化道路上高歌猛进,但却忘了在这样一个风驰电掣般的"追日"过程中,他还需要补充能量,需要采取适当的防护性措施,否则只能"饥渴而死",也就是走向"倒退性危机"。好在他留下的手杖最终化成一片桃林,让后人得以休憩于其中。这桃林大约就是夸父逐日的危机留给我们的教训吧。

和而不同：多元比较中的中国灾害话语及其变迁①

今日对灾害的理解，基本上是在现代自然科学的框架下展开的。以这种科学的灾害观去研究历史时期的灾害，通常大大缩小了灾害的范围及其与社会关联的广度和深度；在传统的灾害观亦即以天命论为核心的灾异观看来，并非只有自然界的异常变化导致的破坏才是灾害，也并非导致物理性伤害的现象才是灾害，而且即便是所谓的"天灾"，也主要是人类自身德性有亏或不当言行引起的天怒，因而所谓的"天"只是担负着人类行为的监督者和灾害发送者的角色。我们需要把被现代科学遮蔽的长期以来被视为"迷信"而痛加挞伐的"神魅"还给过去，同时又要用历史化的眼光揭示这种"神魅"是如何在后来的历史中被泛化，被遏制，被祛除，

---

① 此稿压缩版，以"多元比较中的中国灾害话语及其变迁"为题，发表于《中华读书报》2020 年 3 月 13 日。

以及有可能的话又是如何被复兴的。只有还"魅"于历史,才能真正理解历史;也只有复"魅"于当下,也才有可能去直面充满不确定性的未来。当然这里所复之"魅",并非传统灾异观的复兴,亦非对科学灾害观的完全排斥,而是在对两者展开批判性反思的基础上,构建一种新的灾害观,即以敬畏生命、敬畏自然为中心的,立基于人与自然交互作用的灾害之生态观。我称之为"灾害人文学"。这是一个从入魅、祛魅到再入魅的过程。

与此相应,我们对人类的灾害响应也需要做更加广义的理解。灾害应对,作为现代意义上的社会治理的一部分,通常只不过是灾时应急式的反应,属于古人所说的消极救荒之策,而非针对灾害全过程的积极救荒政策,包括灾前预备、灾时抗救以及灾后重建,故此对灾害的应对与防范应贯穿在社会生活的日常与非常之中。从这个角度来理解救灾或传统的"荒政",至少包含三重定义:其一是针对灾害全过程之中的某些环节,尤其是应急救灾环节,这是最狭义的部分;其二是针对灾害全过程的防灾减灾,但这种灾害治理在现代科学话语中依然只是社会治理的一个相对分离的环节;其三则是这里想特别强调的全社会视域下的灾害治理,是为"大荒政"。不论过去抑或现在,对灾害的响应,实与社会整体之演进息息相关。

从这样的逻辑出发,灾害响应的主体,就并非只是灾害史学界最初重点探讨的国家,以及后来受到学界越来越广泛地予以关注的它的另一面,即由精英构造的"社会";事实上,除此之外,还应包括国家内部的异己政治力量,包括国际社会、国际力量,当然更主要的,还是国家与精英之外的占人口最大多数的普罗大众,以及受害者群体即灾民本身,他(她)们同样是多元化的救灾主体之一。

由此引发出一个非常重要的问题,这些不同政治力量之间如何思考灾害,如何应对灾害,在思考与应对过程中如何与其他不同政治力量打交道？合作、竞争抑或冲突？这就需要我们进行比较,但关键是他们自身又是如何运用比较来构建自我优越性的灾害话语？毕竟任何救灾体制都不是孤立和封闭的,而是在与其他灾害话语的对话和冲突中型塑和演化的。

我始终坚信这样的事实,即不管你在讨论什么样的话题,也不管你得出什么样的结论,你都是在与其他事项的比较中展开的,区别只在于有意无意而已。另一方面,在我看来,从来就不存在什么不可比较的东西;在一定意义上来说,不可比较也是一种比较,因为它是在与可比较的判断进行比较。有些东西之所以显得不可比较,关键在于你没有找到更加恰切的比较之道,或者说,你所寻求的目标与已知的比较手段之间存有罅隙,不甚匹配。这正是你的机会,你需要寻找新的用以比较的角度、方法或切入点。比较也不仅是作为旁观者或后来者对同一时空或不同时空中各自独立的他物进行隔离式的观察或剖析;它事实上随时随地地发生在现实生活之中,并有意无意地对被比较的对象施加影响,使其趋同、趋异、融合或分叉,比较因之而成为促成各类比较对象及其相互关系发生变化之不容忽视的动力机制,也可以说是人类历史演化过程中一种特殊的无时或缺、无处不在的互动机制。我们需要把比较当作某种须臾不可分离的日常话语,一种在认识上把事物弄清楚而在实践中又导致其边界趋于模糊的催化性酵母。这大约也可以看做是内在于比较话语之中不可去除的悖论。

汪晖,这位当代中国最具争议的思想史家之一,在其讨论二十世纪中国政治思潮的基本特征时,借用本尼迪克特·安德森一部名著的标题"比较的幽灵",对其作出如下判断:

这一时代政治思想中无处不在的比较的幽灵如此醒目,以致我们可以说这是一种在多重视线中同时观看他者和自我的方式:观看别人也观看自己;观看别人如何观看自己;从别人的视线中观看自己如何观看别人,如此等等。更重要的是:这个观看过程不是静态的,而是动态的,是在相互发生关联,并因为这种关联而发生全局性变化的过程中展开的。中国面对的挑战不再是一个相对自足的社会及其周边条件下发生的孤立事件,恰恰相反,这些挑战和应对方式具有无法从先前条件及其传统中推演出来的品质。这是比黎萨小说(按:此为安德森据以提炼"比较的幽灵"这一概念的初始文本)提及的更为复杂和多重的比较之幽灵。这一比较的方式并非诞生于人们所说的东方主义或西方主义幻觉,而是诞生于这一时代由生产、消费、军事、文化等物质和精神的多种进程所推动的全球关系。(汪晖:《世纪的诞生——20世纪中国的历史位置(之一)》,《开放时代》2017年第4期,第22页。)

在汪晖的眼中,比较不再只是一种历史研究的方法,而是人类个体或群体自我认知的一种路径。这一认识无疑极具洞见,我们完全可以引而伸之,对此做更加大胆的扩展。也就是说,这样一种借由比较而进行的自我认知,并不只是20世纪全球化进程的产物,而实际上正是此种全球化得以开展的思想动力之一;从广泛的意义上来说,这种比较或比较话语,也不只是 20 世纪这一以西方帝国主义全球扩张及其遭遇的抵制为特点的全球化时代的特殊现象,而实际上乃是贯穿人类文明始终,并催动人类文明不断演化的至关紧要的文化装置。而且这样的比较,也从来不限于人与人之间,而是同时在人与自然之间展开。所谓文明与蒙昧、野蛮之分,首先或首要的应在于人与以无机物、植物和动物组成的自然界的分离,与此同时才可能成为不同人群之间分野的标准。无论是在"人猿相揖别"的人类诞生之日,还是今天人类力量在地球空间似乎无处不在的"人新世"(或译"人类世"),如果没有了"比较",一切又从何谈起?

说了这么多,只是要表明,此处对灾害话语的讨论,并不仅仅是要用学界习用的比较方法去分析之,更主要的目标还在于探讨历史时期或当代中国各种不同形式的灾害话语是如何运用比较方法来构建自身,进而对现实世界,尤其是政治生活产生影响。看起来,这只是比较话语中一个相对特殊的领域,但是正由于灾害话语自身的特殊性,它一方面涉及人类最基本的生存状态,一方面又天然地具备其他话语不曾拥有的对自然、人文事像的高度关联性,因而实际上比其他任何话语都更有条件让我们从天人互动的角度去参悟中国乃至人类命运的大趋势。

大凡灾害话语,至少应包括三个方面的维度:灾情;灾因,如天灾、人祸;救灾及其成效。以救灾成效而论,在中国古代历史上,大体上遵循今不如古的古今对比模式,把三代之治作为衡量后代统治者救灾成效的最高标准或竭力效仿的榜样;但是就前后继替之历代统治者而言,其间又存在某种朝代竞赛模式,今必胜于古,以致到了清朝,不仅要"复三代",甚至出现远迈三代的表述。另一种竞赛模式存在于新旧朝代之间或同一朝代的正统与异端之间,后者如秘密宗教,总是以光明未来对残酷现实之比来动员民众起而反抗,渡劫求福,似可称之为"来胜于今"。只是一旦反抗成功,就又回归到前述两种模式运行的轨道之上了。除了这类历时性的"新旧"比较之外,还有一种横向的区域比较,即对南北之间在灾害程度和防灾减灾能力方面的差异性认知,但是这种认知同样需要从历史的角度去考察。其主导下的话语,先是聚焦于先秦秦汉的关中模式,如司马迁的《史记》和班固的《汉书》;继而江南模式崛起,在唐宋以后一千多年来变成国人孜孜以求的梦想。北胜于南被南胜于北所取代,迄今未见动摇。另有东西之比、中原边疆之比、华夷相分等。

与其相应的灾情叙述,往往极尽夸张之能事,每每出现亘古未有、大祲奇荒等诸如此类的表述,给人一种于周期性演进之中愈演愈烈之势。对这样的灾情,正统话语看到的是来自天的警示,异端力量则视其为劫变,一种天命转移的征兆;而宋代以降尤其是明中叶以来,灾异之咎除君主之外逐渐移向民众,并形成拥护君权的劝善话语。这一话语也不乏对当政者的批评或抨击,但其基调是只反贪官而不反皇帝,故其灾害叙事更多是把清官、青天与贪官恶吏进行比照。更主要的方面,则是对普罗大众的道德行为做今昔对比,给人一种世风日下、今不如昔、罪不可缩的印象,意在劝说百姓改弦易辙,恢复德性之美,赢来和风细雨。

明末以降西方传教士来华,一种新的比较维度即中西比较开始出现。当中西文化初次相遇,传教士们更愿意把自己比作中国硕儒之模样,在两种文化中寻找相似性,而中国的士大夫们,更多的是从中寻找两种文化的差异,崇中抑西,当然也有少数如徐光启这样的学者,通过技术层面的比较,得出中不如西的判断,并希望在自觉的中西"会通"过程中达至"超胜"的格局。黄宗羲同样深知西方历法推算之精要,但却把这种技术融入中国传统的天文历法系统之中,以期进一步完善由来已久的天命论体系,硬生生地把西方的哥白尼革命消解于对中国天命的重新论证之中。最为诡异的是,黄宗羲的这一思路历程竟然借康熙之手变成国家的实践。直至鸦片战争爆发,列强欺凌,西方对中国的优势从器物、制度、思想的层面逐次显示,西学中源说固然曾经盛行一时,至今犹有余音,但"中不如西"在此类比较话语中占据了绝对主导的地位,虽然第一次世界大战使这一信仰有所动摇,却并未从根本上撼动之。灾害话语因为新的比较维度难以阻挡的强力介入,随之发生结构性的变迁:从天命到科学,从农业到工商业,从专制集权到民主自治,从救灾到防灾减灾。纯自然的科学化灾害解释模式逐步取代重人祸的人文化解释模式而占据核心地位,天灾与人祸有相互分离之势。当然,在这样一种向西方寻求赈济之道的过程中,过去的南北竞争模式并没有消失,而是在新的条件下延续与扩展,至少在晚清义赈兴起和扩大的过程中,我们可以看到江南模式是怎样与西方话语展开竞争,继而与其合流,形成新的模样,与此同时,又将这种变化了的江南模式在江南之外进行大规模的实践。

但是,如何把这种新模式付诸实践则视不同的政治力量而定,于是一种新的灾害政治话语随之而生。孙中山不信天命,却仍然坚定地把清末灾害成因归于清朝统治者的腐败,是为新的人祸论;

此后上台的北洋政府与国民政府都把所谓的自然灾害称之为天灾,指其"非人力所能挽也",从而否认自身与灾害的关联,而其政治对手中国共产党,则坚持孙中山的解释路线,否定天灾,确认人祸,当然是统治者造成的人祸。很显然,除了战场上的硝烟和政治上的纵横捭阖之外,对灾害图景的不同阐释成为相互敌对的政治力量对国家统治合法性进行争夺的一个不可忽视的重要领域。中西之间的跨国比较,在这一历史时期,也转化为中国国家内部不同政治力量的新竞赛。从很大程度上来说,"只有共产党才能救中国"的中共革命话语,是对"只有国民党才能救中国"的国民革命话语的逆反式响应。同样,此时的西方世界已经被分化,资本主义的西方和社会主义的西方在比较中担负着不同的角色。

中华人民共和国成立后,先前被视为旧中国、旧社会主要象征的灾害图景成为新生的国家政权必须予以解决的重大民生和政治问题。从淮海战役结束后受命主政皖北以及后来安徽全省的曾希圣,曾把这一过渡比之为从"蒋灾"到"天灾"的转化,并把治淮作为安徽建设的核心任务之一。他说:

毛主席题字"一定要把淮河修好",这的确是一个伟大而严肃的号召,重大而光荣的任务。它的"伟大"在:"根治淮河"是千百年来所不能举办的事业,历代统治者所不敢也不能提出的问题,而我们中央人民政府,在毛主席领导下,胜利刚刚一年,一面要粉碎美帝国主义的侵略,一面又掀起与大自然的斗争,这是何等雄伟的壮举;它的"严肃"在:治淮毫不苟且,不潦草塞责,不半途而废,"一定要把淮河修好",这是何等坚决的态度;它的"重大"在:淮河历代失修,且遭受反动统治者的长期破坏,而我们在短短的数年内要将其修好,这是何等艰巨的事情;它的"光荣"在:治好淮河,征服自然,不仅克服当前灾难,且为子孙万代谋幸福,发扬革命胜利的果实,这是何等高尚的奋斗目标。毛主席以这样伟大光荣的任务交给我们来办,我们不仅感觉荣幸,而且具有无限的决心与信心。(1951年5月7日《皖北日报》,转引自《曾希圣传》,第298—299页。)

发端于皖北的治淮只是拉开了新中国大规模治水减灾工程的序幕,这一鸦片战争以来中国近代史上前所未有的水利工程建设运动,正如美国学者戴维·佩兹所说的,实际上与同时期的抗美援朝一样,是中国共产党政治合法性建设乃至"构建中华文明重生"至关重要的内容或条件之一:

事实上,征服自然在道义上等同于中国军队打败帝国主义。对于一个推崇革命的政党,对于一个通过暴力而取得胜利的政党,暴力想象和暴力隐喻在地理面貌上的投射就是这种革命性文化的延伸。在国内外进行这样的"战斗"就是在毛主席和共产党领导下对建设新中国的直接贡献。(戴维·佩兹著,姜智芹译:《黄河之水:蜿蜒中的现代中国》,中国政法大学出版社2017年中译本,第132—133页。)

仅从物质方面看,只需看一下1955年的黄河综合利用规划和大跃进时期的农田水利运动,就可以判断华北平原这一地区与党和国家在精神、物质上的联系。事实上,这两个维度都很重要,因此需要对华北平原进行清算和大规模改变,从而构建中华文明重生的条件。(戴维·佩兹前引书,第210页。)

毛泽东在《工作方法六十条(草案)》中谈到以"大兴水利""大办钢铁"为主的被后人戏称为"水火运动"的"大跃进"时,以一种"只争朝夕"的焦虑之情说过这样的话:

"中国经济落后,物质基础薄弱,使我们至今还处在一种被动状态,精神上感到还是受束缚,在这方面我们还没有得到解放。要鼓一把劲。"(《毛泽东文集》第七卷,人民出版社1999年版,第350页。转引自《曾希圣传》第425页。)

因此,中国共产党取代国民党而成为中国的新领导者,其所带来的不仅是从人与人之间阶级关系的层面,对全国范围内涉及亿万普罗大众命根子的土地资源配置进行了最彻底的调整;与此同时,还在人与自然相互关联的层面,以国土空间水资源的重组为目标,对大江南北的地形地貌和农业生态系统进行了有史以来第一次最大规模的改造,它不仅改变了人与自然之间的关系,也因之改变了地域内部及不同地域之间水、土、植被、地形、地貌等自然与自然之间的关系。长期以来,国内外学者大都把前者,也就是中国共产党在1949年解放前后推行的土地改革视为其赢得政权、巩固政权最重要的原因之一,但我们同样不能忽视的是,后一种以水为中心的,针对自古以来给中华民族带来无穷灾难的大自然所进行的斗争,也是一场不折不扣的土地革命,并且同样充满意识形态色彩,而对这样一种类型的土地革命的研究,只是到最近才引起一部分环境史学者的关注。我们需要一个更具包容性的革命概念。

历史告诉我们,这一新生的中华人民共和国的确以前所未有的决心试图兑现自己对人民给出的政治承诺,并在新中国成立初期取得了令人瞩目的成就,于是又一种新的比较模式出现了。新中国成立之前两个政权并存之时的共时性的横向比较转化为历时性的纵向比较,即从国统区、解放区的比较转化为新旧社会对比,且借助忆苦思甜等政治运动予以强力推进;在国际上,这种对比则以社会主义和资本主义两极对立的形式出现,其所论证的就是众所周知的社会主义制度的优越性,在横向上又表现为"两种社会的对比"。这当然也有一个变化的过程。苏联模式起初是榜样,后来却变成批判的对象,其所凸显的是中国特色的社会主义。以江南模式为核心的南北话语也在这样一种赶英超美的语境中被改造,"学江南""变江南"依然是当代中国人的梦想之一。于是灾害,便在一种新的高度政治化的语境中得到最为纯粹的自然科学式的解释,在相当长的一段时期内,在人们的各类表述中,只有"天灾",没有"人祸",进而连"天灾"也从日常的信息交流中被去除了,一个无灾无难的桃花源般的世界成了社会主义制度优越性的本质体现。令人遗憾的是,这样做的结果与其最初的目标在大多数场合都恰恰相反,最终导致的是对这一优越性本身的质疑,或者准确地说,是对又大又公的社会主义制度优越性的批评与反思。毕竟,由于这一场战天斗地的话语革命从很大程度上是中国共产党领导的人与人之间阶级斗争话语在人与自然关系场域的延伸,是以征服自然为手段来强制性地获取人与自然之间的和谐,其中不乏对遵循自然规律的追求,也有不少具体实践中自然保护的成功典范,如黄

317

河中上游地区的水土保持运动,但总体上而言,自然,如同国外帝国主义、国内政治反对派一样,被革命政权当做异己的他者和敌人,故此不论从短期还是长远的效果来看,其所带来的是更大范围的水土流失和环境衰退,各种风险、危机和灾难依然我行我素。无怪乎戴维·佩兹把这种对地形地貌的改造运动叫做"另一种暴力革命"(戴维·佩兹前引书,第 210 页,第 223 页)。

改革开放之后,传统的今昔对比或新旧社会对比并没有从学术和日常话语中消失,但是比较的内容有所改变,而且随着改革开放的持久深入,逐渐形成一种新的今昔对比,这就是在以往的以 1949 年为界的新旧社会对比中,衍生出以 1978 年为界的改革前后对比。这种对比,并不是否定,相反是进一步确认社会主义制度的优越性,但是另一方面,为确保这一优越性得以充分的发挥,在政治、经济、文化、法律等各方面的体制进行灵活性的调整和改革也是十分必要的。就灾害话语来说,人们逐渐摆脱教条式的意识形态的影响,越来越倾向于对自然灾害进行规律的探讨,趋向于从经济发展的角度研究防灾减灾问题,是谓某种"去政治化"。灾害比较的时限,也逐渐突破 1949 年的界标而向民国、明清乃至更早的时期延伸,并注重从自然现象变化本身探索灾害的演化规律,从中可以发现特别强烈的科学化倾向。科学与政治相对分离,比较不再只是为政治服务的工具,而是科学发现的手段之一。另一方面,因为不再束缚于教条式意识形态的禁忌,人们通过纵向的对比分析,逐渐认识到自然灾害在某种程度上愈演愈烈的态势;更值得关注的是,不少人对灾害成因的探讨,不再局限于自然界的异常变化,而是通过自身对环境变化的体验和严格的量化比较分析,把人类活动的影响、自然的变化以及灾害形成联结在一起，从生态平衡的角度析其因，进而提出相应的环境保护和减灾对策，是谓灾害话语的生态化进程。

所有这些，又与救灾标准的西方化有关。此一时期的中西比较，似乎不再注重制度上的优劣，而是偏向技术上的有无或优劣，实际上是承认西方社会至少在减灾技术和救灾体制上的优越性。改革开放前的赶超意识，被一种新的接轨意识所取代。这大约也算是一种新的开放性的多元化比较话语。进行比较的主体也趋于分散和多元，官与民对同一灾害事件的评判时常存有分歧，甚至对立。其焦点之一是对天灾人祸的不同认识；焦点之二是对救灾制度及其成效的评价。在官方的灾害话语中，其主旋律当然是体现中国特色社会主义的举国体制，而民间对这一体制更多持一种批评和反思的态度，而他们援以为据的标准，往往是欧美等西方社会的所思所行；另一方面，他们也从中国历史上寻找成功的案例，以与今日的现实进行对照，时常发出今不如古的感叹，从而打破了以往的新旧社会对比模式；所谓社会的新与旧，也从以往的绝对的界限分明而被相对化了。

值得注意的是，二十一世纪以来，尤其是随着中国经济总量的规模迅速扩大，中国对外部世界的参与愈益广泛，人们对中国经验、中国道路愈发自信，对于西方的救灾活动大多不再保持盲目崇拜的态度，而是尽可能客观地分析之，当然也存在一种不容忽视的新动向，那就是对中国传统的盲目自信，有的竟尔重归明末清初自我封闭的歧路。但是不管怎么说，中西比较之路上，一种新的话语竞争态势已然成形，而且弥散于政治、经济、社会、文化、自然等各个方面,同时又相互关联,逐渐凝结为以"生态文明"为核心的新环境话语,亦或新文明话语。就国内而言,中国共产党对防灾减灾和生态文明建设的强调可以说是历史时期从来没有过的,而这种生态话语毫无疑问是对改革开放四十年来占据绝对主导地位的经济增长话语及其巨大的环境破坏效应所做的应急式批判性反思,而且已经变成新时代中国领导人重建政治合法性最重要的路径之一;就国外而言,这样的生态话语和生态实践同样服务于新时代中国的改革开放,服务于包括"一带一路"在内的"走出去"国际倡议,它试图质疑的是国际社会对中国所做的"新帝国主义"的指控,它所要化解的是国际社会甚嚣尘上的"中国威胁论"对中国形象的损害。

与其他一系列充满敌对意识的竞争性话语相比,这样一种生态话语竞争,显然更有利于我们加深对自然、环境或灾害的认识,有利于我们更理智地对待自然和人类本身,从而超越"中国道路"和"西方道路"之间看似不可通约、无从协调的两极对立之势,最终在多样性文明的竞争之中形成对"人类共同体"(威廉·麦克尼尔)或"人类命运共同体"(习近平)的全球共识。此种共识,理应超越植根于西方社会的"文明的冲突"话语,亦非重谈中国先儒以华夏等级秩序为中心的"天下大同"式的老调,而是一个"和而不同"的新世界。有道是:"和实生物,同则不继。"在这一新的大转变的时代,一种自文明诞生以来即与人类如影随形的比较话语,势必成为达成此种共识不可或缺的文化熔炉,也必将在此种共识的形成过程中完成自身的蝶变。人们常说:"他山之石,可以攻玉。"孔子有言:"三人行,必有我师。"作为卷入这场竞争中无以抽身的一方,我们还是应该像 2500 多年前的孔夫子那样保持谦恭的态度, 同时也要有一种自我批判的勇气, 举一切人类文明之精华而尽取之。同样, 我们也希望在新的全球化时代这场看似不同文明之间的竞争, 始终展示的文明社会的特质与风貌, 是文明与文明的对话, 而非以文明为名, 走蒙昧之道, 行野蛮之实。

2017 年 11 月草成于东京大学
2019 年 5 月修改于北京世纪城
2020 年 2 月再改于北京春荫园

专题六

与灾害同行

李文海：为哀鸿立命①

　　我的导师李文海先生已经逝世一个多月了，可是迄今为止，我和大部分同门一样，始终不曾有过这种感觉。我们当然忘不了急救病房中心脏起搏器绝望的撞击，也忘不了入殓过程中先生安详的面容。此外还有遗体告别仪式，还有追思会。所有这些都历历在目，但依稀觉着他还是和我们在一起。故此不少师友嘱我写一些纪念性的文字，我却怎么也提不起笔来。我该从何说起？

近代史研究的新路

　　我是属于"生在新中国，长在红旗下"的一代，虽然生活在毗邻江南的鱼米之乡，却也有过饥饿和灾害的体验。故此当我于1989年考入中国人民大学历史系攻读中国近现代史专业的硕士研究生

---

① 原载《中华读书报》2013年7月17日第007版《人物》专栏。

之后,便与灾荒史研究结下不解之缘。那时李先生刚刚牵头成立"近代中国灾荒研究"课题组,我的启蒙导师宫明教授是其中的重要成员之一,她专门为我开设了中国近代灾荒史的课程。我原来想,既然是灾荒史,那就是把它作为历史研究的一个领域来看待,专门探讨灾荒的种类、成因、规律、影响以及减灾救荒等社会的应对措施。但是一经接触和学习才发现,这些内容,当然是灾荒史研究不可或缺的组成部分,但是在另外一个方面,更应该以此为基础来揭示灾荒在社会历史进程的地位与作用,借用李先生在其名文《清末灾荒与辛亥革命》(《历史研究》1991 年)中的说法,就是从自然现象与社会现象相互作用的角度重新解释近代中国历史上一系列重大事件。

这样一种视角在今天看来稀松平常,尤其是在环境史或生态史逐渐流行之际,可是在当时,它恰恰是对曾经教条化的革命史观的反思和修正,今日或可称之为灾荒史学或灾荒史观。这是先生在改革开放初期有关"史学危机"的讨论中经过深入思考而开辟出来的一条研究历史的新路。在《近代中国灾荒纪年》的前言中,他明确指出当时的史学研究"很不适应飞速前进的社会发展的需要,同现实生活的结合不够紧密",其主要的原因就在于简单化地对待马克思主义理论,"常常只是把最主要的精力集中在历史的政治方面,而政治史的研究又往往只局限于政治斗争的历史,而且通常被狭隘地理解为就是指被统治阶级与统治阶级之间的阶级斗争的历史";而研究阶级斗争史,"又只注意被压迫阶级一方,或者是革命的,进步的一方,不大去注意研究统治阶级或反动的一方"。其结果"势必把许多重要的题材排除在研究视野之外,而最被忽视的,则要算是社会生活这个领域"。他多次引用马克思说过的一段话："现代历史著述方面的一切真正进步，都是当历史学家从政治形式的外表深入到社会生活的深处时才取得的。"（《马志尼与拿破仑》，见《马克思恩格斯全集》，第12卷，第450页。）他也是这一方面不折不扣的先行者之一。而灾荒问题，作为社会生活的一个重要内容，"对千百万普通百姓的生活带来巨大而深刻的影响"，从其与政治、经济、思想文化及社会生活各个方面的相互关系中，完全"可以揭示出有关社会历史发展的许多本质内容来"，因而也就成为已过"知天命"之年的先生以后三十多年大力倡行的学术志业。

今日学界大都知晓李文海先生是一位笃信马克思主义的学者，对马克思主义是真"信"。但是我想，仅仅指出这一点是不够的，毕竟"信"有两种，一种迷信，教条式的"信"，还有一种是把马克思主义作为科学来信，是科学地信。而这才是一个真正的马克思主义者。先生自己似乎很清楚自己的学术形象，故而在上个世纪末出版的《世纪之交的晚清社会》一书中，他直言"全书没有提出什么对于中国近代社会的惊人的理论观点，也几乎未曾参加近年来中国近代史领域一些热门问题的讨论，大概不免会被有些人目之为保守之作的"，但他同时也很自信，认为自己的著作有一个好处，那就是"注意的问题往往是过去研究较少甚至是被人们所忽略的；写作时努力少讲空话，尽量不去做抽象的概念争论，对于历史现象和社会现象的叙述和分析，力求具体、细致、言必有据"。

为他人做嫁衣裳

在今年 6 月底 7 月初于新疆师范大学召开的中国灾害史第十次年会暨"灾害与边疆社会"国际学术研讨会上，中国灾害防御协会灾害史专业委员会会长高建国先生提议为李文海先生做一次追思。当我按时间顺序介绍了李先生亲撰或主编的灾荒史著作时，不少学者都会发现这样一种现象，除了 1987 年他的第一篇倡导灾荒史研究的论文外，其他有关灾荒史的研究性论著都是在他与其合作者公开出版相关资料之后发表的。例如在《近代中国灾荒纪年》(1990)之后是《灾荒与饥馑》(1991)，《近代中国灾荒纪年续编》(1993)之后是《中国近代十大灾荒》(1994)，《中国荒政全书》(2002,2004)之后是会议论文集《天有凶年：清代灾荒与中国社会》(2007)，如此等等。这一方面显示了他的对史料和文献整理工作的高度重视，另一方面也说明，他从不曾独占和垄断资料，而是尽可能将自己和课题组多年辛苦积攒的史料原汁原味地奉献出来，让国内外学术界共同分享，吸引更多的学者加入灾荒史研究的队伍中来，从而共同推动这一学术事业的发展。从这一意义上来说，这样的资料整理工作，实际上是为学界提供了一个从事灾荒史研究的公共平台，属于一种公共文化工程。

在这一过程中，作为一个近水楼台的弟子，我自己就是其中最大的受益者，当然也希望成为这一精神的践行者。我的博士学位论文有幸成为第一批全国百篇优秀论文，是与李先生等前辈学者多年来的资料整理工作分不开的，所以在以后的研究中，我也把资料整理工作放在非常重要的位置。可是在目前的学科评价体制下，要坚守这一点却是难上加难。我在李先生指导下编纂各类史料(包括与灾荒史研究无关的《民国时期社会调查丛编》)的过程中，一方面深感责任重大，另一方面也逐渐滋生烦躁之情。尤其是想到穷十年、数十年之功弄出来的大型文献集成，有时竟然连一篇普通的学术论文都比不上的时候，不免有些心灰意冷。所以，《中国荒政书集成》付梓之后，尽管学界也给予较高的评价，我还是萌生了"金盆洗手"之意，决意专门从事专题研究。但是，李先生依然雄心不已，决心将另一部规模更大、史料价值更可宝贵的灾荒史文献公诸于世，这就是收录原档多达 4 万余件的《清代灾赈档案史料汇编》。虽然几经曲折，但是因为有了中国第一历史档案馆和广西师范大学出版社的鼎力支持，这一工程终于在今年年初开始启动。我们原定 6 月 9 日开会讨论相关编纂细则，并请李先生作指导，未曾想他竟早前二日溘然长逝。那一日在病房，我征询课题组的同事要不要取消筹备会，但我得到的所有答案都是一个"否"字，悲痛之中又倍感振奋。我想，这应该是对李先生最大的纪念。

"学术内讧"

1994 年，我通过中国人民大学的入学考试，正式跟从李先生攻读博士学位。他在找我谈话时尤为关注灾荒史研究人才的成长，希望通过博士生的培养建立一支主要从事灾荒史研究的队伍。我唐突地插了一句"是不是要建立一个灾荒史学派"，他大不以为然。在他看来，什么东西只要一摊上"派"字，就免不了门户之见、山头之争,免不了固步自封,画地为牢。关键在于自己的研究能否得到学界的承认,能否促进学术的发展。实际上在他招收的为数不多的研究生中,尽管大部分都从事灾荒史研究,但也有不少人选择了自己喜爱的专题。

对于博士生的培养,他当然有自己的严格要求,但他从来不会把自己的意志强加给学生,而更希望他们做独立的思考。那次谈话过程中,他给我出了两个学位论文题目,一是近代黄河灾害与社会变迁,一是民国时期的救荒,并就第一个题目拟定了颇为详尽的写作提纲。从言谈中我知道他更倾向于有关黄河灾害的选题,迄今这仍是一个值得深入探讨的问题,但那个时候,我年轻气盛,总想冒个险,要去那些前人不曾涉猎或甚少关注的领域闯一闯,所以就冒昧地选择了后者。先生居然不反对,我的胆子就更大了。我在做论文开题报告时,原打算从政府、民间(主要是中国华洋义赈救灾总会)和中国共产党这三种政治或社会力量的救灾思想和实践去探讨中国荒政近代化的过程,但是在积累了大量史料后发现,如果不把那一时期灾害自身的变动规律及其对社会各层面的影响过程写清楚,就无法对时人的救荒行为给出准确的定位和评价,于是自作主张,把所有救灾方面的内容统统割舍掉,而将原计划的第一章拆分开来,扩张成论文的摸样。临近答辩之际,我去咨询先生的建议,心中原本十分惶恐,但是在我拿着厚厚的一叠草稿做了详细的汇报之后,他欣然同意。这一来,我就有了自己施展拳脚的空间。

对不同学术观点的争论,先生同样抱持海一样的胸襟。毫无疑问,他是一个坚定的马克思主义史学家,始终坚持唯物史观,但他从不会把自己的观点强加于人。他所率领的课题组在编撰《近代中国灾荒纪年》时"发现"了一种类似于今日非政府组织志愿救灾行为的"义赈"活动,这是中国救荒史上前所未有的新现象,时人自诩为"开千古未有之风气"。对此,不管是李先生,还是其他学者,都把它与同一时期正在生成中的洋务企业家联系在一起,我还认为这是中国新兴的带有资产阶级性质的工商业阶层效仿西方传教士对华赈灾的结果,以致被我的师弟朱浒同志归在"近代化取向"这一条线上,指其过于强调外因,也割裂了传统与现代的关联。根据大量史料,他提出不同的见解,一是参加义赈的领袖人物,当时还不是洋务企业的经营者,更多是传统的绅商;二是这些人在参与义赈之前,大都经营善堂,其所采取的救灾机制不过是善堂救济体系的扩展,而他们之所以倡导义赈,正是以这种中国自有的传统资源为凭借而与传教士进行"对抗"。这样一种在博士学位论文中用公开点名的方式与自己的导师展开论辩,无论在过往还是在今天,殊不多见,也的确需要勇气。

其后在论文答辩过程中,在其修改出版之前专门召开的小型座谈会上,李先生和我与朱浒同志就此有过多次讨论和交锋。最后各有妥协。我们承认以往研究的不足,但认为把义赈完全归之于中国历史内在动力的结果,也与事实不尽相符,因而建议用"对抗性的模仿"来概括之。至于那些义赈领袖,的确来自传统的社会活动领域,但是如果否定其新的阶级品格,在李先生看来多少带有一种身份论的色彩,未曾留意特定历史条件下阶级转化的独特路径。朱浒在其公开出版的著作中依然坚持己见,但也没有把西方的冲击作用完全排斥在外。事实上,一方面反侵略,一方面向西方学习,这在今天的众多后殖民学者看来,无疑是一种"殖民现代性"的表现,可是在当时的情况之下正是近代国人摸索出来的一条自救之路,是中华民族复兴的必由之路。对此当然可以反思,却没有什么理由予以完全否定。当然这种"对抗性的模仿"或抵抗中的学习,并没有否定传统的资源,而往往是以后者为依托而展开的模仿,这种依托,有时表现为继承,有时则以批判的形式出现。但不管是继承还是批判,都在与西方文化的碰撞与交融的过程中呈现出新的面貌。近代义赈的出现以及围绕这一问题展开的争论,恰好为透视传统与现代的复杂关联提供了一个极为典型的例证。

这样的例子还有很多。它表明师生之间的学术内讧,最终是促进学术成长的最重要的动力机制之一。李先生在一些重大学术会议之上也多次倡导文人、学者要"相亲",而非"相轻",要和而不同。这应是对学术争鸣最生动的概括,也是最高的期望。

无"人"不成史

历史是人创造的,可是人们在书写历史的时候,往往又把具体的人隐没在政治、经济、文化、社会等事件或结构的表象之下,历史本身也被限定象牙塔之内,与现实社会无甚关联。这样做当然无法非议,但却不是李老师的作风。

记得在1990年代初期协助李老师撰写《中国近代十大灾荒》中的"丁戊奇荒"这一章时,李老师嘱我一定要将《申报》上刊载的《山西饥民单》——一份由传教士从山西省灾情最重之区发来的调查报告——原原本本抄上去,说这样更能反映灾情之惨烈,更能揭示灾民之苦难,更能引起读者的关注和共鸣。我嫌其太长,只选择了其中的一部分内容。结果李老师大发雷霆,当着好几位老师、师兄的面把我批评了一顿,还拍了桌子。大约过了几年,他在谈起和江泽民总书记探讨"近代中国灾荒和社会稳定"这一问题时,特别告诉我,江总书记看了这一段之后印象极其深刻,还追问事实到底如何。(另见央视访谈。)我当然不是一个特别健忘的人,被李老师当众批评的弟子如我这般的,大约也没有第二位。他这一提醒,我越发难以忘怀了。灾荒,灾荒,从来都是人之灾,民之荒,脱离了人民去谈灾荒,灾荒何从谈起?

另一件事情看起来似乎与历史书写无关。我的博士学位论文初稿写完了,高高兴兴交给李老师审阅。过了一段时间他返回给我,简单地说了一句:"拿去打印吧!"我心中很是忐忑,但那时候李老师担任人大校长,事务繁忙,也没有时间追问他的意见。等回家打开稿件,赫然一行批语首先映入眼帘:"字迹如此潦草,让打字工人怎么认!"我的心中为之一凛。当时的稿件是一页一页写出来的,有时候为了赶进度,不免马虎些,可就是这一点,李老师也不放过。这不仅仅是严谨,更重要的是对"人"的关怀,不管这样的人是在过去的历史之中,还是当下的生活世界。现在我的学生老是抱怨我要求太严,像个"魔鬼",可是我想更大的"魔鬼"不是我,而是你们的祖师爷。我曾经当面向李老师说过这样的话,他并不否认。

6月7日下午3时左右,从急匆匆赶来的朱浒那儿得知李老师病危的消息,其时清史所的几位学术委员会委员正在传阅李老师头一天交付《清史研究》的稿件,题为《〈聊斋志异〉描绘的清代官场百态》。这正是他这几年极为关切的话题,而且已经出版了新书

《清代官德丛谈》。他的目的很简单，就是希望人们能够从中国古代政治生活中汲取教训。我手执此文拜读，正在担心李老师的身体如何吃得消，未料竟成绝笔。可是他留下的应是后人最可宝贵的遗产，那就是对民族、国家和社会前途和命运始终如一的关怀和挂念。

2013 年 7 月 15 日

中国人民大学人文楼 412 室

有效地耕耘这一片园地

——1999 年在中国人民大学全国首届优秀博士学位论文获得者表彰大会上的发言

首先请允许我借这样一个极其难得的机会向尊敬的校领导、向我们的研究生院、向历史系和清史研究所、向校图书馆表示我的最诚挚的敬意；我还要特别地向我的导师李文海先生以及一切在我的博士论文写作期间给予我无私关怀和帮助的领导、老师、同学和亲友表示衷心的感谢！

我此时此刻的心情，可以用两个字来概括，这就是"荣幸"。对于我的微薄的劳动，教育部和学校给予这么高的奖励和荣誉，确乎在我的意料之外，也让我们感到诚惶诚恐，但毕竟表明我们用汗水和辛劳换来的劳动成果已经得到了社会的承认和好评，我们理所当然地感到光荣、感到骄傲和自豪。不过我在这里要特别强调的是，我的这种光荣和骄傲更多地还是来自帮助和指导我顺利完成学业的学校和导师。对于一个有志于从事人文社会科学学术研究的青年人来说,是没有什么条件比这些更让人感到幸运的。

我是在 1989 年 9 月考入中国人民大学历史系攻读硕士学位的,1994 年 9 月考取清史研究所在职博士生,换句话说,我在学术上的成长过程都离不开我们的研究生院。而且非常巧合的是,就在我开始这两个阶段的学业时,我都赶上了我校研究生院的两次教学改革。第一次改革是针对硕士研究生的,当时研究生院要求学生每选一个学分都要写一篇读书笔记。而当我攻读博士学位时,研究生院又要求每个学生在申请论文答辩之前必须在国家级刊物或国内核心期刊上至少发表两篇学术论文。今天回想起来,这样的要求并不过分,然而在当时,对于像我这样的已经习惯于应试教育的"高分低能"者来说,实在是难乎其难,我们当时也曾为此怨气冲天。不过,后来的结果表明,如果没有研究生院如此严格的规定,再加上我的导师不折不扣地执行和监督,我们要想在选定的学术道路上有所创新、有所前进,恐怕还要走很长很长的一段路程。从研究生院的角度来说,这种改革可能是势在必行,有它的历史必然性,但就我个人而言,则纯属巧合,它给我的鞭策力量之大,是无论如何估计都不过分的,所以我感到很幸运。

我感到幸运的另一个基本原因,就是像我这样的笨拙的农家子弟竟然有机会从师于李文海先生,从师于这样一位在历史学界特别是在中国灾荒史学界成就斐然的历史学家。早在 15 年前,我的导师就领头成立了一个在近代史学界至今仍然是独一无二的课题研究组,这就是"中国近代灾荒研究课题组"。整整十五个春秋,这个课题组在李老师的主持下先后承担了三项国家社科基金一般项目,出版了四部专著,发表了数十篇论文。这些成果,与目前盛行的许多鸿篇巨制相比,似乎显得有点"小巫见大巫",但他却奠定了近代中国灾害研究的基础。因为他不仅从浩如烟海的历史文献中整理出有关近代灾害的最为系统完备的资料,在近代灾害史的理论研究方面也取得了许多突破性的进展,因此也受到了史学界及社会有关方面越来越广泛的关注。正是有了这样一种学术背景,就使得我在进行博士学位论文写作的时候,在论文的选题、构思和铺排论证的时候站在了一个比较高的起点之上。我觉得我所具备的这种优势,至少在灾害史的研究领域是别人所不可想象的,而且毫不夸张地说,即使是在整个史学研究园地里,这也是别具一格的。我的论文之所以能够产生一些新意,这是一个非常重要的条件。

在我的论文产生过程中,李老师并不仅仅是为我们开辟了一片具有广阔发展前景的学术园地,他还试图教会我们如何有效率地去耕耘这一片园地。他在一篇讨论教学方法的随笔中说过这样一段非常风趣的话,他说:"送给别人几条鱼,人家做几盘菜,很快也就吃完了;如果教给别人养殖鱼类的方法,或着送给别人捕捞鱼类的工具,人家就可以源源不断地享用鱼虾的美味。"李老师在科研过程中送给我们的正是后者,是行之有效的捕鱼的工具和方法,而不是活蹦乱跳的鲜活的鱼。虽然李老师长期以来担任学校的行政工作,他也经常谦虚地把自己的历史研究看成是他的"'业余的业余'爱好",但是他的每一篇学术论文都有其独特的视角和精辟深邃的见解,看了以后极具启发性,而且论文的布局谋篇极其巧妙,文笔又极其晓畅,读起来美不胜收。我在写作过程中一旦文思不畅，习惯上总要把先生的著作拿来读一读，看一看，而每一次都受益匪浅。我的师兄也是这么做的，而事实上这也是师兄教给我的一个秘诀。当然，我的导师除了以自己的实践为我们树立了论文写作的典范之外，他还要求我们多写文章，多实践，并为我们的写作实践创造了很多机会。在写作过程中，他对我们的要求也非常严格。有一个事实说出来往往出乎很多人的意料之外，这就是我攻读博士生期间所写的每一篇文章和博士论文的每一部分都经过李先生的极其细致地评阅和修改，就连一个标点符号的错误或者书写上的不规范都不放过，对于一个"上班时间必须用全副精力去处理各式各样杂务"的行政领导来说，居然能够抽出那么多的时间对学生的作业作如此细致入微的修改，确实让我们非常感动，而且他所写的批语大都极其尖锐，读起来令人汗颜之极。

更重要的是，李先生不仅仅教给我们如何做学问，他还教给我们如何做人。也就是把做人和做学问结合起来。这主要包括两个方面，一是树立良好的学风，他常常告诫我们，"学风问题，关系到一个人的学术生命。凡是在学术上有所创新、有所成就的人，必定在学风问题上是严谨正派的，只有坚持实事求是，从实际出发，不哗众取宠，不投机取巧，不随风摇摆，不阿世媚俗，刻苦钻研，认真思索，才能在学术上作出创造性的贡献"。做人的第二个方面是立行和立德。他经常引用古人的话教导我们，"世事洞明皆学问，人情练达即文章"，也就是说应该把文章学问体现在为人处世之中。这种为人处世，一方面指的是对他人、对社会、对国家、对民族的一份强烈的责任感，另一方面则是指我们应该积极地投身到时代需要、社会需要的社会实践活动之中，并通过对当代社会的切身体验去感悟历史,分析历史,做好自己的学问。对于像我这样毫无鸿鹄之志的学生来说,后一方面要求似乎有点不切实际,因为在整个学术界,像李老师那样兼具社会活动家和学问家双重身份的人毕竟还是凤毛麟角。但是如果我们从一个比较宽泛的意义上去理解,我们就能够领悟其中的深意。因为社会活动是多方面的,就其和做学问的关系来说,事实上也没有什么高下之分。我是一个农民的子弟,我在农村生活了四分之一世纪,我的家乡又是一个经常闹水灾的地方,我自己以及我的父母乡亲也都当过许多次的灾民,而我又恰恰选定了历史上的灾害问题作为研究的方向,这就使我在写作论文时比那些远离灾害的城里人多一份对灾害的体验,多一份对农民生活的了解,也多一份对旧中国农民群众悲惨命运的关注,而恰恰是这一点,使我在思考历史上一些比较重大的农村问题时能够突破学术界的一些成见并得出自己的结论。从这个角度来说,尤其是对人文学科来说,人的任何阅历特别是坎坷的经历,往往都是一笔极大的精神财富。就我的论文写作而言,这大约也算得上是一种巧合吧。

我感到幸运的第三个原因是我们"生逢其时"。因为在我们之前,有许许多多的博士生写出了许许多多更为优秀的博士论文,但时代却没有给他们提供这样的机会。而在我们之后,由于这次评选活动所带来的激励效应以及由此引发的激烈的竞争,我相信博士论文的整体水平必将大大地提高,而入选论文的篇数又相对有限,所以尽管以后的博士生们在论文写作过程中付出了更多的劳动,作出了更大的成绩,入选的几率可能还是要小得多。不过,我们却没有必要将目标只盯住评选,也没有必要为此感到失望。因为教育部之所以组织这次活动,其根本目的就在于提高研究生的培养质量,鼓励创新,从而促进高层次创造性人才的脱颖而出,所以它实际上只是国家二十一世纪教育振兴计划的一个小小的措施,它标志着我们国家教育战略、人才战略的一个方向性的转变。只要我们确确实实是在那里刻苦学习,在学术上也确确实实作出了创造性的探索,我相信是不会像以前那样得不偿失的,至少这种得不偿失的程度会小一些。特别是像我这样学历史出身的人,像我这样在整个国家的科学队伍中被许多人认为是最没有用处因而也最遭社会冷落或歧视的那一部分之中孤独而又执着地向前行进的人,我们的感受更加深刻。在前天的座谈会上,陈至立部长特别地谈到了人文社会科学的作用,她还指出自然科学方面的创造性往往是世界性的,而在人文社会科学方面,其创造性则体现在有中国自己的特色,也就是说,那些具有中国特色的东西,往往才是世界性的东西。而在所有的人文学科中,我国传统的文史哲大约也算是最富有中国特色的学科。在这一次入选的人文社科方面的论文中,历史学科和中国古代文学和语言文字学方面所占的比例相对来说比较大,其他一些学科入选的也有许多和历史学有关联,或者多多少少有一些历史的色彩。当然,这毕竟只是一次评选,偶然性很大,但这里至少透露了这样的信息,即不同的学科在社会上的地位不管存在着多么大的差距,但只要你是真才实学的,最终都会有你的一席之地。如果你并没有付出多少辛劳和才智,即使你所属的学科从直接的物质利益和其他社会利益的角度来说非常的高贵,但你在学术的殿堂里却有可能一钱不值。我国的学术评价机制已经有了这样的客观公正性作为标准,我们这些矢志于学术研究的人,自然会感到幸运。

世界上没有免费的午餐。如何让一篇论文写得让自己满意,写出一点新意,我自己的体会,至少有以下几点:一是运用多学科交叉的方法,采取"边缘突破"。人们谈处世哲学,免不了要说一句"退一步海阔天空",我的导师将"退"字改成"进"字,用来指史学的发展,也就是跨出一步,跨出史学界这个圈子,更好地面向社会,面向社会大众,面向时代。在做学术方面,如果我们既不愿后退,也无法前进,那么就不妨绕开一步,绕一步同样海阔天空。第二是丰富的资料积累和相关专业背景知识的积累,只有这样,我们就有可能找到比较适宜的突破口,而且可以保证是"发前人之所未发"。其三是敢于向权威挑战,特别是敢于向国内的权威挑战。胡适先生有个座右铭,叫"做人要在有疑处不疑,做学问要在不疑处有疑"。我觉得这句话确是至理名言。第四,或许也是最重要的就是要耐得住寂寞,要学会做"饥寒的奴隶"。宝剑锋从磨砺出,梅花香自苦寒来,老祖宗的这句诗不是平白无故吟诵出来的。

一言以蔽之,我为自己有这样的机会和机遇感到自豪和幸运,当然这毕竟还只是对我已经过去了两年的学术研究进程的一个小小的总结。我愿意和我的师弟、师妹们一起互勉互励,在各自的学术道路上作出更大的努力。我将继续在我所珍视的历史学领域特别是其中的灾害史园地、环境史园地继续不懈地探索。如果有那么一天,我们这个社会就象当今许多人远离历史研究那样远离了灾害,即使在那一天到来时,我将因此而面临下岗失业的危险,我也心甘情愿,决不后悔。在前天的座谈会上,陈至立部长曾经热情洋溢地鼓励年轻人"拼命地干吧",我想,既然做学问的前景也有一线的光明,我们为什么要说"不"呢？最后,我想借这个机会再次向我的导师表示衷心的感谢。谢谢!

时代呼唤更成熟的中国灾荒史学

——夏明方教授访谈录①

导语:目前,灾荒史研究受到了越来越多的关注。一方面,不断出现的各种自然灾害,向人们提示着灾荒史研究的重要性。另一方面,灾荒史研究也向社会奉献出了大量有价值的成果,产生了积极的社会影响。但是,生态环境、社会形势的变化,对灾荒史研究提出了更新更高的要求,从学术发展角度来看,灾荒史研究的学科体系应该更加完备,研究方法有待进一步优化,这一领域里的理论创新,更是一项严峻挑战。

夏明方教授是当代灾荒史研究的代表性人物。近年来,他在继续从事这方面研究的同时,还积极从事研究资料的整理,此外,他还非常重视借鉴国外同行的最新成果,并进行了大量的总结、梳

① 此为《晋阳学刊》李卫民编辑于 2009 年 6 月 15 日在中国人民大学人文楼 4012 室所作的访谈,特此致谢。详见《晋阳学刊》2011 年第 4 期。

理,多方面的积极努力,让他对深化灾荒史的研究,有了更多的心得体会。此次,夏先生接受本刊采访,就是集中阐述他的这些独到看法。

灾荒史是改革开放后史学界自我调整的一大收获

李:一开始,还是想谈谈您的师承。您是跟随李文海先生学习灾荒史,在您看来,当时,李先生是怎样选择了灾荒史这个研究方向?

夏:关于李文海老师,清史研究所的黄兴涛教授曾专门写过一篇文章,发表在《高校理论战线》上,对他的学术经历有非常详细的介绍,其中即包括他的灾荒史研究。

按我自己的理解,李老师倡导灾荒史的研究,与当时中国政治经济形势的变化密切相关。改革开放之后,中国的历史研究发生很大的转向。先前那种以阶级斗争为中心,以阶级分析方法为主导的中国历史研究,特别是近现代史研究,主要偏重于政治史领域,已经不太适应当代中国以经济建设为中心的发展趋势了,很多人开始高呼"史学危机"。如何摆脱这一危机,让历史学焕发出新的生机,是当时大多数学人迫切关心的话题。李文海老师做出的这一学术抉择,就是要让历史研究与现实生活更紧密地结合起来,也就是突破以往比较狭隘的政治史研究框架。为此,他选择灾荒问题作为研究的突破口。在他看来,作为人类社会生活一个非常重要的方面,自然灾害不仅对千百万普通百姓的生活带来巨大而深刻的影响,而且与政治、经济、思想文化以及社会生活的其他各个方面都有非常紧密的关联,研究灾荒史,可以从中揭示出有关社会历史发展的许多本质内容来。

当然,从政治史转向社会史,是从那个时候到现在国内历史研究领域中一直进行着的重要潮流,选择灾荒问题而非其他问题作为重点研究对象,同样体现了李老师学术眼光的独到与敏锐。在上世纪八十年代中期,中国的自然灾害与环境污染问题不像现在这么严重,但已有日趋恶化的态势,对国家的经济建设产生了越来越大的影响,联合国也在全世界范围内展开"国际减灾十年"的大型活动,加上中国历史上一向是饥荒频繁,这些都促使他把灾荒史引入到自己的研究视野之中。

从学术发展的脉络来看,以我的理解,李老师是重新开辟了中国灾荒史的研究领域。早在上个世纪二三十年代,邓拓先生即曾着手从事灾荒史的研究,他的《中国救荒史》更是这一研究领域的奠基性著作。但是在解放之后,这项研究几乎断了线,社会科学界,包括历史学界,研究灾荒史的,为数很少。当时,人们受阶级斗争、阶级分析方法的影响,对灾荒史不甚重视。是李文海老师最先在历史学界呼吁加强灾荒史研究。他率先垂范,在中国人民大学成立了灾荒史研究课题组,其成员虽然只有三四名,但却从最基础的资料整理工作做起,同时也发表了一些研究型的论文。这些论文的选题,都是和中国近代史上广受学界关注的一些重大历史事件联系在一起的,比如,灾荒与鸦片战争,灾荒与义和团,灾荒与辛亥革命等,这其实是从人与自然的角度来重新书写中国近代史,为原来那种纯而又纯的革命史,提供一个新的解释路径。

李:那您觉得李先生比邓拓先生在方法上、研究的深度上,有些什么新的突破。

夏:邓拓先生在民国时期做的灾荒史,涉及的时段很长,从上古写到民国,内容也很丰富,但毕竟是比较单一的灾荒史,着力于分析灾荒的成因、影响,自身的规律,以及救荒的思想、策略、制度和实践等。

李老师呢,主要是从事中国近现代史,更多探讨的是近代中国的灾荒问题。从研究的角度来说,他当然会关注灾荒本身的特点,包括灾害本身的状况,灾害形成的自然、社会原因,但是更注重灾荒与社会的互动关系。这部分内容,邓拓的书里也有,但是内容比较少,李老师的研究则把这一方面的内容突出出来了。第三个区别,也是他的灾荒史研究对学界的另一个重大贡献,就是对资料的整理。他的书都是依靠大量的资料写成的,但他并没有把课题组整理的资料局限于为我所用的范围,而是花了大量精力,通过课题组成员的共同努力,把这些资料按年代、省区编排下来,并且交代清楚资料的出处,然后交付出版,这就为学术界开展灾荒史奠定了一个比较坚实的文献基础。可以说,李老师一方面是在自己做研究,另一方面是在为别人作嫁衣裳。这样的资料整理的工作,在当时的大陆学术界,几乎是绝无仅有。当时不少学者编资料,往往是用自己的话,把原始文献的内容概括地转述一遍,资料的出处,却并没有注明,读者也不知道。李老师和他的课题组则是用自己的话把这些原始资料串联起来,既反映了某一年份某一省区灾荒发生的具体状况,又最大程度地保持了文献的原始面貌,同时注明了出处。读了这样的资料,你既可以逐年了解从 1840 年到 1919 年的全国各地总的灾荒状况,又可以根据这部书按图索骥,按照书中提供的线索顺藤摸瓜,寻找更多的资料,如官书、档案、笔记、方志等,来进行自己的研究。

李:我个人的感觉,灾荒史的研究,多少有点搞冷门的倾向。现在,灾荒史的研究是否成了学术界的主流了呢?

夏:在当今的历史学界,如果说灾荒史的研究从冷门变成了热门,这确是事实,但要说它已经成为历史学界的主流,那就另当别论了。李老师刚开始从事这方面研究的时候,他的课题组也就是三四个人,一直到九十年代末期,学术界对灾荒史的兴趣才逐渐热起来。这里面的原因,除了李老师和他的课题组所起的推动作用之外,还有一个非常重要的因素就是社会发展本身带来的学术需求。尤其是重大灾害的发生,往往在灾时或灾后一段时期引发社会或学界对灾荒史的关注。1998年的大洪水,曾经引起一个灾荒史研究的热潮;2003年的"非典",又把这方面的研究往疾疫、医疗等方面来延伸,实际上也推动了灾荒史的研究。近年来的情况更是如此。据我所知,汶川地震之后,在国家社科基金项目申报的过程中,有很多学者都在申报灾荒史方面的课题。随着经济的发展,灾害不是越来越少,而是日趋严重,危害只增不减,社会各界对此也是越来越关注,这就需要从历史的角度,重新理解这方面的问题。

灾荒史的研究队伍,也在慢慢扩大。早期,民国年间,只有少数人在做,像历史学界的邓拓、自然科学界的竺可桢。解放之后,主要是自然科学界在做,他们主要是从灾害发生的规律来切入,同时也会涉及灾害与社会的关系。当时的研究人员，主要是地震局、气象局、水利局里面的搞地震史、气象史、水利史的学者。李老师开始做这方面研究，并牵头成立灾害研究课题，标志着人文社科学界开始涉足灾荒史的研究。当时，厦门大学的张水良先生也在做这方面的研究，但只是一个人在做，孤军奋战；李老师这里则是一个团队，不仅自己做研究，还在培养学生，慢慢形成了一支队伍。九十年代中后期以后，灾荒史方面的研究者多了起来，像复旦大学中国历史地理研究所，他们在1999年还发起召开了一次专门探讨"灾害与社会"的学术研讨会。他们的学者，大部分都可以从事灾害史的研究，目前已经成为中国灾害史一个非常重要的研究中心。再比如陕西师范大学，原先由史念海先生领导的团队以及他培养的博士生群体，长期从事中国农业历史地理的研究，灾害问题是其中的一项重要内容，现在也有很多人专门从事灾害史研究。西北农大在这一方面也有突出的贡献，如张波教授，曾主编《中国自然灾害史料集》，将二十四史里面的灾害记录汇于一册。兰州大学也有研究灾荒史的，袁林先生出版过大部头的《西北灾荒史》。另如上海交通大学、北京师范大学、首都师范大学、南开大学、西南师范大学、山西大学、苏州大学、安徽大学、云南大学，以及其他一些高校和研究机构，也都有学者在开展相关的研究。经过这些多年的积累，灾荒史研究已经从以往的一枝独秀，变成今日的四面开花了。以前我到北图（现在的国家图书馆）查阅灾荒史的资料，就那么几本，现在已经是查不过来了，一检索，成千上万册，其中有专著，有博士学位论文，不胜枚举。

不过，灾荒史"热"是热起来了，但不一定是学术界的主流。这一方面是学术研究本身的问题。目前的研究,总体上给人一种热情有余而创新不足的印象,有很多跟风的东西,还有个别粗制滥造的作品出现。所以,在走向繁荣的后面,我们必须正视灾荒史研究领域出现的这些不规范、不健康的学术现象,否则必将制约灾荒史研究在未来的发展。另一个方面取决于人们对灾害问题的认识,取决于人们如何看待灾害在人类历史演进过程中所起的作用。

灾荒史研究对促进社会发展意义重大

李:这就带来一个问题,灾害、饥荒应当说是不正常的现象,消极的现象,我觉得,灾荒史研究,就是把研究的重点,从正面、光明的东西,转变到研究负面的、不正常的现象。这种转向,从某个角度来说,可能更为必要。

夏:你说灾害不是正常现象,我不同意。什么叫正常,什么叫不正常,需要我们对它做一个辩证的分析。自古至今,谁不希望过好日子?谁不希望生活在一个幸福、美满、宁静、和平的世界,一个没有天灾,没有疾病,没有战争,没有污染的社会?可是现实生活就是如此复杂,如此残酷,种种天灾、诸般人祸,总是如影随形,伴随着人类历史的进程。我们可以把这些灾难,包括自然灾害,都看做是不正常的现象,可是层出不穷的灾难总是向我们显示它的不容回避的客观存在。著名历史学家汤因比先生甚至用"挑战——应战"理论,把灾害作为人类文明演进的动力因素来看待。从这个意义上来说,灾害同样是一种正常现象,对人类社会是如此,对人类社会赖以生存的自然界也是如此。如果哪一天真的没有灾害了,那人类可能也就消失了。

因此,所谓的不正常,只是人们对于灾害的一种特定的理解,是人们应对灾难的一种态度,是一种文化现象,不是说灾害本身不正常。可惜,就像李文海先生经常强调的,大多数人对于灾害的态度,都是伤疤好了忘了疼,习于遗忘。这种态度本身,反而为灾害之成为正常现象准备了更充分的条件。我们的历史研究,原本不曾回避各种各样的天灾,自孔子作《春秋》以来,有关灾害的记载就连续不断。可是转向近代以后,史家的著述中已很难寻觅到灾害、饥荒的踪迹了。这一方面,可能是因为鸦片战争以后我们的国家遭遇了太多、太沉重的外侵和内战,一方面是随着现代科学的传入,使得我们对于人类自身的能力过度地自信,也或者是出于一种教条式的意识形态的束缚,致使我们的历史记载、历史研究远离了灾害。这才是一种不正常的现象。好在经过多年的研究,越来越多的学者已经意识到,灾害与人类社会的关系竟然是那样的密切。

灾荒史研究领域,不断有新气象出现

李:您以灾荒史为选题做博士学位论文时,李老师已经有了很长时间的研究。您主要是从哪些方面来突破呢?

夏:我的论文写作,主要是以李老师先前的研究成果为基础,在他的具体指导下完成的。首先是资料基础。当时李老师领导的课题组,已经积累了很多资料,从中既可以看出近现代灾荒的概貌,也可寻找很多线索,进一步查找文献资料,但当时的学界并没有对这部分资料进行系统的利用。其次,从研究的角度来看,我的论文也是在探讨灾荒与近现代社会之间的关系,这正是李老师不同于以往学者的地方。

说实话,就连我的博士论文题目,都是李老师给我出的。我刚刚考上博士时,李老师找我谈话,给我出了两个题目,一是有关近代黄河灾害及其防御问题,甚至提纲都替我列好了;二是民国时期的灾荒与救荒问题。那时,我对做黄河灾荒有些顾虑,毕竟自己涉足灾荒史时间并不长,觉得有关黄河水利的资料,可能比较多,而关于黄河灾害方面比较系统的资料,不太好找,后来反复考虑,就选了民国灾荒史。其中一个原因,是自己刚刚参加了《近代中国灾荒纪年续编》的资料整理工作。这部分资料,主要是关于民国时期的。而且,在搜集资料的过程中,我还发现,以往的研究,对民国时期的救荒事业展示得不够。实际上,无论是政府,还是社会团体,他们都在救荒方面做了很多工作。有些社会团体,如华洋义赈会(全称是"中国华洋义赈救灾总会"),他们的救灾活动以及取得的成就,直至今天也还很难被超越。国民政府呢,一开始主要是在打内战,但是在救灾方面也做了一些工作,这是不容回避的。还有中国共产党的救荒工作,他们在边区、革命根据地、解放区的工作,实际上奠定了新中国成立以后中国救灾制度的基础。但以往的研究,主要集中在政治和军事方面,救灾方面的工作则被忽略了。将这几方面综合起来,就会发现,民国时期中国的救荒事业,我当时称之为"荒政近代化",是沿着三条道路展开的,其中,从北洋政府到国民政府是一条线;民族资产阶级、社会团体,还有一些国外的友好人士,他们的救灾工作是第二条线,也可以说是一条中间路线;另外一条线,就是前面说的中国共产党在边区、解放区、根据地的救荒。把这些方面的救荒思想和救荒实践,做一番系统的研究,那时固然是全新的内容,就是今天虽然也出了许多有分量的著作和成果,也没有得到很好的整合,应该很有意义。所以,我最初的选题是"民国时期的救荒事业",重点在救荒方面,这也得到李老师的认可。但是,我在搜集了大量资料准备写作的时候,却发现,要想对他们的救灾工作给出一个适当的评价,首先应该搞清楚对那一时期灾害的总体状况,搞清楚灾害自身的演变规律,以及它在社会中的影响到底有多大。要做到这一点,不能只是把灾荒的具体情况罗列一下,举例说明那一年发生什么样的灾害,死了多少人,损失了多少财产,就以为万事大吉了,而应该有一个比较系统的总结和分析。这些问题都清楚了,再来考虑时人的救荒工作及其贡献,你所做的定位,就比较可靠了。所以,我的博士学位论文,主要探讨的是灾害的特点、灾害形成的原因,更重要的是灾害对社会的影响,与原来的构想有很大的不同。原先作为背景的东西,现在变成了研究的焦点了。

研究重心的转移,逼迫我们在具体的研究视角上应该有所调整。其中最重要的问题就是如何看待自然与社会在灾荒形成过程中的作用。我在写作的时候,有一个强烈的感觉,就是之前的灾荒史、救荒史研究,更突出的是灾荒形成过程中的社会因素,忽略了自然力量所起的作用,也就是更强调"人祸",而忽略了"天灾"。我呢,则把灾荒和灾害区分了一下,认为"灾"主要是自然的因素造成的,"灾"给社会所对带来的破坏性后果,则是"荒",有"荒"必有"灾",有"灾"不见得有"荒"。所以,在研究过程中,我主要是去挖掘自然界的破坏性力量,去探讨这种力量对社会的影响,进一步来说,是把自然界的变化作为人类历史演进的一个重要的动力因素来看待。如果说我与前人的研究有什么不同的话,主要也就体现在这一方面。

有学者私下批评我的研究,说是只有自然不见人。我想这里可能有些误解。因为在当时那样的学术语境下,过多强调灾荒的社会性,往往会导致一些过于简单化的解释,比如所谓"政治愈黑暗,黄河愈疯狂"这样的结论,当然可以从历史上找到很多例子来证明,但却忽视了历史上黄河的水灾也有不太严重的时候,而此时的中国政治却不见得是历史上最清明的时候,明末崇祯年间发生的"黄河清"现象,反而被后来者看出是明亡之兆。这样的倾向,也使我们不能够更加客观地看待上面提及的那些救荒工作,尤其是国民政府和民间社会曾经付出的救灾努力,在有些学者的笔下,这样的努力甚至变成加剧灾荒的因素了。因此,我把自然的因素从中剥离出来,反而能让我们更加清楚地探讨自然与社会的互动关系,更加清晰地了解社会在灾害形成中的作用。当然,所谓自然灾害,也不完全是自然的因素所致,而总是自然与社会互动的结果,我的研究并没有忽视这一点,只是有所偏重而已。前一段时间发表了一篇论文,叫《中国灾害史研究的非人文化倾向》,对灾害史研究中的"去社会化"趋势有一个批评,希望对自然灾害本身有一个人文化的理解,也算是对自我的警醒吧。

李:好的,您的灾荒史研究突出了自然的作用,那么,这些年来,学者们在从事灾荒史研究的过程中,有没有其他的一些新的思路。

夏:大体上来说,目前为止的大部分研究,还是停留在邓拓《中国救荒史》确立的研究框架上,但也出现了一些值得注意的新动向,一些具体的研究,也有细化、深化的趋势。2005年夏天,清史研究所开过一次国际性的学术研讨会,李老师在会上对国内的灾荒史研究状况有一个非常全面的总结和概括,归纳起来就是,学术界对灾荒史的关注程度越来越高,灾荒史的地位也越来越高,出现了一些内容丰富、质量上乘的研究成果,使灾荒史学科的理论框架逐步清晰,学术内容相对完整,资料依据更加充分,学术上迈出了决定性的步伐。他同时提出一些建议,希望在未来的研究中,更加注重社会科学与自然科学相结合,学术理论创新与资料整理相结合,中外学者相结合,学术探讨和实际工作相结合。

单就资料的整理来说,学界在这一方面已经取得了较大的进展。

上世纪六十年代,邢台地震之后,周恩来总理要求地震学界和历史学界相互合作,整理中国历史上的地震资料。这一工作,主要委托给了中国社科院的近代史所,也就是当时的中科院第三所,后来出版了多卷本的《中国地震历史资料汇编》。顾功叙先生的《中国地震目录》和复旦大学主编的《中国历史地震图集》,都是在这样的资料基础上通过进一步的数据分析而形成的。与此同时,全国各地的水利、气象部门,也都适应国家水利建设的需要,系统地开展旱涝灾害等气候史料的整理。中央气象局(现在的国家气象局)以此为基础,编制出版了《中国近五百年旱涝分布图集》,迄今依然是国内外学界对中国历史上的旱涝灾害进行统计分析最主要的数据来源。九十年代初,中国人民大学历史系做元史研究的周继中老师,曾经和北京社科院的同行成立课题组,主要利用《清实录》等大型官方文献中的有关记载,结合地方志,研究明清时期的地震、水灾、旱灾等,还绘制了地图,形成最后的成果《明清自然灾害图集》,可惜至今没有出版。

当今社会已经进入信息化时代。相关资料不仅是整理了、出版了,还要数字化,建立数据库,这样就可以更好地对自然灾害进行趋势性分析,也可以同灾害的预测结合起来。所以,自然灾害史料的数据库建设,应该是未来灾害史资料整理的一个方向。北京师范大学的灾害研究中心,在史培均先生的主持下,建有中国地震灾害数据库;首都师范大学阎守诚先生也搞了一个数据库,是关于唐代的自然灾害。他们已经走在时代的前列了。我们人民大学的灾荒研究课题组,更注重于历史时期救荒方面的资料整理,主要工作有两项,一是编纂点校宋至清末的荒政书,已由北京古籍出版社用《中国荒政全书》的名义出版了一部分,总体部分则交付天津古籍出版社,改名为《中国荒政书集成》;另一项工作是协助中国第一历史档案馆,整理清代档案中灾害及赈济史料,取名《清代灾赈档案史料汇编》,总共四万多件,现在已经上网了,也可能会出版。此外,我们也准备做一个数据库,清代灾害数据库。我们为此已经做了大量的工作,希望能够创造条件予以进一步完善,尽早公布于世,供学界利用。如有可能,还可以将时限扩展到明朝或民国时期。

李:现在,灾荒史研究越来越时行,您认为,大家应该注意些什么,以便让我们的研究真正能有所突破。

夏：研究的人越来越多，时间长了，也会促使人们反思，经过深入反思，有可能使灾荒史研究进入新的阶段。

目前，灾荒史研究当中，也是有好的苗头出现。比如说，今年（2009年）3月底，复旦大学中国历史地理研究中心，在王建革先生主持下，召开了一个环境史的会议，会上很多人都关心灾害问题，如水灾、旱灾、瘟疫等。身处其中，你会感受到一些新的气息。现在搞环境史、灾荒史的，已经不再局限于历史学的范围之内，很多搞生态学、地质学等自然科学学者也介入到历史的研究领域，不少人还和历史学家合作搞研究，进行团队式的研究。复旦大学的韩昭庆教授，目前正在研究西南地区的石漠化问题，她和一些在贵州从事地质研究的学者进行合作，各自从中获益良多，而且有意外的收获，最终对中国的石漠化问题提出新的解释。以前我们说的自然科学和社会科学要交叉，要结合，一般指的是学者研究灾荒史，既得学习社会科学知识，又得了解自然科学知识，现在已经不是这样了，可以在研究队伍的组成上实现直接的结合。湖南一位搞生态农业的技术专家，也参加了这次环境史的会议。这应该是李文海老师提倡的那种理论工作者和实际工作者的结合吧。不同学科、不同工作背景的人到了一起，就共同关心的问题展开对话，这些都是以前的灾荒史研究不曾有过的。当年，邓拓、竺可桢两位前辈，分别从社会、自然两个方面研究中国的灾荒史，虽然他们本人并没有将眼光局限在各自的专业领域，但他们各自开创的研究路线在其后的分离，是一个不容否认的事实。现在的情况已大有不同，而且开始了有机的融合。这样走下去，灾荒史、环境史研究，肯定会大有前途，一些新的方法，新的理念，肯定会产生。

中国学者在灾荒史领域有本土化的理论成果

李:您既然提到了环境史,我就不能不问,为什么美国人总是能够提出一些新的理论、方法、概念? 我们的灾荒史搞了三十年,有一些概念提出么?

夏:恐怕不能做出这样的判断,以为只有外国学者才有理论体系。我们这里,像灾害学,作为一个学科提出来,完全是国内学者自主探索的结果。竺可桢的气候变迁理论,就是原创性论断,他主要是利用了历史资料,来研究气候变化的。新中国成立后的一段时间,人文社会科学方面的学者,对灾荒史的关注不够,是自然科学工作者领头整理了大量的资料,并继承竺可桢的研究路线,对中国几千年来的灾害发展趋势进行探讨,并和地质学、气象学等相关科学结合起来,形成了独特的以灾害为研究对象的理论体系,即灾害学理论体系。

所以,我们中国学者在灾害学这方面,理论、方法,并不弱。弱在哪里,弱在社会科学。今天的局面虽然有所改观,但是从李老师开始倡导灾荒史研究,到形成新的理论体系,可能还需要走很长的一段路。这需要学术界的共同努力,要扎扎实实,不断积累,少一点山寨之风,更不要因为已经取得了一些成绩就沾沾自喜,而是要放下身段,谦虚地向外国同行学习。

学习美国中国学的理论和方法,形成自己的理论体系

李:美国学术界的新概念特别多,您是否认为他们是在故意制造轰动效应。

夏:那倒不是。相反,这恰恰体现了美国学者在学术创新方面的传统。他们对占据主流的学术观点,总是保持一种怀疑的态度。在提出新概念的时候,不仅要和学术界的同行对话,更要对先前的研究展开批判性的分析,然后才能打出自己的主张和想法。这些想法,通常又会引起学界的批判性回应,有的被抛弃,有的被修改,有的进一步完善,于是一步步推动学术向前发展。我们的情况则很不一样,容易走极端。一搞革命,所有的研究便都是革命,都是阶级斗争;一旦转向以经济建设为中心,一切又都是市场经济,别的就什么都不管了,有点像狗熊掰棒子,掰一个丢一个,大不利于学术的积累和发展。更不用说从学术的角度,对现实社会发出批判的声音,形成自己的学术创新传统。英国、美国,从工业革命以来,在工业化、城市化的过程中,也产生了很多负面的东西。但是只要进入学术研究领域,你就会发现,在西方现代化的主流当中,相应的异议也很多。在上世纪五十年代,英国、美国等发达国家工业污染、环境污染十分严重,出现很多灾难性的事件,人们因此开始反思,思考工业化给社会带来了这些影响,也出现了大规模的环境保护运动。特别是到了六十年代末、七十年代初,更是进入了所谓的"生态学时代"或生态革命的阶段。正是在这一过程中,环境史应运而生了。

美国环境史发展到今天,也有三十多年的积累了,在美国,它既是新的,也是比较热的一个学科,这一学科的研究方法、问题意识、理论的创建,都可以说是丰富多彩。当然,美国的环境史,更多地是关注他们自己的问题,有它自己内在的发展脉络。但是在美国环境史的成长过程中,也有不少学者开始借鉴相关的理论来研究中国的问题。这种情况,也不局限于美国,它在很大程度上推动了中国自身的环境史研究。但毕竟只是刚刚起步,差距还很大。

李:中国近现代史的研究,已经离不开美国相关学者的研究成果了。您也有很多对外交流,您对美国学者有什么印象,您认为,他们有什么值得我们学习的地方。就以环境史为例吧。

夏:我对环境史也不是很了解。我们这里有很多学者,如青岛大学的侯文蕙教授,北大的包茂红,北师大的梅雪芹,社科院的高国荣,清华大学的侯深博士等,都是一直专门做环境史研究的。我在做中国灾荒史、环境史的过程中,觉得理论方面还有很多欠缺,就通过一些渠道,尽可能多地了解到国外环境史研究的情况,也想着怎样把国外的一些优秀著作,引进到国内来,毕竟还有不少中国读者不能直接阅读英文著作。所以,我开始和其他同行合作,利用自己的研究课题,也就是教育部的全国优秀博士学位论文专项资助项目,组织翻译了一些著作,如已经出版的《尘暴》《火之简史》,还有一本《瘟疫与人》,也翻译过来了,但是版权被别人买走,至今未见踪影(按:该书已于2010年,由中国环境科学出版社出版)。现在,学术界对这个问题越来越关注,很多出版社都开始组织翻译相关的著作,我们的工作就暂时停了下来。

在引进、学习的过程中,我们的学者当然也可以根据我们自己的成果,和外国学者进行对话。但是如果仅仅只有资料的积累,只是事实的描述,不能上升到理论的层次,实际上也是很难对上话的。往往还会出现,我们辛辛苦苦做了大量的工作,结果只是为别人的分析、论证提供了资料,人家形成了自己的理论体系。现在有很多中国学者非常讨厌西方理论,我认为,这不是一种正确的态度。我们应该清楚的是,美国人并不会弄花哨,他们的成果,绝大多数都是建立在扎扎实实的实证传统之上的,都是在一种批判性的学术发展脉络之中完成的。我们觉得美国人在弄花哨,那是我们不了解人家的学术背景,不了解人家提出概念的过程,不了解人家论证的逻辑,也不清楚他们使用的证据。往往是只是拿过来了,简单化地使用。这是我们自己在弄花哨,不是美国人花哨。

一个国家、一个民族,如果没有自己的学术创新,没有自己的理论构建,这个国家的文化的价值体现在哪些地方呢? 只是把我们祖宗留给我们的四书五经翻译出去,这就是我们的文化输出么? 只是去开办几个孔子学院,教一教外国人中文,这就算文化输出了? 这可能也算一种文化输出,但是,如果没有理论方面的创新的话,最后不能形成一些概念,形成一些供人广泛讨论的理念,这种研究的价值就不太大了。

李:您对美国的中国学进行过系统总结,写的几篇文章质量都很高,能谈一谈这方面的情况么。

夏:立意做这个工作,还得从我的博士学位论文说起。那篇文章有幸得了奖,我因此申请到一个课题,叫"生态变迁中的中国现代化进程及减灾对策",希望从人与自然相互作用的角度,从政治、经济、社会和文化意识等方面,重新阐释中国现代化过程的源与流。但是,正如我在前面已经谈到的,要从环境史的角度来对近代中国社会的变迁作出解释,就必须先对中国近代社会史的研究做出总结,包括国内外的。我感到,大家对美国的汉学,在理解上,有偏差、有误解,需要进行系统的梳理。这是一个先破后立的过程,目前自认为已经完成了"破"的阶段,但要"立"起来,还需要时间。

李:近代史研究当中,最近有不少研究者在突破近代史的上限——1840年,但是,有些成果好像是在故意把十八世纪,把明清时期作为中国近代史的开端。您对此有何看法?

夏:过去我们的工作有局限,大都把历史切成几段。研究近代史的,就只研究1840年之后,先前的历史,权当背景。尤其是研究清史的,往往以此为界,分成清前期和晚清两部分。一般所说的清史学者,就是指研究清前期的学者,清后期的不算。但是,历史本身是割不断的,经过一段时间的反思之后,越来越多的学者开始将两者连接起来进行研究,可又走向另外一个极端,把前后期又等同起来,后面在搞现代化,前面也在搞现代化。以前,是现代与传统对立,现在则是传统也没了,现代也变了样,太走极端了。

李:还有,现在关于费正清和柯文的理论,比如冲击—反应论,比如在中国发现历史,模式之争很厉害,您的看法呢?

夏:美国的研究和国内的研究不太一样。美国的清史研究、中国近代史研究,基本上是在哈佛大学费正清东亚研究中心那里开展的,我们熟悉的很多学者,包括柯文,大都是费正清的学生,但他们并没有因为存在这样的师承关系,而淡化相互之间的学术批评。柯文的中国中心观,矛头所指,正是他自己的老师和学长,就是列文森。后来美国中国学界又出现一批用后现代理论来解释中国的学者,其中代表人物之一,像杜赞奇,他的博士学位就是在哈佛拿的,指导教师是大名鼎鼎的孔飞力先生。

冲击—反应模式,在中国发现历史,后现代的解释,都是从哈佛那里来的。从这里既可以看出国外学术发展的趋势,也可以看出其内在的特点与动力所在。即便是在同一师承的的内部,也会出现批评、质疑的声音,这种声音越来越大,最终会形成对过往解释模式的颠覆性的结论。从质疑、批评走向创新,这是它的学术能够保持活力的原因。

当然,在这个过程中,也会有一些绝对化的东西,有时甚至矫枉过正。比如,费正清的研究,仅仅是强调冲击—反应么?只要认真读一下费正清的原著,还有他的研究团队的作品,就会发现,他们并不完全是强调外来的因素、西方的影响,他们对中国内部的情况也很重视。费正清本人在他的早期研究中曾明确指出,对于近代中国的历史,必须把它放在中国的语境而不是西方的语境中才能看清楚。至少从那个时代美国中国研究的状况来看,费正清的研究同样属于"在中国发现历史"这样的潮流。我们对费正清的误解,一方面可能是受了柯文的影响,另外一方面,还是我们自己对费正清的著作不很了解。其实,柯文的中国中心观,也不是孤立地从中国的角度来进行研究,至少在沿海地区,在政治、经济等领域,受外来的影响还是很大的,柯文本人并不否认这一点。后现代的观点,准确地说,是激进的后现代研究,对柯文的理论也有异议,他们旨在从全球史的角度出发,把中国历史放到世界历史的大背景下来重新研讨,内、外之间的界限,也就不再那么严格了。

李:面对美国学者在中国近现代史领域里的理论创新,中国同行怎样做才能够有新的突破?

夏:美国人在理论创新方面,确实走在我们前面。关键是我们怎样跟进、超越。以前,美国学者出了新书,两三年之后,我们这里看到了,就会召开研讨会、座谈会,讨论一阵子。这样的会议,每每以批评的名义出现,但效果似乎适得其反。更常见的情况是跟着人家走,人家提出一个问题,一个概念,我们就会拿过来用,即使有一些批评的声音,也不是建立在比较规范的学术批评基础之上,通常是抓住一点,不及其余,对人家的理论,丝毫无损。如此简单的学、简单的批评,都不好。我想,要创新,写出有些影响的文章,首先还是应该读懂人家的著作,去理解他们。

当然,不管是"中国中心观",还是冲击—反应论,从事这方面研究的,毕竟是外国的学者,他们有长处,也有局限性,绝大多数只能研究中国历史的局部问题,更擅长的是个案研究。在这一方面,他们往往做得很深很透,为中国学者所不及。有些问题,中国人熟视无睹,他们则旁观者清。但是长处所在,也是见短之时,他们对中国历史的宏观概括,大都是在研究局部问题时提出来的,难免以偏概全。从这一点来看,美国学者的研究,尽管总是发人深省,却往往是雾里看花,他们毕竟少了中国学者天然具备的那种对自身文化的体验与领悟。孙悟空钻到铁扇公主肚子里,不管怎么用力,就个别的研究者来说,大约也只能了解局部。如何扬长避短,是国内外学者共同面临的问题,恰好又是各自需要相互学习的地方。不过,随着美国中国学中研究主体的变化,也就是一大批既有中国的生活经验,又有西方理论训练的年轻学者的出现,国内学者的优势也将不复存在。

理论创新离不开对马克思主义和本土资源的借鉴

李:美国学者在研究中国史的时候,很大的精力,是不是放到了解释历史上面了?

夏:不是。解释历史,并不是哪一国家、哪一民族独有的传统,中国的历史,从司马迁以来,就不是一个仅仅依靠叙事就建立起来的,更多的情况,是我们把对历史的解释做成了所谓的"微言大义"。而且,美国学者对历史的解释,都要从质疑过往理论出发,然后到中国寻找资料,寻找实证,把他们的理论突破点和对中国的实证研究结合起来。他们并不是光搞理论的跛足巨人。

考证史实,与阐释历史,甚至资料整理,原没有高下之分。我们需要的是它们的有机结合。过多地强调其中的层次差异,厚此薄彼,对学术发展不利。

李:中国学者对理论好像比较冷漠。其实,马克思主义也是非常生动活泼的,不能因为一些教条主义的存在,就漠视马克思主义,漠视理论。

夏:以前,我们对马克思主义采取一种教条主义的态度,问题多多,以致很多研究者疏远了马克思主义。但是,你可以对教条式地运用马克思主义表示反感,你更应该去了解马克思主义,或者马克思的思想。以教条主义为借口,不去了解马克思主义,远离经典作品,这是另外的一种教条。

社会史研究有待进一步深化

李:社会史研究越来越重要,新起的学者,是否应该像掌握考证方法一样,认真掌握社会史方法?

夏:不见得。

解放后,我们主要研究革命史,政治史,唯一强调的是阶级分析方法,政治史就变成一个教条的历史了。改革开放之后,大家对以往的政治史进行反思,纷纷从事社会史的研究。但一开始,还是在革命史的框架内进行的,也就是除了研究政治史之外,还要研究所谓的"社会"这一部分。渐渐地,社会史开始作为一种方法,作为观察问题的一个角度、一种视野,来探讨中国社会的所有问题,大凡以往归之为政治、经济、文化等方面的问题,都可以从这个角度进行研究。叙述的方式也在变化,什么祭祀、婚姻、宗族、风俗习惯等,以前只是作为奇闻异事来搜集和整理,现在则从中发现很多故事,讲起来也很生动,很吸引人。所以,社会史开始慢慢取代政治史,成为中国历史研究的主流。有些学校,研究生论文的选题,如果不做社会史,肯定通不过。社会史似乎已经形成了一种新的话语霸权。

很显然,现在是到了对社会史进行反思的时候了。大家原先是把社会史作为一种视野,来研究各种问题的,现在看来似乎有悖于这种初衷,甚至可以说是南辕北辙。社会史的碎片化,也引起学界越来越多的批评。杨念群老师就曾批评华南的历史人类学就是"进村找庙",其他方面就不甚关心了。这样做的问题就是,相互之间,很难对话,对话起来,也是鸡同鸭讲,不同的研究者都在尽力呈现自己发现的,每个人都认为我找到的这个村子,是别人不曾研究过的,我得出的结论就是前无古人的。其实这一类的研究,绝多雷同。以前的经济史研究出现过类似的问题。有学者出面组织各地的学者研究中国的十大商帮,各地的学者也都尽力地要把所在地区商帮的特点写出来。当把这些研究集中到一起时,结果发现,各自总结出来的商帮经营理念、经营模式,并没有太大的差别。有人以为可能是各自的研究模式出了问题,过于单一化,以致未能真正揭示这些商帮的特点所在。但是,这并非不存在另外一种可能,那就是事实本身就是如此,举一叶而知千秋。这就需要我们跳出个案研究的陷阱,需要做一番整体的、宏观的研究。我并不反对个案研究,相反这样的研究自然是愈多愈好,但并不能像有些学者主张的那样,要了解中国的乡村,就必须把中国的村子全都了解一遍。这是一个不可能实现的任务,也无这个必要。

当然,这样的批评,对很多有志于此的青年学子来说,似不无道理。如用在陈春声、刘志伟、郑振满、赵世瑜等著名学者的身上,则大错特错。去年(2008 年)10 月份,山西大学举行了纪念乔志强先生诞辰的学术研讨会,陈春声等先生都提出来,要对当前的社会史研究进行反思,要加强学术共同体之间的对话。假以时日,定会有所改观。

对加强学术原创性的一些思考

李：邓拓先生的研究框架已经出现有半个多世纪了，为什么一直不能超越？您是否想另起炉灶？

夏：我现在主要还是在做资料的整理工作，标点、校勘，从1999年开始，十多年了，中间又有一些曲折，一直没有完工，精力都放这里了。当然，我也关心学术界的进展，包括国外学术界对中国灾荒史的研究，此外还有对灾害本身的研究，对饥荒的理论研究，等等。从这个角度来看，中国是一个自然灾害比较多，留下的资料也最多的国家，按道理来说，我们的灾害史研究应该是遥遥领先。可惜的是，除了在自然科学领域，在地震预报方面，中国学者曾经走在世界前列，在社会科学领域，还有不少差距。比如说，印度与中国，都处在差不多同样的气候区域之中，都是灾害、饥荒非常严重的国度，往往中国发生了饥荒，印度也会发生饥荒，中国的饥荒导致大量人口死亡，印度的饥荒也是如此，但是印度出了一个研究饥荒的阿玛蒂亚·森，获得了诺贝尔经济学奖，而我们呢？很多人对此感到迷惑。其实，这与我们的态度有关系，上面我们已经探讨了，怎么样看待灾害的"正常与非正常"，虽然我们有这么多资料，但我们回避这个问题，饥荒之时惊慌失措，饥荒发生之后又不去总结它，有这么一种文化传统在，又怎能指望理论上的突破呢？

当然，这也与当前中国学者的山寨之风有关系。现在的很多人，都是看别人搞了一个什么题目，他再跟着做，他不考虑学术积累的过程。这不是说不可以跟着别人做，但是一定要有所突破，有所创新，才能有所积累。如果抓住某一个问题，你也做，我也做，大家都来做，可是将这些成果放到一块，其中的差别并不是很大。这不能不说是一种学术资源、智力资源的浪费。其实，灾荒史的研究涉及自然、社会的方方面面，不同的地域又各有特点，有很多领域值得开拓，完全没有必要挤独木桥。

李：您本人在理论创新方面，有什么打算，会有什么进展。

夏：这个难度比较大。我这些年来做灾荒史、环境史，总的来说，雷声大，雨点小。主要的工作，一方面是放到了对国外理论的学习、引进上，另一方面，是在做资料整理工作。我还对中外学者的中国近代社会史的研究做了一些梳理，这好像是对灾害史、环境史研究的一种偏离。我希望能有时间收拢一下，把已经撒出去的看起来有些分散的线融合起来，做成自己的东西。

我之梳理近现代社会史的研究，主要目的是要为了论证，如何运用生态系统分析方法，来重新解释中国近代社会的变迁。但要做到这一点，首先必须对国内外学者有关中国近代社会变迁的研究成果，有一个比较全面、深入的总结。如果对这部分的成果了解不够，就直接从环境史的角度来进行解释，就很难把自己的研究和之前的研究融合起来，这样的做法，和山寨文化也差不多了。你得在借鉴、批判前人成果的基础之上，把自己的东西放进来，这样做出来的东西，或许更有价值。所以，到目前为止，主要还是停留在研究方法的讨论上，实证的东西，要到后面再来做。

在实证的领域，我的想法是，不能把自己的视野封闭在某一特定的历史时期，而应该打通所谓的古今界限，结合现实问题开展历史研究。我现在感兴趣的,就是从城市化入手,从城乡关系切入,对当前中国过度发展的城市化进程,进行反思。这个工作也有人在做,但是,如何从历史的角度,把历史和现实结合起来,还是一个有待深入发掘的课题。这也不是我现在的新想法,2005 年,我参加南开大学举办的三农问题研讨会,后来又参加安徽大学主办的类似主题的研讨会,发现很多经济学家、社会学家,都有一个共同的想法,那就是要消灭农村,消灭农民,把中国 95% 的人口都变成城市人口。既然农民都不存在了,还有什么三农问题呢?我不认可这样的结论。我要唱反调。我当时就提出质疑,在当代中国,城市化的旗帜还要打多久,还能打多久?我不是反对城市化,我反对过度的城市化。到了今天这样一个程度,已经到了该停止、该转型的时候了。对中国这样一个农业人口这么多,资源这么短缺的国家,过度城市化的危害是很难想象的。我感到,我们现在的城市化,不仅仅对文化有摧残,对中国社会的摧残,也很严重。至于对环境的破坏,更可能是无法挽回的。

中国学者的成果已经开始走向世界

李:美国学者研究历史,好像特别能拓深、特别能提出解释模式,美国学者的解释模式,对促进我国的近代史研究,有什么积极作用?

夏:中国学者也有很多在做深入的研究,并提出自己的解释。美国不少大学的历史系,在教授中国史的时候,也经常将中国一些中青年学者的论著作为参考书,推荐给学生阅读,影响还是有的。

尘暴与环境史[①]

　　就在自南而北的 SARS 恐慌肆虐着 2003 年春天的北京城时,近年猖獗的沙尘暴却差不多销声匿迹了,往年满世界的尘土飞扬一变而为似乎让人有些陌生的和风丽日。与此同时,《中国国家地理》杂志也以异常醒目的标题,隆重推出了关于沙尘暴问题的一组文章,如《沙尘暴——地球不可或缺的部分》《沙尘暴的杰作——黄土高原》《沙尘暴:抵抗全球变暖的幕后英雄》《被媒体"妖魔化"的沙尘暴》等。这些文章根据环境化学、海洋生态学、大气物理学等自然科学领域的最新研究成果,为世人"一步步勾勒出沙尘暴的另一幅面孔"即"生命万物的忠实朋友、改善环境的可靠帮手",所以,对人类而言,沙尘暴"也是大自然的一种恩赐"。这些文章还进一步把沙尘暴提到"自然规律"的高度来看待,认为沙尘暴"不但不是

---

① 此为《中华读书报》记者张磊对唐纳德·沃斯特《尘暴:1930 年代美国南部大平原》中译本出版座谈会所做的会议综述,特此致谢。原载《中华读书报》2004 年 1 月 7 日《每周了望》。

现代社会独有的,而且无法根治,大的气候趋势不可违背"。

此情此论,客观上使去年8月份出版的美国环境史名著《尘暴:1930年代的美国南部大平原》(生活·读书·新知三联书店"生态与人译丛",夏明方、梅雪芹主编)显得姗姗来迟,而且有点不合时宜。那么,在诸如沙尘暴这类自然灾害的形成过程中,人类究竟扮演了什么样的角色? 由美国学者唐钠德·沃斯特倡导的有关环境问题的历史研究取向,还有没有存在的价值? 关注这些问题的人文社会科学学者迫切需要作出自己的回答。最近,在由中国人民大学清史研究所、北京师范大学历史系联合发起的一次座谈会上,包括北京大学、青岛大学、中国社会科学院世界历史研究所、中国文物研究所以及三联书店等单位在内的十多位不同学科的专家学者,围绕着尘暴问题及《尘暴》译著,就上述问题展开了热烈的讨论和交流,并希望借此给当前中国有关环境问题的思考增添一点历史意识和人文气氛。

作为一种自然过程,尘暴的发生确实有着不容否认的自然原因。与会学者对此并没有任何疑义。《尘暴》的译者侯文蕙教授(青岛大学法学院)还特别指出,我们在分析今年北京没出现尘暴的原因时,就不能单纯地将其归功于人工治理的成就,还要看到今年的雨水确实多于往年,也就是说我们不应该忽视自然因素在其中所起的作用。但是,如果我们把这一问题片面化、极端化、淡化甚至无视人类的影响和作用,恐怕也不是一种科学的态度。长期从事中国沙漠考古研究并取得突出成就的景爱研究员(中国文物研究所),对这个问题,乃至更大范围的土地沙漠化问题进行了更为概括性的论述:"土地沙漠化,既是一种自然现象,又是一种社会现象,这是沙漠化的二重性。长期以来,许多科学家着重强调沙漠化的自然性,而忽略了沙漠化的社会性,很少从社会的角度调整人类与自然的关系,结果治理沙漠化的成果往往又被人类活动所抵消。这是过去治沙活动没有扭转沙漠化恶性发展的根本原因。"

北京师范大学沙漠研究中心主任邹学勇教授,则从自然科学的角度对尘暴的二重性原因进行了深入的分析。他详细解释了风洞实验的原理与操作过程,指出在风的作用下,对草原的人为破坏(如过度畜牧、开垦田地等)必然加重扬沙现象。他还指出,沙尘暴的产生固然有自然的原因,但也是人的因素所致,近代工业化以来则尤其如此。就我国的情况而言,人的因素主要表现在两个方面:一是为了缓解因人口增长造成的人地紧张关系,中苏两国在上世纪中叶都曾大幅度开荒,出现了大规模的垦荒运动;一是迷信人的主观能动作用,忽视自然规律,只看到短期利益而盲目建设。这是当前应该吸取的教训。

中国社会科学院世界历史研究所副研究员高国荣先生指出,正是这种生态视角和文化批判构成《尘暴》一书的两大鲜明特色。与其他学者相比,沃斯特的研究凸显出白人到来前后发生在美国南部大平原上剧烈的生态变化。而这场由白人主导的改天换地的生态革命,对印第安人来说固然完全是一次毁灭性灾难,对急功近利的白人而言也同样是一场大悲剧,因为生态秩序的崩溃使得白人最终也成为受害者。而且在沃斯特看来,这场伴随着自由放任的资本主义经济发展而出现的生态悲剧,并不限于大平原和北美大陆。这样,他就给陶醉在经济发展带来的物质繁荣中的人们敲响了生态的警钟。沃斯特还提醒第三世界国家,不要迷信美国,不要盲从和追随美国的生产和生活模式,以免重蹈美国的覆辙。沃斯特通过对尘暴的具体研究,揭示出现代资本主义是靠大规模地吞噬自然资源而发展起来,其进程沾满血腥,所有这些都可以归根于资本主义的文化劣根性。因此,他的研究矛头直指资本主义制度,他的环境史研究是对资本主义和对现代化理论的有力批判。

北京大学历史系包茂宏副教授进一步指出,《尘暴》的理论基础有两个来源,即卡尔·马克思的辩证唯物主义与马文·哈里斯的文化唯物主义。他把两者结合起来,并最终归结为文化。但他对沃斯特在《尘暴》中文版序言中所谈到的美国尘暴的世界意义表示质疑,因为至少苏联和中国的荒漠化问题就与美国的情况并不完全一样。所以在从事非资本主义世界的环境史问题时,我们需要反对和摆脱西方的话语霸权。侯文蕙教授补充指出,中国传统的自然观明确地分为两种。除了"天人合一"之外,还有荀子的"制天命而用之";而"天人合一"思想,更主要的还是一种人生哲学。中国传统社会以农业为主,和天的关系当然更近些,但是农业的每一步发展都存在着和自然作斗争的问题。16世纪以来,中国环境加剧恶化,这并不是资本主义的问题,而是人口的迅速增加带来的生存压力所致的。因此从历史的角度来研究中国的环境问题,完全可以为其他国家和自然科学学者的研究提供借鉴和补充。

夏明方指出,就中国史学界而言,环境史研究虽然只是在近几年才逐渐开展起来的,但是具体的工作很早就有人在做了。远在19世纪晚期,著名的维新思想家陈炽就曾经从历史上森林变迁的角度对中国南北两地经济发展水平的差异进行解释。20世纪二三十年代之后,来自自然科学和社会科学两大领域各个不同专业的许多学者,开创性地运用气候学、地理学、生物学等现代科学的理论和方法,对历史上的自然灾害、气候变迁和地貌变迁,以及环境变化对中国历史进程乃至民族心理的影响,都进行了相当深入的探讨,迄今仍有很大的启发意义。新中国成立后,为适应国家经济建设的需要,有关气象、水利、地震、农林等各级研究机构,对中国历史上各类自然灾害史料进行了大规模的搜集和整理,并以此为基础,对几千年来中国的气候变迁和自然灾害的演变规律进行了卓有成效的探讨。以史念海为代表的一大批历史地理学者,则以其艰苦细致的史料考证工作和田野考古,为我们揭示了历史时期森林、植被、沙漠、河湖水系等时空变迁大势。所有这些工作,无疑为我们今天的环境史研究奠定了坚实的基础。

夏明方进一步指出,过去的研究当然也有局限,其中最突出的问题就是自然科学与社会科学的分离。这是一个很大的遗憾。如何借鉴自然科学的研究成果,更深入地探讨人与自然之间的互动关系,将是未来中国环境史研究的一项重要内容。鉴于中国相关历史资料的连续性和丰富性,以及当代中国生态环境正在发生的巨大变化,相信中国环境史研究一定大有作为。

生态史：历史的生态学畅想[①]

　　编者按：生态史（亦称环境史）研究旨在运用生态学的理论与方法，考察人与自然不断变动着的相互关系，揭示自然在人类历史中的作用以及人对自然变动的影响，从整体上探索人类文明与自然的共同演化过程。作为上个世纪六七十年代以来美国"生态学时代"的产物，历经三四十年的发展，它已经极大地扩展了历史学的边界，使其逐步走出"人类事务"的藩篱，成为对文化与自然的长期对话进行探索、描述与思考的跨学科研究领域，进而演变为一场正在进行中的历史学研究的范式转换。就中国的情况来看，早在20世纪初期，对人与自然关系之历史的思考即已进入中国人文学者的视野。上世纪80年代开始，越来越多的学者关注环境史，自觉地拓展相关研究，并取得不俗的成就。进入新世纪以后，生态史

① 此为《光明日报》记者户华为主持的笔谈，在此谨致衷心的谢意。原载《光明日报》2012 年 8 月 26 日第 6 版"理论·史学"。

更是吸引了诸多来自不同领域的专家学者,并在他们的努力之下,成为当代中国历史学发展最富活力的新兴领域。近日,中国人民大学生态史中心正式成立,海内外权威学者齐聚一堂,共话生态史学科特色与发展前景。本刊特邀请五位专家,就生态史的起源、演化与未来,研究主旨、问题与特点,其与自然科学和生态中心主义之间的联系,及其在中国的发展前景等问题,作一番生态学畅想,以飨读者。

主持人:本报记者户华为

嘉宾:

唐纳德·沃斯特(美国人文与科学学院院士、中国人民大学特聘教授)

南茜·兰思登(美国威斯康星大学教授、《环境史》杂志主编)

王利华(南开大学教授)

夏明方(中国人民大学教授、中国人民大学生态史中心主任)

侯深(中国人民大学讲师、中国人民大学生态史中心副主任)

主持人:生态史(环境史)可以说是在人们日益关注环境问题、反思人与自然关系的背景下应运而生的。在沃斯特先生所撰《我们为什么需要环境史》一文中,环境史被描述为 21 世纪的新史学。那么,我们现在所言的生态史或者环境史,究竟是史学的一门分支学科,还是史学外延与内涵的一次根本性的扩展? 生态史的研究是否需要边界?

沃斯特:生态学的基础是多样性的竞争与共存,在此基础上建立的历史学,理应具有更为包容的胸怀与想象力。因此,生态史意味着我们所开展的历史研究不仅要像过去那样深入地探寻政治与社会、文化与经济的基础,而且也将更多地关注自然作为一种动力如何影响人类的生活。它将关注自然资源的充裕或稀缺如何影响工作与生产、创新与财富,如何影响古代王朝及现代国家因自然资源的争夺与冲突所出台的公共政策。历史学家将讨论人们如何管理或应对诸如河流、气候或病原体等强大的自然力量,讨论人类的得失成败及其后果。历史学家讲述的新故事,将解释人们如何改变对环境的理解与感知,叙述他们从特定地方所得到的经验教训,以及他们的社会观念如何影响了当地景观。

生态史的研究,可以追溯到 19 世纪英国博物学家查尔斯·达尔文。从达尔文那里,我们得以理解,所有这些历史,无论是人类还是非人类的,都是同一个历史的组成部分,尽管大多数自封的历史学家倾向于关注的,只是远为宏大的地球上的生命历史中极其微小而有限的一部分。

生态史是否应当有边界?我不想在环境史周边设置任何樊篱,使之成为史学广大天地下的一个角落。我认为生态史所赋予我们的是一场历史哲学与历史道德的范式转换,这并不意味着所有的历史研究都是生态史研究,或者说生态史研究可以解决所有史学中的具体问题,但是它将鼓励一场史学认识上的革命,一场由人本认识向生态认识转换的革命。

夏明方:沃斯特先生对于生态史的理解也是我一直思考的问题。我也认为这样的研究,必将构成 21 世纪中国史学的一场革命。如果说,梁启超的新史学是以天人相分开其端的话,那么,21

世纪的新史学必将以天人合一肇其始。正因为如此,生态学范式或生态史观无疑应该具备更宏大的视野,但同时也要有最开放、最谦卑的态度。此处我愿意重申:我们倡导环境史或生态史,并不是要从历史中切出环境这一块,而是以此为视野来透视整个历史。我并不否认生态史有"界",但这一有界恰是以其无界而与其他"专门之学"相区别的。我也不主张生态史的解释能力是无限的,无论何时何地,无论什么样的时代和学者,都不可能穷尽对古往今来生态演化过程的认识,而只能在"专门之学"上下功夫,就此而论,生态史还缺不了"箩筐",只是这样的箩筐一个不够,而是要有更多乃至无穷个,还有就是这些"箩筐"之间需要链接与对话。

从学科的角度来讨论也是如此。我们不应该把它仅仅看成是历史学的分支,而应视为一个公共学术平台。实际上,中国环境史研究的生成过程本身,就是来自自然科学和人文社会学科诸领域的学者多层次、多角度、多方面长期对话和交流的结果,它本身就是一种生态意识的体现或结晶。

王利华:环境史的兴起,伴随着历史研究者的两个思想转向:一是摆脱人类中心主义,在思想上重视自然世界的历史变化,尊重自然环境的历史作用,在行动上把自然事物和现象列入实证考察的对象;二是超越简单因果律和机械决定论,致力于揭示文化(文明)与自然双向作用的复杂关系。环境史学认为:历史不是由人类单独创造的,众多自然事物和现象亦参与其中,这预示着:一种新的历史观察方向和解释体系正在逐渐形成。

因此,我们主张一种"生命中心论",这并非是"人类中心主义"的翻版。我们既关注人类自身的生命,同时也关注其他物种和整个环境的生命。基于这一思路,我们对于"环境"、人与环境的历史关系以及人类的历史,形成了几个重要认识或理念:首先,"环境"是历时性的生命空间,是人类生命活动的场域,其空间大小和结构性要素随着历史时间的推移而不断发生变化;其次,人与环境是一个"生命共同体",环境史比以往任何一种历史学都更加尊重各种生物和非生物的价值和意义,并努力解说人与各种生物、非生物之间相互依存、彼此作用的历史生态关系;其三,人类社会是一个从属于地球生物圈的生命系统,文明历史是一个广义的生态过程,是地球生态演变的一个重要阶段和组成部分。在人类的生命活动历程中,社会、经济、文明甚至人类自身体质,都在不断适应并改变着地球生态系统,与之协同演化。这就是人与自然关系的历史本质。

兰思登:众多环境史学者长期以来规避进化论,主要在于两层考量。其一,他们认为进化生物学有生物决定论之嫌,它将人类仅仅视为"他们的基因再生产策略的承载物",而进化,将会使人类历史唯物化,在其中文化无足轻重,而人类也将被还原成移动的物质,毫无主观能动性。然而,这是对进化论的误读。进化论是关乎历史的理论,它不拟将各种差异普遍化,恰恰相反,它允许我们将基因、身体与群落理解为各种妥协力量所造就的历史建构。其二,更重要的原因在于《物种起源》出版150年后,人们仍然怀有相同的恐惧,即进化论可能使人类丧失其中心地位,令人类例外论无立足之处。就此点而言,确乎如此。我认为,进化论赋予我们两种关键性的认知。第一,进化论告诉我们非决定性与变换是这个"仍然处于塑造过程的世界"的本质特征,没有什么道德的绝对性将人类置于一个静止世界的中心。第二,我们生活在一个处处关联、环环相扣的世界当中。人类,如同其他的物种,根植在环境的每一个方面。人类历史无法孤立于其他物种的历史,它在人类与自然的其余部分的持续妥协中出现。

而从人类身体的健康与环境的健康的角度来研究我们历史的发展,进化论同样起到重要的启迪与指导作用。从进化论的角度看,人类的身体同人类社会一样,是一个动态的生态系统,在其中物质与文化纠缠至深以至于根本无法分割。我们的身体——动物的身体存在于我们自己的复杂的生态系统中,也存在于我们植根的世界当中。

侯深:我想就我从事的城市生态史研究来谈谈生态学视角的必要性。无疑,城市是人类生活的环境,然而早先的城市史却很少将城市视为一个人与自然相互作用的环境。城市史家对城市的历史进行研究时,往往对人类更为宽广、古老的经历,采集、游牧、农耕时代的经历,及其同城市的历史之间的关系,对城市赖以生存的自然资源,心存漠然甚或全然忽略。城市被视为人类独有的创造,同自然毫无接触,关于它的故事总是人与人之间的关系,而非人与非人的那部分自然世界的关系。人文生态学对积极运用社会学理论、方法的城市史学者产生了深刻的影响,然而他们中间,仍旧很少有人将城市看做一个地方,一个河水流淌、植物生长、微生物蔓延、能源消耗、物质资料相交换的地方。作为生态史学者,则必然会意识到城市不仅仅对即使距离它最为遥远的荒野地区的使用或者保护有极为深刻的影响,城市自身也是自然多少保留着自己的力量并且留下一些不可磨灭的印记的地方。自然不止是远方的草原或者森林;它同样包括我们居所周围流动的空气与水,令城市机器忙碌不堪的能源,还有所有在城市中间寻找到它们的生态位的植物、动物与微生物。城市生态史极大地拓宽了我们对人与自然之间的交界面的思考,并且证明人类的居住区,同人的生理系统一样,是一系列存在物的集合,需要补给与排泄;而城市的新陈代谢系统的运作,就像农场或者工厂,也同样证实城市根植于自然的生态系统当中。城市,正如同我们的身体以及其他生态系统一样,是一个人文的生态系统与自然的生态系统相互交织、作用、共同演化的有机体。

主持人:生态史作为一门新史学要求史学认识的范式转换,一种从人类中心向生态认识的转换,这是否意味着人类的地位在史学研究中将被边缘化?生态史研究是否一定是以生态中心主义为导向的?

沃斯特:要回答这个问题,首先要澄清究竟什么是生态中心主义的问题。总体而言,人们或多或少认为我们优越于其他形式的生命。我们的自然天性驱使我们首先并且最为关切我们及我们的子孙的存活与繁衍。但是现代科学对这样的认识进行了挑战。生态学显示出我们自身的福祉是怎样地依赖着这个星球——有机与无机的自然。有些人会说这个"生态星球",亦即这个地球生态系统,比所有的单一物种,包括人类更加复杂、美丽、重要。因此,他们说,我们必须使得地球,而非人类成为价值与重要性的中心。这一新哲学的思想根源不仅仅是现代生态学,也存在于一些包括梭罗、利奥波德、缪尔这样的自然思想家中,但他们都很难被称为是彻底的生态中心主义者。近些年来,这一思想的主要提倡者是挪威的奈斯和加拿大的斯坦·罗，从某种意义上讲，他们所要进行的是一场带有强烈宗教意味的革命。地球，而非人类，将成为敬仰、关怀与行动的中心。

从这一层意义上讲，大部分生态史学者都不是生态中心主义者，甚至大部分环保主义者也并非生态中心主义者。生态史倡导看待历史的生态学认识，并非是对人类历史的演进过程进行道德判断，或者将个人信仰强加于历史阐释之上，而是认为我们已有的历史学忽视了人类历史演进过程的重要组成部分，因此，使我们愈加远离历史的完整图景。同样，如果历史学者忽视了人类，他们也褫夺了历史演进的另一个重要组成部分。人类历史从来都是文化与自然的对话，而非任何一方的独角戏。

王利华："人类中心主义"与"生态中心主义"，是两个相反的思想立场，它们之间是否存在一个"中道"，是我们正是苦苦求索的问题。可以肯定的是，极端的"生态中心主义"决不可取。我认为应该以人的生物性为起点，以人的生命活动为主线，设计和规划中国环境史研究。这既是基于环境问题的本质，亦是基于中国环境问题的现实，同时又是基于中国的文化传统。环境史应当回到人类生存和发展的基本问题，将不同时代人类与其生存空间中诸多环境因素之间的生态关系作为观察、研究的主线，注重揭示这种生态关系历史演变的轨迹，亦由此重新认识人类自身的历史，这可能是环境史研究的应取路径。

夏明方：以任何单一标准来衡量某种研究的学科归属，最终都可能将生态史这门方兴未艾的学问逼入绝境。姑且假定以生态中心主义作为核心理念，则随之而来的问题是，那些倾向于人类中心主义的探讨,或者马克思主义的环境史,是否就该打入另册? 为避免这样的紧箍咒,我们不妨采用一些相对宽泛的表述,如"生态学意识",抑或"生态话语""环境话语"等。尤其是在生态史勃然初兴的当下中国学界,更需要倾听更多的声音,需要更加多样的生态话语来竞争,只有通过这样的竞争,才有可能形成一种健康的学术生态,进而推动学术本身的发展。或许,通过这样的"话语竞争",越来越多的学者就能逐步意识到各自视野的局限,从而寻找新的解释路径。

在我看来,这样的路径,就是从后现代主义走向建设性的后现代主义,从教条式的唯物史观走向辩证的生态史观,或者说"生态辩证法"。"物"作为一种封闭、孤立和不变的实在已经如马克思所说的烟消云散了,而实在又在这样一种永恒流动的过程中得以显现,这一过程又脱离不开人与自然的纠结,称之为"生态辩证法"应该是最恰当不过了。就此而论,我倒是倾向于生态中心主义的说法,只是这里的"生态",应是人与自然之间无远弗届的关系,而非单纯的"自然"。

侯深:认识到自然在历史中间的存在与重要性,并非意味着生态史家必定是生态中心主义者。就很大程度而言,这是史学认识本身的进步,它的意义在一定程度上如同社会史之于此前的政治史,是对历史参与主体的再思考,但是更加激进。同样与社会史相似的是,它也受到自身时代思想浪潮与运动的启迪,但是一个优秀的史家,不会成为这一浪潮的追逐者,而是它的记录、分析与解释者。进而言之,与社会史家一样,由于史学视野的拓宽,生态史家对于人类历史的演化更具批判精神,然而这一批判的立足基点并非是某种宗教或者主义信仰，而是对历史图景远为全面、更加客观的分析。

主持人：既然生态史强调自身的跨学科特质，那么，当前主要由人文学者从事的生态史研究同相关自然科学之间的关系是怎样的？

沃斯特：在1959年，C.P.斯诺在剑桥发表了题为《两种文化与科学革命》的演讲。在斯诺看来，现代学术世界被划分为人文与科学"两种文化"，它们之间完全不能相互理解，几乎无法找到彼此交流的平台。如今，我们有机会与理由在两种文化中找到新的立论基础。这一机会以世界环境危机的形式出现。科学家、历史学者、来自不同国家的所有学科的学者，都需要走到一起，寻找途径，认知我们在自然中共同的生命。

生态史意味着要对自然进行严肃的探讨，而这反过来又要求我们要理解自然如何运行，自然如何影响人们的生活。我们主要依靠自然科学来获取这类知识。然而，两种文化的融合应当是一种对话。从生态史的研究而言，历史学至少可以在三个方面补充自然科学对自然理解的不足甚至偏差。首先，自然科学教科书中的自然有着极不真实、不自然的一面。因此，历史学者有责任提醒自然科学者在大部分的生态系统中人类都是在其中运作的一员，让文化走入自然科学研究的自然。其次，自然科学本身创造出的理论、名词、观点，包括自然科学本身都是一种文化，它们传递着特定时代的文化与历史的信息。历史学者可以使自然科学者阅读从前时代的科学思想以及人类文化的其他方面对之发生的影响，也可以使他们用更具历史感的眼光审视在科学不甚昌明的时代,人类所创造的古老智慧与本地知识,从而对自身的时代与思想进行内省与检验。第三,虽然现代环境危机是由自然科学者发现并在进行研究的,但是他们却无法回答一个非常重要的问题——为何今天这个星球处于这样的危机当中? 要解决这个问题,必须依靠历史学者的技能与训练,对文化与自然之间交互作用的过去进行检索、分析与解释。惟其如此,我们方有可能以一种更为全面深刻的方式回应今天日渐复杂的环境问题。

兰思登:我是一位历史学者,而我的博士学位是环境科学。我一直在询问面对生态与社会的激进变化时,什么是环境史学者能做而科学家与社会史学者难为的? 我希望我们所做的是一种翻译:以一种能够帮助这两个群体理解这种正在被澄明的复杂关系的语言,告诉生态学家有关文化的变迁,而告诉其他历史学者有关生态的变迁。如果我们不了解可能不同于我们的生态未来的生态过去,我们又如何在适当的位置上负责任地生存呢?

夏明方:环境史从不,也不应拒斥其他学科的介入。它是人类共同的学问,也只有在这个意义上,我们才能确认环境史的范式转型作用。当然,对于新生事物,历史学的反应总是显得有些笨拙和迟钝,但这样的事物一旦为历史学所接受,必将形成其最坚实的基础。如柯林伍德所言,一个人除非理解历史,否则就不能理解自然科学,也不能回答自然是什么这个问题,我们需要做的就是"从自然的观念走向历史的观念"。正是在此处,环境史、人类学、地理学,乃至其他自然、社会科学,有更多的地方需要去沟通,而非隔绝。应该充分认识到,历史学,或者生态史学,应是现代意义上的所有学科最终的归宿,至少从目前开始,应努力促使这些学科的历史化、生态化。

主持人:作为一门业已走向成熟的学科,生态史,特别是中国生态史目前所面临的主要问题是什么? 对中国生态史的未来我们有何展望? 中国学者将为生态史的发展作出什么样的贡献?

沃斯特:生态史没有边界,但是有其核心,这个核心就是文化与自然之间的相互关系的历史。然而,从美国的发展态势看,生态史这一标签有被滥用的潜在威胁。换言之,很多自封为生态史或者环境史的研究,只是扩展了对人工环境或者产物的认识,却再次消解或者刻意回避了自然在历史中的客观存在和作用,使历史再次回到人类事务的圈囿当中。我希望能够借助于中国人民大学生态史研究中心以及中国境内其他的相关研究平台,更多地介绍欧美学术界在这一领域的进展及其存在的问题,为中国学者提供更多的借鉴,同时,尽力帮助中国学者与美国、欧州及其他地区的学者密切合作,共同推动生态史的发展。

兰思登:在环境史日益成熟的今天,我们已将视野从美国的荒野扩展到对全球的研究。一种文化史的转向标志着过去 10 年的重要特征,与此同时,性别、阶级与种族史学学者也将他们的视野带入了本领域的研究。然而,我们最要紧的是不能遗弃我们对环境史关键性见解的关注,即自然的其余部分不仅仅是人类戏剧上演的舞台。而同样,自然也不能决定人类的历史。人类与非人类的自然在不断的妥协之中,塑造彼此的历史。

侯深:目前生态史研究的一个重大不足表现在"跨"上的不

足——跨学科的不足与跨文化、跨国界的不足。这并非是对其强调的不足,而是在研究上的匮缺。除了极少数生态史家,大部分学者无力横跨两种文化的鸿沟,依然各自为战。窃以为中国生态史学者亟需做三方面的工作。第一,完善自身的知识结构,进行真正意义的跨学科研究;第二,分享中国的生态传统与环境记忆,使其成为全球生态演化过程的有机部分;第三,拓展跨国界的比较与交流研究,从而反思全人类共同面对的生态危机的根源。在当今世界环境危机下产生的生态史研究,绝非仅仅是现实的婢仆。它一方面打破了传统历史学的窠臼,使史学研究视野得到革命性的拓展,令历史研究的图景更为丰满、完整、真实,另一方面又加深了历史学研究的现实关照,使这门学科不致在学科内部相互批评与鼓吹中不断窄化、萎缩。

夏明方:当前中国生态史研究的蓬勃发展之势,也潜藏着令人不安的隐忧。这一原本要求跨越各种界限、具有无限张力的学术话语,无形之中似乎又被各种各样人为设置的界限分割得支离破碎了。同时,它面临三种窄化的倾向。第一种窄化表现在将人与自然之间的关系限定在一个特定的范围之内。其次是对自然本身所做的界分。很多学者认为历史学者研究的重点应当集中在对"第二自然",即经过人类改造的自然与人类的关系之上,事实上,无论是从时间还是从空间的维度,我们都不应当将另一部分自然及其变迁摒绝在生态史的研究之外。约束生态史视野的第三种表现,就是在声称对自然与社会二元对立的立场进行超越时,无视这种对立状态的存在。总而言之,我们之所以倾向于将这样一个新兴领域称之为生态史,而非环境史,就在于我们对各个学科历史化与生态化的强调,对变化、时间、相依共存、共同演化的文化与自然的关系的强调,这是一个生态意义上的历史,也是一个历史意义上的生态,两者合二为一,弥漫在整个人与自然其余部分共同构成的生态系统当中。我们的研究应该成为一个争论与对话的中心,这才是生态学精神的真正体现。

广西师范大学出版社·大学问

01《问道:〈老子〉思想细读》　　　　　　　　　　　［日］池田知久

02《学史之道》　　　　　　　　　　　　　　　　　　朱孝远

03《宗教改革与德国近代化道路》　　　　　　　　　　朱孝远

04《中国的新型小农经济:实践与理论》　　　　　　　黄宗智

05《中国的新型正义体系:实践与理论》　　　　　　　黄宗智

06《中国的新型非正规经济:实践与理论》　　　　　　黄宗智

07《实践社会科学研究指南》　　　　　　　　　　　　黄宗智

08《哥白尼问题:占星预言、怀疑主义与天体秩序》

　　　　　　　　　　　　　　　　　　［美］罗伯特·S.韦斯特曼

09《文明的"双相"——灾害与历史的缠绕》　　　　　夏明方

——后续新品,敬请关注——